"十四五"职业教育部委级规划教材

服装概论

（第4版）

许晓慧　编著

中国纺织出版社有限公司

内 容 提 要

服装概论是服装专业重要的基础理论课程,具有较强的理论性和专业性,是各类服装专业院校的重点课程。本书主要介绍服装学的内涵和外延知识,讲解服装的基础知识以及与服装密切相关的学科知识,具体包括十三章:认识服装、服装历史、服装流行、服装构成要素、服装设计、服装结构与工艺、服装品牌与服装业发展概况、服装商品企划、服装商品生产管理、服装商品营销、服装组织与表演、服装展示与陈列、服装领域职业分析。

本书可作为高等职业院校、成人高等院校、本科院校高职教育、五年制高职院校、中等职业学校相关学生的专业启蒙用书,也可作为其他专业人文素质修养公共选修课程的学习用书。

图书在版编目(CIP)数据

服装概论 / 许晓慧编著 . -- 4 版 . -- 北京:中国纺织出版社有限公司,2024.7

"十四五"职业教育部委级规划教材

ISBN 978-7-5229-1715-3

Ⅰ . ①服… Ⅱ . ①许… Ⅲ . ①服装学–职业教育–教材 Ⅳ . ① TS941.1

中国国家版本馆 CIP 数据核字(2024)第 081024 号

责任编辑:宗 静 苗 苗   责任校对:高 涵
责任印制:王艳丽

中国纺织出版社有限公司出版发行
地址:北京市朝阳区百子湾东里 A407 号楼   邮政编码:100124
销售电话:010—67004422   传真:010—87155801
http://www.c-textilep.com
中国纺织出版社天猫旗舰店
官方微博 http://weibo.com/2119887771
北京通天印刷有限责任公司印刷   各地新华书店经销
1991 年 6 月第 1 版   2004 年 8 月第 2 版   2013 年 1 月第 3 版
2024 年 7 月第 4 版第 1 次印刷
开本:787×1092   1/16   印张:18.5
字数:328 千字   定价:68.00 元

当今世界经济的信息化、市场化、集成化、网络化的发展，使企业、产品、人才和市场出现了更为激烈的竞争和快速的变化。服装企业需要的不是只会在纸上画一张漂亮的效果图，或者空有一个美妙的构思创意而不能使其变成现实的设计人员，而是应用型、技术技能型人才。培养适应市场、企业需要的人才是职业教育培养人才的目标。在这种情况下我们修订编写了这本《服装概论（第4版）》，目的是希望刚刚进入服装领域的学生以及服装业余爱好者，通过对本书的学习，了解服装专业所包括的基本内容及相关知识，能够对服装设计这个行业形成正确的认知，明白作为服装设计师不是会画漂亮的效果图就行，而是必须具有深厚的基础素养、丰富的专业知识、良好的艺术审美能力，才能在设计创作上独具匠心，进入更高的境界。从而建立一个科学的学习观念，掌握正确的学习方法，为今后的学习打下良好的基础。

本书作为服装专业的基础教材，涉及美学、艺术学、设计学、社会学、心理学等多学科，从不同视角系统全面地介绍了服装学的内涵及其外延知识，其中包括服装的概念、起源、发展、构成、功能、属性和分类等知识，以及服装与人体、审美、心理、流行等要素相关联的外延知识。这门课程属于服装专业入门的必修理论课程，内容涉及的范围较广泛且浅显易懂，初学者可以通过这门课的学习，对于服装专业所涉及的各类专业知识建立初步认识，为日后深入学习服装专业知识奠定基础。

《服装概论（第 4 版）》的整体结构比之前版本更清晰明确。其中设计部分作为本书的重点，在原有内容基础上展开细致深入讲解。同时将原有个别章节进行删减，例如，删除第 3 版第八章服装标准化知识部分，将简化之后的内容插入服装商品生产管理一章中作为一个小节。另外，本书根据时代的发展，将近年服装科技方面的一些前沿信息传递给读者。

作为服装专业入门学习的必修基础理论教材，如何把控本书的深度及内容安排，成为本书编写时重点考虑的问题，我们力求内容涉及范围广泛且浅显易懂，适合初学者学习和服装爱好者自学。通过多年的教学，不断了解和总结学生的学习反馈和兴趣，将传统教材的内容进行适当的调整和删改，添加一些学生迫切想要了解的知识，如服装职业领域的研究等内容，同时注重教材的时代性与知识的前沿性。在编写过程中，结合职业技术教育的特点，注重教材的科学性、系统性、合理性，合理安排章节，力求做到深入浅出，使学生通过对本书的学习能够较全面地了解服装学的基础知识，为深入学习其他服装专业课程起到启发和引导作用。

感谢本书第 1 版、第 2 版作者宋绍华、孙杰老师为本书打下的坚实基础！

感谢天津科技大学的刘媛、甄方方、韩跃等同学对本书进行资料整理和初步撰写做出的贡献！

由于笔者能力有限，书中难免有些不足，请广大专家和读者批评指正！

许晓慧

2023 年 10 月

教学内容及课时安排

章/课时	课程性质/课时	节	课程内容
第一章 （2课时）	以理论讲授为主， 启发、引导相结合 （16课时）		**认识服装**
		一	服装的相关概念
		二	服装的属性
		三	服装的功能
		四	服装概论研究的内容与方法
第二章 （12课时）			**服装历史**
		一	服装起源
		二	中国服装史
		三	西洋服装史
第三章 （2课时）			**服装流行**
		一	服装流行的过程
		二	服装流行的原因
		三	服装流行的基本规律
		四	服装流行的现象与形式
		五	服装流行的传播媒介
		六	服装流行趋势的发布
		七	服装流行的预测
第四章 （4课时）	以理论讲授为主， 实践为辅 （8课时）		**服装构成要素**
		一	服装造型要素
		二	服装色彩要素
		三	服装材料要素
第五章 （4课时）			**服装设计**
		一	服装设计定位
		二	服装设计程序
		三	服装设计方法
		四	服装设计表达
		五	服装分类设计
第六章 （4课时）	理论讲授 （16课时）		**服装结构与工艺**
		一	人体特征与测量
		二	服装制图符号与号型标准
		三	服装结构设计
		四	服装工艺制作

续表

章/课时	课程性质/课时	节	课程内容
第七章 （2课时）	理论讲授 （16课时）		**服装品牌与服装业发展概况**
		一	外国服装品牌发展历史与现状分析
		二	中国服装品牌发展历史与现状分析
		三	中国服装业的现状
		四	中国服装如何走向国际市场
第八章 （2课时）			**服装商品企划**
		一	服装商品企划的概念
		二	服装商品企划开发流程
		三	服装商品企划的财务规划管理
第九章 （2课时）			**服装商品生产管理**
		一	服装生产管理概述
		二	生产过程的组织与管理
		三	服装质量管理
		四	服装生产成本管理
		五	销售计划与生产计划
第十章 （2课时）			**服装商品营销**
		一	服装市场
		二	服装营销策略
第十一章 （2课时）			**服装组织与表演**
		一	服装表演类型及选择
		二	挑选与训练模特
		三	舞台、音乐及表演设计
第十二章 （2课时）			**服装展示与陈列**
		一	服装的视觉营销
		二	服装商店设计
		三	橱窗展示设计
第十三章 （4课时）	以理论讲授为主，启发、引导相结合 （4课时）		**服装领域职业分析**
		一	服装领域的职业
		二	专业相关及周边领域的工作

注　各院校可根据自身的教学特点和教学计划对课程时数进行调整。

目 录
CONTENTS

第一章

认识服装

课题名称： 认识服装

课题内容： 1.服装的相关概念

2.服装的属性

3.服装的功能

4.服装概论研究的内容与方法

课题时间： 2课时

教学目的： 在学习服装概论这门课程之前，对服装建立初步认识。

教学方式： 以理论讲授为主，启发、引导相结合。

教学要求： 1.熟悉服装的相关概念。

2.了解服装的属性与功能。

3.了解服装概论的研究内容，掌握服装概论的研究方法。

课前准备： 让学生做好课前预习，了解服装的相关概念和服装的属性与功能。

中国文明是世界上最古老的文明之一，中国有灿烂的服饰文化历史和传统。中华民族各族之间，长期交流、融合共同发展壮大。服饰是人类基本实践活动的产物之一，也是人类文化的一个组成部分。

衣冠于人，如金装于佛。几乎是从服饰起源的那天起，人们就已经将生活习俗、审美情趣、色彩爱好，以及种种文化形态、宗教观念，都沉淀于服饰之中。穿衣，不仅成为人类区别于其他动物的重要标志，更是铸就了服饰文化的精神文明内涵。

第一节　服装的相关概念

一、衣服

衣服，衣裳服饰，指人类用来遮掩身体、装饰自身的载体，即通常以布料等材质做成的各种样式的遮挡物，泛指为了防寒、护体等穿在身上的各种衣裳、服装。

二、衣裳

古时的服装，上曰衣，下曰裳。《五经要义》云："太古之时，未有布帛，食兽肉而衣其皮，先知蔽前，后知蔽后。"上身披的兽衣即衣，下体先是前后用兽皮遮掩，后来把前后加以连缀缝合，形成下裳，按《说文解字》的解释，"裳"为"下裙也"，意为保护下体的衣服。

三、服饰

服饰，指衣服上的装饰及饰物，如纽扣、腰带、项链、胸针等，也指除了人身上穿的服装之外的帽子、鞋履、围巾等。

四、被服

被服，指所有能包裹人体的衣物，如头上戴的、脚上穿的、手上拿的和身上盖的等。过去军队的后勤生活保障工厂，被称为被服军工厂；现指军队衣着装备的总称，包括服装、鞋帽、手套、袜子、绑腿、被褥、毯子、蚊帐等。

五、成衣

成衣，指按一定规格、号型标准批量生产的成品衣服，是相对于量体裁衣式的定做和自制的衣服而出现的一个概念。成衣作为工业产品，符合批量生产的经济原则，生产机械化，产品规模系列化，质量标准化，包装统一化，并附有品牌、面料成分、号型、洗涤保养说明等标识。现在服装商店及各种商场内购买的服装一般都是成衣。

六、服装

服装，是衣服、鞋、包及装饰品等的总称，目前，服装一词多指衣服。服装的含义可以从两方面来理解：其一，是现在人们通常所认为的"服装"，它等同于"衣裳""衣服"，是一种现代称谓。其二，服装是指人体着装后的一种状态，如"服装美""服装设计""服装表演"等，即穿着者与衣服之间、与周围的环境，形成精神上的交流与统一，从而形成的"状态美"。"服装美"与"衣服美"不尽相同，前者主要体现的是服装与人体合二为一的整体效果，而后者所说的是一种"物"的美，不同的人会呈现出不同的效果，美丽动人抑或差强人意。所以说"服装美"与"衣服美"之间有着本质上的区别。

七、时装

时装，是指样式新颖而富有时代感的服装，是相对于传统服装和常规性服装而言的。时装的"时"含有时空背景的界定范围，其特征是流行性和周期性，并非特指现代服装。因此，每一历史时期所产生的最新服装，在该时期内都可称为时装。时装又可分为三个层次。

1.**时式** 时式的概念相当于前卫性时装。作为服饰用语，其专指欧洲高级时装店的设计师作品，必须由专门雇佣的设计师设计（有的店主本人就是设计师），由专门的裁制师和缝制师在设计师的监督指导之下制作完成，这些由设计师创造并流行的先驱作品，才能被称为时式。时式的特点在于其审美大于实用，强调并夸张了其基本特征，艺术性浓厚，个性强烈，是一个设计师对流行的个人见解与主张的集中体现。因此，时式带有很大程度的尝试性和先驱性，是一种创作，是前所未有的，且对流行具有一定的指导作用。一批作品完成之后，要邀请新闻记者、高级顾客、成衣制造厂商等有关人士到店里参观欣赏，即新作品发布会，也称高级时装发布会。成衣厂商从这些时式中选择能代表时代精神、能引起流行的款式或根据这种趋向进行设计，再进行批量生产。当厂商的新产品投放市场时，即可引起流行。时式是出自设计师之手，而流行则是由大众创造，它经过一个时期的流行，并以一定的服装造型款式固定下来，称为样式。

2. 时髦 时髦是流行期中最引人注目的最为新鲜的事物，还包含上流社会风行一时的影视明星、名流等。作为服饰用语，时髦与时式是相对的，是指大批量投产、出售的成衣或其流行的状态。一个新的时式成为某个时代的流行，其中要经过社会生活的很多层次。因此，从一开始就把新创作的样式定为时髦或流行是不可取的，因为流行是靠消费者的选择而形成的，不是企业家和设计师随便造出来的，设计师和企业家只不过给流行提供了材料而已。成衣制造商从那些对时髦有指导意义的时式中，选择认为能代表时代精神和流行倾向的样式，根据这些倾向进行再设计和批量投产。与此同时，新闻界运用各种宣传将流行的信息广为传播，上流社会的权贵们穿着最新的时髦样式出现于各种显赫的高级社交场合，使时式由一种倾向变为一种趋势，当批量生产的新产品投放市场时，即可引起流行。从这个意义上讲，时髦是设计师创造的一种个性很强的个别现象。

3. 样式 样式为式样、形式之意，还用来表现人物的姿态、风度、造型等。当某种事物具有一定的共同性和代表性时，便被称为样式。作为服饰用语，样式是继时式和流行之后的用语。时式是服饰流行之前的样板，这种样板作为那个时代的样式，具有普遍性的代表意义，被固定下来时就被称为样式。

总之，时式是流行的先驱，带有一种尝试性，时髦是流行中最具引导意义的，并且不是所有的时式都能成为流行；流行是大众化的普及；样式则是流行过后固定的形式。

八、高级时装与高级时装店

1. 高级时装 高级时装特指为上层社会的贵妇人设计制作的高级手工女装。高级时装是由高级的材料、高级的设计、高级的做工、高昂的价格、高级的服务对象和高级的使用场合等要素构成的。其中高级的服务对象是高级时装产生并存在的社会依据，没有高级顾客层的存在，就不会有高级时装和高级时装业的存在。自 20 世纪 60 年代以来，由于人们价值观、审美观的转变，高级顾客数量急剧减少，因此，巴黎的高级时装业相较以往有所萎缩。需要指出的是，这里的高级时装不同于我国市场上常见的"高档时装"或"新潮时装"等概念，尽管"高档时装"的用料、做工、售价在同类产品中档次较高，"新潮时装"的样式、色彩也十分新颖时髦，但仍不能称为"高级时装"。高级时装作品发布会在每年 1 月（春夏季）和 7 月（秋冬季）举办，届时世界各地的高级顾客、时装记者和高级时装店有关厂商都云聚巴黎，向时装店订货（定做选中的衣服）或捕捉流行信息。

2.高级时装店 高级时装店与一般的女装店和成衣商店不同，最根本的区别是其能够在一流的设计师指导下，用最高档的材料、高超的裁剪技术和缝制手段制作出最完美的衣服。尤其是这些衣服完全由该店独创。各店的裁剪师（多是这个店的店主，既是经营者，又是技术权威，具有很高的鉴赏力，有很多人也同时兼任设计师）和专属这个店的设计师都是优秀且有个性的技术权威。法国的高级时装、高级时装店及高级时装设计师是受法国法律保护且由本国该行业认定的。法国法律规定，只有经法国工业协调部根据立法机关所制定的标准正式批准的时装店，才有权使用"高级时装店"这一称号。

19世纪中叶，设计师查尔斯·弗莱戴里克·沃斯〔Cherles Fredirick Worth，1825—1895）在巴黎创立时装店，以拿破仑三世的皇后以及当时宫廷妇人为顾客，制作自己设计的衣服，成为高级时装店的奠基人，为后来高级时装店的产生和兴盛打下了基础。

九、高级成衣

高级成衣与一般的成衣不同，是指高级时装设计师以中产阶级为消费对象，从前一年发布的高级时装中选择便于成衣化的设计，在一定程度上运用高级时装的制作技术，小批量生产的高档成衣。本来这是高级时装店的副业，并未受到重视，但自20世纪60年代以来，由于消费观念的转变，高级时装业不景气，经营高级成衣才受到重视，涉足这一领域的高级时装店越来越多，而且出现了高级时装店以外的、从一开始就专门经营高级成衣的设计师和服装公司，高级成衣不再是高级时装的副产品，而是完全独立于高级时装业以外的一种重要产业。20世纪60年代初法国高级成衣业成立了自己的组织——法国高级成衣协会，定于每年的3月举办秋冬季作品发布会，10月举办春夏季作品发表会。现在"高级成衣"这一概念泛指制作精良、设计风格独特、价格高于大批量生产的成衣的高档成衣。高级成衣的崛起，在观念上和组织形式上都有别于高级时装，属于两个不同的领域。

十、制服

制服是指具有标志性的特定服装，军人、警察、消防人员等通常会穿着制服。企业员工也可能如此。中小学生经常会穿学校制服，而大学生则穿学院制服。道教成员可能会穿修道士服或道袍。有时候单是一件衣物或配件就能够传达出一个人的职业或身份。比如，主厨头上所戴的高顶厨师帽。

第二节　服装的属性

服装是一种被物化了的社会文化载体，是沟通人与自然、人与社会、人与环境的重要媒介。社会历史文化的变迁直接影响着服装的变化，每一个历史时期的社会制度、经济基础、科学技术、文化艺术、美学思想、审美倾向等，都会从那个时代的服装中反映出来。现在人们的社会活动越来越丰富，服装由以前的单一性向实用与艺术结合转变。服装是一个人的仪态外观的主体，显示其修养、审美、素质和品位的层次。在社会的整个精神生活中占有重要的位置。服装有能够满足人的生活穿着需要的基本属性，但服装的意义和作用则是多方面的，服装的属性可归纳为实用性、艺术性、社会性三个方面。

一、服装的实用性

服装是覆盖人体躯干和四肢的衣服、鞋帽和手套的总称，也是人着装以后的状态。服装为人体所穿用，是人类生活的必需品。服装的实用性体现在两个方面：一是保护作用，在自然环境中辅助人体功能的不足，如抵抗强烈的日晒、极度的高温与低温、冲撞、蚊虫、有毒化学物、武器等，使身体免受或减少伤害。二是在现代社会中服装的实用性更强调体现人的个性、身份和地位，如在不同的场合要穿不同的服装，正确的着装可以增强在人际交往中的魅力。

在研究服装的实用性时可以从服装的材料以及服装的工艺制作两个方面来研究，不同实用性的服装的制作材料是不同的。

二、服装的艺术性

服装的艺术性是通过服装设计所反映出来的艺术情趣，能满足人精神上美的享受。只有符合艺术美并且适合穿着者的体型，以及符合当时当地穿着习惯和审美情趣，才能算是美的衣服，才能体现出服装的艺术性。

有一种普遍的说法，服装的起源是人类对美的感情的表现，人之所以要穿衣服，就是为了美化自身。古人用鲜艳的羽毛、闪光的贝壳、文身、刺青等来装饰自己，都是出于审美的需求。对于现代人来讲，服装既是一种生活必需品，也是一种艺术品（法国人把高级时装称作第八艺术）。因此，服装设计无疑是一种艺术创作活动。

三、服装的社会性

所谓服装的社会性，主要是指服装的生产及穿着在人身上以后，所产生的表征作用以及对社会生活的相互关系及其影响。服装社会性的含义，虽然对每个社会在程度上可能有所不同，但都是普遍存在的。

（一）服装普遍的社会性

（1）服装的穿着不但是个人生活问题，而且是社会生活问题。没有服装，人们便不能进行正常的生产劳动和各种社会活动，它不仅使个人无法生活，整个社会也不能运转，这是服装一般或根本的社会性意义。同时，服装是反映人们年龄、性别、职业、民族甚至性格、爱好的标识，试想一个军队如果没有统一的军服作为表征识别，就会造成混乱。

（2）服装不论是古代服装还是现代服装，都是整个社会生产的重要组成内容。尤其是现代服装的工业化生产，已成为一个国家或地区的国民经济的组成部分，是国民经济有关部门分工协作的产物，并且是一种商品生产。这也是服装社会性的一种含义。

（3）服装是一个国家的科学技术、生产水平以及人们的文化艺术素养和精神面貌的综合反映，它是一个国家社会文化的表征，这种服装社会性的反映，其意义是十分明显的。

（二）服装的社会象征性

（1）服装的历史性和阶级性。实际上是一种代表和象征，在不同的历史时期有不同的服装形式，例如，由于封建社会时期等级森严，不同的阶级有不同的服饰。

（2）服装的民族性。服装的穿着反映了各民族的生活习惯和爱好，使人们一看到他们的服饰，便可大致了解他们是哪一个民族。

（3）服装的社会适应性。不仅是指服装要适应时代潮流和社会性质，而且主要是指各种服装适应各种社会人群的穿着特性。

第三节　服装的功能

一、服装的实用功能

实用是服装的首要功能，也是基本功能，它所包含的内容很广泛，如防寒遮体、防风挡雨、保温散热、适应环境等。

1. 御寒隔热，适应气候变化　通过穿着服装，可以保持人体的温度，调节环境温度对体温的影响。

2. 保护皮肤清洁，有利身体健康　人们生活在自然界里，尘埃病菌无处不在，穿着服装后既可遮蔽身体，又可使灰尘和病菌不易污染皮肤。同时衣服具有的吸湿性，能够吸收人体分泌的汗液和污垢，防止疾病的发生，有利于人体健康。

3. 遮掩人体，免受伤害　日常生活和劳动中，难免会受到一些碰撞或者意外，如飞溅的火星、沸水，或受到尖锐物体的刺伤。此时，衣服的存在便可在一定程度上减少碰伤、灼伤等带来的危害。追溯至原始社会，那时的人们就已经开始用兽皮、树叶等遮掩身体，这不仅是为了避寒防雨，更是为了防御虫害和碰撞擦伤的损害。

4. 劳动防护服装是实用功能的集中反映　现代社会中各式各样防护服的问世，是服装实用功能最集中、最具体的反映。例如，石棉制作的炼钢用工作服，要求绝对隔绝高温并不易燃烧；食品、医药行业需穿着具有防尘、无菌的净化服装；电子行业穿着的工作服要能防静电；微波通信器材制造行业的工作服要有防电磁波作用等。

二、服装的美化功能

俗语说"佛要金装，人要衣装""三分貌七分装"，这些都说明服装的美化功能和服装对人体装饰的重要性。其美化功能主要表现在以下两个方面：

1. 适体美观给人以美的享受　服装的美化功能从服装造型上并不能直观地反映出来，只有结合穿着者的年龄、体型、性别、性格及穿着环境等才能反映出来。不同的服装造型适合不同体型的人群，从而形成服装与人体形态的协调之美，以达到美化形体的作用。

2. 修饰人体形态以弥补形体缺陷　服装从诞生之初就以服务于人体而成为其首要功能，弥补人体体型的不足和缺陷，是其实用功能的重要体现。例如，斜肩或高低肩，可用垫肩调节以弥补不足，体型胖瘦可由衣料色彩、花纹排布来进行视觉上的调整。同时，服装款式的多变不仅满足了人们对视觉美的需求，选择适合的服装款式，能够在很大程度上对人体形态起到扬长避短的作用，从而达到美化人体的目的。

三、服装的标识功能

随着人类社会的不断发展，等级森严的封建社会，统治者除了施行高度集权的中央统治外，还通过制定冠服等具有阶级性质的服装（不同官职、文官、武官各有规定），自上而下、由内而外地加强政治和思想的统治，层层控制，以巩固当权者的政治统治地位。于是服装就产生了一个新的功能，即标识功能。在现代社会中，服装标识功能的作用也非常显著，如各种功能的制服、职业服等。

四、服装的经济功能

服装自产生以来，在很长一段时间里是由家庭成员自己缝制、自己穿着，是自给自足的生活用品，所以其经济功能并不显著。随着生产社会化和商品化，服装就成为国民经济的组成部分，同时，服装也是市场竞争激烈的商品之一，因此必须讲成本、讲效率、讲经济效益。所以服装也就有着一定的经济功能。

服装的经济功能是从两方面反映出来的，一是服装作为商品，就有其一定的经济效益。二是通过服装的消费情况，可以体现家庭或国家的经济情况和生活水平，可以看出贫富的程度等。

服装的各种功能都是通过服装构成来反映，具体地讲是通过服装的材质、色彩、款式和工艺制作反映的。按照不同的需要制作的各类服装，就会有不同的功能。同时，每款服装往往功能是交叉存在和相互联系的，不能截然分开。一款服装只有单一功能的情况是不存在的，如只讲实用不讲美观，或只强调标识功能而不注重实用和美观都是不现实的，特别在当代社会，要求服装应该具有多种功能，只不过侧重点不同罢了。一款服装的功能不可能面面俱到，而应该根据具体的穿着对象有所侧重，并使各功能之间完美结合。

第四节　服装概论研究的内容与方法

一、服装概论的内容

"服装概论"是从总的角度来认识和研究服装的学科单元，它侧重于讲解服装的基础知识和服装各学科的相互关系及其纲要性内容。"服装概论"要介绍的内容非常丰富，涉及的知识面很广，同时又有着自己独立的体系，所以不经过系统的学习和研究是很难全面地掌握其内容的。

"服装学"所涵盖的知识很多，主要包括服装的基础知识、服装的专业知识、服装的拓展知识等。

1.服装的基础知识　服装的基础知识是指服装常识性知识、认识服装、服装的历史、服装的流行、服装的心理研究等。

2.服装的专业知识　服装的专业知识是指服装学科内系统性和专业性较强的部分，如服装设计基础、服装设计思维、服装设计表达、服装分类设计、服装结构、服装工艺等。

3.服装的拓展知识　服装的拓展知识包括服装生产管理、服装组织与表演、服装展示与陈列、服装市场与营销等。

以上三个方面不是完全分开的，而是相对的划分。它们之间有内在的联系，在形式上又有重叠与交叉。

二、研究服装概论的方法

1.学习与思考相结合　学习服装概论的目的是要更好地掌握服装的基础知识，提高专业知识水平，指导实践工作，但是，要比较全面地掌握服装的基础知识，提高服装理论和专业水平，必须学习与思考相结合，充分发挥学习的主动性和积极性。掌握服装概论的基本内容，要弄懂其中的道理，并结合实际提高对服装的观察、分析能力，这样才能学得深刻扎实，取得较好的效果。

2.理论联系实际　理论与实际相结合是学习服装概论的方法，理论指导实践，结合服装专业工作实际情况，探求和丰富服装的知识，是学习服装概论的最终目的。

3.学习与服装专业相关的知识　服装知识是一门专业知识，但其涉及范围较广，既与自然科学有联系，也与社会科学有联系。因而服装专业技术人员要结合服装专业学习有关的科学文化知识，联系实际，才能更好地学习和研究服装知识，提高专业水平和工作技能。

4.用发展的观点进行学习　世界上的任何事物都是处在不断发展变化中的，绝对孤立、静止的事物是不存在的。服装作为一个专业，它是社会生产的重要组成部分，因为服装的生产与科学技术的发展以及整个社会都是相关联的，无论是时尚与流行还是新兴科技的产生，都会对服装产业产生一定的影响，所以需要不断研究服装专业的新情况、新问题、新经验，不断充实、发展、完善服装知识。

● 思考与练习

1.时装、高级时装的概念是什么？

2.服装的属性与功能有哪些？

3.服装的艺术性、实用性、社会性三者是什么关系？

4.研究服装概论的方法有哪些？

第二章

服装历史

课题名称：服装历史

课题内容：1.服装起源

2.中国服装史

3.西洋服装史

课题时间：12课时

教学目的：让学生了解中外不同国家地区、不同时期的服饰文化、服装样式与基本特点，为服装设计奠定理论基础。培养学生文化自觉意识，促使学生树立文化自信理念，引导学生将所学知识灵活、合理地融入服饰设计之中，弘扬中国服饰文化。

教学方式：以理论讲授为主，启发、引导相结合。

教学要求：1.分析、领悟中西服饰文化的总体特征。

2.了解各个历史时期、不同地区的服装样式与基本特点，熟悉重要历史时期的服饰特征。

课前准备：课前让学生观看一些重要历史时期的服装视频和图片资料，激发学生对服装史的学习兴趣，课后总结，加强对所学知识的理解和记忆。

第一节　服装起源

　　从服饰起源的那天起，人类就已将其生活习俗、审美情趣、色彩爱好以及种种文化心态、宗教观念都沉淀于服饰之中，构筑成了服饰文化精神文明内涵。服饰伴随着人类从蛮荒走向文明，并成为人类物质生产和精神生活中不可缺少的一部分。

　　关于服装的起源，似乎无法用一个定论去解释，研究者的立场和出发点不同，所得出的结论也不一样。尽管能举出许多实例，可其结论可能都不是真正准确和唯一的。因此从不同的角度去理解和看待这个问题，就产生了多种关于服装起源学说理论。

一、生理需求起源说

　　1.**气候适应说**　人类在地球上经历了多次冰河时期，一开始是利用自身的体毛来维持体温，后来就利用动物的兽皮制作服装来抵御寒冷。

　　2.**身体保护说**　人类在采集和狩猎的时候，难免受到伤害，尤其在直立后，人类的器官需要保护，于是发明了不同的保护性衣服，用来保护头部、躯干、四肢以及性器官，并用尾饰物来驱赶蚊虫。

二、心理需求起源说

　　1.**护符说**　原始的人类相信万物有灵，面对带来疾病和灾害的"凶灵"，人们在身体上披挂了饰物，以求不让"凶灵"来威胁自己。

　　2.**象征说**　原始人中的勇敢者、首领、富有者为了彰显自己的地位、力量、权威与财富，会用一些有象征意义的物件挂在自己身上，诸如动物的牙齿、珍禽的羽毛、稀有的贝壳、玉石等。

　　3.**装饰审美说**　为了美化自身，原始人类在自己的身上刻画纹样、染齿、涂甲等。

三、性需求起源说

　　1.**遮羞说**　遮羞说指服装起源于人类的道德感和性羞耻。《圣经》故事中有亚当和夏娃在上帝的伊甸园里偷吃禁果，于是能够知善恶、辨真假，并有了羞耻之心，夏娃用无花果的叶子遮蔽身体，表现了对异性的羞耻情绪。我国古代由于礼制约束对裸体讳莫如深，由于两性生理不同而产生的羞耻感可能造成遮羞心理。

2.吸引说 受到动物为吸引异性而拥有漂亮的外表这一现象启发，也有人说人类的衣服是从男女间吸引异性的动机中产生的，也被说成是种族保存说和性欲说。

第二节　中国服装史

纵观中国服装发展史，经历了漫长的发展和演变，创造了丰富多彩的中国服饰形态和文化。这是中国的自然条件和历史文化造就的中华传统服饰，同时也是与异族服饰文化交流的结果。珍视和学习中国的服装历史无疑是重要的，尤其作为中国的服装人、服装设计师，了解中国服装的历史，知晓中国历史上的服装，探究中国服饰传统的形式要素，领悟服饰内容、内涵的精神是十分必要的。

一、原始社会服饰

一百多万年以前，远古人类便在中国大地上繁衍生息，这时期的人类仍过着茹毛饮血、食草木之实、衣禽兽之皮的生活。原始的服饰逐渐在人类进化过程中形成。

从出土文物考据，中国服饰的源流上溯至原始社会旧石器时代晚期。生活在3.4万至2.7万年前的山顶洞人是旧石器时代晚期代表性的群落，从山顶洞人遗址中发现磨制的骨针和百余件饰品是目前中国服饰最早的实物证明（图2-1）。饰品由钻孔的石珠、砾石、蚌壳、鱼骨、鸟骨、兽齿组成，其中有 25 件用赤铁矿粉染成了红色（目前所知最早的矿物着色工艺染制品）。据推测，这些物件是由皮条串联，佩于颈、胸、臂、腕各处。

我国的新石器时代大约从公元前10000 年至前2100年，新石器时代的人类逐渐学会驯畜、定居、耕种、制陶、织布、育蚕、造纺轮，当时的墓葬遗址普遍存在的石制、陶制纺轮证明了原始纺织业的发端。如果说山顶洞人的骨针是利用了自然物，而纺轮和织机的发明，则表明人类开始能动地运用自然纤维，开启了布帛、服装的时代。

大约在四五千年前我们的先民服装已初具以后的服

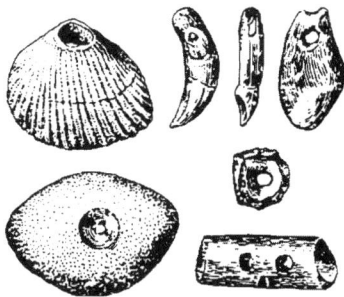
图2-1　山顶洞人饰品

饰形态。服装的形、色是由简陋向高级渐进发展的。原始社会上身披的兽皮即衣，下体先是前后用兽皮遮掩，后来把前后加以连缀缝合便形成下裳。

二、夏商周时期服装

公元前21世纪，夏王朝建立，中国历史进入了奴隶制社会。公元前16世纪，夏代被商代所取代，奴隶制社会进一步发展。中国古代服装形制和冠服制度就是在这一历史时期建立并完善的。大约在夏商时期中国的服饰制度初见端倪，到了周代渐趋完善，并纳入"礼制"范围，中国服饰的一些基本形制均在此期间逐步走向成熟。

（一）夏商时期服饰

夏商时期，中国古代服饰在原始社会基础上有了初步发展。手工业及染织业也达到了新的水平。殷商时期已有冕服等阶级等别的服饰，上衣下裳是商代主要的服饰形制。上衣多为交领右衽、窄袖短身，下裳为保护下体的裙。商人腰间多系带，身份尊贵者还在带下系蔽膝，即遮盖大腿至膝盖的服饰，形似围裙而狭长，下呈斧形。蔽膝象征权威，并用不同质料、色泽花纹区别个人等级。上衣下裳在商周之后成为中国服装的基本形制之一。

（二）周朝服饰

周代思想活跃、各国纷争，在思想、政治、军事、科学技术和文学上造诣颇深。自周代开始中国的冠服制度已经趋于完备。礼服规定严格，因仪典性质、季节等而决定纹饰、质料。这时期的服饰形制是上衣下裳和深衣。这两种形制在西周和东周时期都已发展得比较完善。上衣下裳制是承继商代以来的形制，周朝的上衣款式多为直裾式、交领、右衽，袖身比商代时宽博。大约到春秋战国时期，出现上衣下裳连成一体的"深衣"。周代服饰主要有冕服、深衣、胡服等式样。

1.上衣、下裳

（1）冕服：最高级别的礼服，王侯、公卿、大夫在重大祭典时穿着（后来中央集权加强，只天子、诸侯能穿）。凡戴冕冠者，应穿着相应的玄衣和纁[xūn]裳，腰间束大带，前系蔽膝，足蹬舄[xì]，如图2-2所示。冕服等级从高到低分为六种，主要以冕冠上"旒"[liú]的数量、长度与衣、裳上装饰的"章纹"种类、个数等内容相区别，颜色都是黑色上衣配红色下裳，即所谓的玄衣纁裳。玄衣象征未明之天，纁裳表示黄昏之地。章纹共有十二种，即日、月、星辰、山、龙、华虫、宗彝、藻、火、粉米、黼、黻十二章纹，并代表不同寓意。从孔子"服周之冕"而言，可认为后世各代以周代冕服为标准服，但不是完全照搬。

图 2-2 冕服

冕冠：是帝王臣僚参加祭祀典礼时最贵重的一种礼冠。其具体形制为：在冠的顶部覆盖一块木板，名"綖"[yán]。木板一般多作长形，前端略圆，后部方正，隐喻为天圆地方。在冕板的前后两端，垂有数条五彩丝线编成的"藻"，藻上穿玉珠，名"旒"[liú]，一串玉珠为一旒，冕旒有三旒、五旒、七旒、九旒及十二旒之别，穿戴时按级别而定，以十二旒为贵，用于帝王。冠戴在头上，以笄沿两孔穿发髻固定，两边各垂一珠，叫作"黈纩"[tǒu kuàng]，也称"充耳"，垂在耳边，意在提醒君王勿轻信谗言。

蔽膝：围于衣服前面的大巾，用以蔽护膝盖。多为上广一尺，下展二尺，长三尺。形似窄长的围裙，下成斧形，象征权威，用不同质料、色泽、花纹区别等级。

舄：是双底的鞋，以皮革和木做底，鞋底较高，帝王在隆重典礼时穿赤色的舄。

（2）弁[biàn]服：其隆重性仅次于冕服，衣裳的形式与冕服相似，最大不同是不加章。弁服可分为爵弁、韦弁、冠弁等几种，它们的区别在于所戴的冠和衣裳的颜色。

（3）玄端：为帝王的常服，诸侯及其臣的朝服。因为每幅布都是正方形，端直方正，故称"端"，又因玄端服无章彩纹饰，也暗合了正直端方的内涵，因此称为"玄端"。

（4）翟[dí]衣：王后穿的礼服，当时翟衣有六种。

2.深衣 深衣用途最为广泛，男女皆服，衣和裳分裁后再缝合相连。从出土的文物和古迹上来看，深衣的特点为：领式一般为交领，右衽；深衣有曲裾[jū]和直裾两种，如图2-3、图2-4所示；袖子称为袂[mèi]，宽大；袖口称为袪[qū]，收缩紧小；领和袖口通常为宽缘，"衣作绣，锦作缘"；腰间束丝织物大带，流行佩玉；面料多为麻布，在边缘绣绘，这种样式一直盛行到汉代。深衣对后世的服装影响很深，后世的服装款式多从深衣演变而来。

图2-3 穿曲裾深衣的女子
（湖南长沙楚墓出土的彩绘木俑）

图2-4 战国贵妇直裾深衣

3.胡服 胡服是与中原人宽衣博带相异的北方少数民族服装。其主要特征是短衣、长裤、革靴或裹腿，衣袖偏窄，便于活动。赵国第六个国君赵武灵王是一个军事家，同时又是一个社会改革家。他看到赵国军队的武器虽然比胡人优良，但大多数是由步兵与兵车混合编制而成的队伍，加以官兵都是身穿长袍，甲胄笨重，而灵活迅速的骑兵却很少，于是他叫官兵们穿起了胡服，开始学骑射。后来果然使赵国很快强大起来，随之，胡服的款式及穿着方式对后世产生了很大的影响。

4.发式 西周的男子无论各地大部分都已将辫盘到头顶，不再有商时披头散发的习惯，当然一些偏远之国除外，束发已成为全国统一推行的标准，对于汉民族男子千百年来的发式，起到了奠定作用。

5.首服、足服 那时的冠已发展齐全完善，有冠、冕、弁等，基本后世的冠在当时都可以看到，帽类在当时也有了雏形。鞋履主要有履、舄、鞋、靴等形制。诸履之中，以舄为贵。

■ **资料链接**

深衣

深衣的形制历来有多种解释。《礼记·深衣》载："古者深衣，盖有制度，以应规、矩、绳、权、衡。短毋见肤，长毋被土。续衽，钩边，要缝半下。袼[gē]之高下，可以运肘，袂之长短，反诎之及肘。"又载"曲袷如矩以应方"。由此可见深衣衣身的长度在足踝间。袼是袖子的腋缝处，袂是袖子，这句意思是袖窿的深浅要使肘部运动自如，袖子的长度从手部反折回去要能达到肘部，故而深衣的袖长大约是一臂半的样子。深衣的服装形式对后来的服饰产生了极大的影响，虽然历代裁制方式有别，但这种衣裳相连的深衣形式延续数千年，其意义可谓深远。

三、秦汉时期服饰

公元前221年，秦灭六国，建立起我国历史上第一个统一的多民族封建国家。秦始皇凭借"六王毕，四海一"的宏大气势，推行"书同文，车同轨，兼收六国车旗服御"等一系列积极措施，建立起包括衣冠服制在内的统一制度。对后世有极深的影响，秦朝在历史上兴盛一时，后被汉朝取代，汉代遂"承秦后，多因其旧"。因而秦、汉服饰有许多相同之处。但汉乃形秦神楚，在意识形态，特别是在艺术精神方面，汉文化继承的是楚文化的精髓。后期正式拟定了舆服制，上自帝王诸侯，下至士庶百姓，衣冠服饰各有等级。

（一）男子服饰

1.袍服　袍服在先秦时期就已经出现，那时是纳有絮棉的内衣，秦时的袍仍保留着内衣的形制，袍服加有外衣，东汉以后，逐渐以袍服作为外衣。袍服小口大袖。领口、袖口处绣夔[kuí]纹或方格纹等，交领、右衽，衣襟开得很低，领口露出内衣，袍服下摆花饰边缘，或打一排密裥或剪成月牙弯曲之状，根据衣襟形状分成曲裾与直裾。曲裾袍继承了战国深衣式样，西汉早期多见，而东汉时渐少，如图2-5所示。直裾袍在西汉时出现，因遮蔽不严，在当时只能作为正式礼服，直到东汉时发明了合裆裤，直裾袍才开始盛行，并取代了曲裾袍，如图2-6所示。

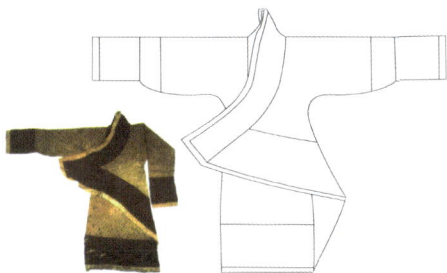

图2-5　湖南长沙马王堆汉墓出土的曲裾袍　　　　图2-6　湖南长沙马王堆汉墓出土的直裾袍

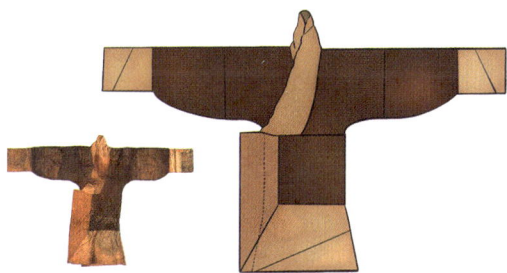

2.禅衣　禅衣为仕宦平日燕居之服，与袍式略同，禅为上下连属，但无衬里，可理解为穿在袍服里面或夏日居家时穿的衬衣。

3.襦衣　秦时的普通百姓多穿襦衣，袍与襦的主要区别在其长短。郭宝钧先生在《中国青铜器时代》一书中说："襦衣就其长短而言，又有长襦、短襦、腰襦的分别。衣的下摆齐膝者为长襦，位于膝上者为短襦，齐腰者为腰襦。"从这一点上看，襦衣要比袍服短。

4.裤　裤为袍服之内下身所服，早期无裆，类似今日套裤。《说文》曰："绔，胫衣也。"后来发展为有裆之裤，称裈[kūn]。

5.首服　朝臣职官品第的区别主要在冠式，冠有很多样式，如冕冠、长冠（即刘氏冠，

图2-7）多为宦官、侍者用、官宦祭祀时也戴；委貌冠为贵族官宦的礼冠、朝冠；武冠为武士或武将所戴；法冠为执法官戴用；进贤冠为儒生文官所戴。至汉代巾原是被上层士大夫家居所用，后逐渐普及，汉末文人与武士则以戴巾为雅尚。帻类似于巾，是套在冠下覆髻的巾，起初戴帻皆需覆冠，后才单独戴帻。帻至汉代被改进成帽子，颇似近代的无檐帽，帻上加发冠，也有将头巾和帻合戴的。

图2-7　长冠（刘氏冠）

6. 足服　鞋的式样至秦汉已非常丰富，有皮靴、皮鞋、木鞋、草鞋、麻鞋、丝履等多种。北方少数民族穿的高筒皮靴，当时叫"络鞮 [dī]"，除胡人外，汉人士兵及北方人也穿用。

（二）女子服装

秦汉妇女礼服，仍承古仪，常服为上衣下裙和深衣，其特点主要为衣服宽博，衣袖趋大，袖口收敛。曲裾和直裾并存，但曲裾居多。

1. 曲裾深衣　汉代曲裾深衣逐渐成为女子专用服式，是女服中最为常见的一种服式。这种服装通身紧窄，长可曳地，下摆肥大，行不露足。衣袖有宽、窄两式，袖口大多镶边。衣领部分很有特色，通常用交领，领口很低，露出里面衣领。如穿几件衣服，每层领子必露于外，最多的达三层以上，时称"三重衣"，如图2-8所示。

2. 袿 [guī] 衣　汉末《释名·释衣服》说："妇人上服（意为上等服饰）曰袿，其下垂者，上广下狭，如刀圭也。"命妇才可穿着袿衣。《周礼·内司服》称袿衣是王后的三翟礼服的遗俗，所以袿衣是女子盛装。演变到隋朝，袿衣还可作嫁衣。

3. 禅衣　流行于秦汉时期，是一种作为上层人士平日所穿的单层长罩衣。马王堆汉墓中有一件素纱禅衣，身长1.6m，袖通长1.95m，重量只

图2-8　西汉彩绘女俑穿"三重衣"

有48g。这件衣服是女主人随葬品，说明妇女亦服素纱襌衣，并缘其领与袖。

4. **襦裙** 襦裙是中国妇女服装中最主要的形式之一。汉代时期的女子日常装束为上衣下裙。上衣为襦，襦是一种短衣，长至腰间，有里，除交领外也有直领出现；下裙上窄下宽，下垂至地，不施边缘，裙腰用绢条，两端缝有系带。

5. **舞女大袖衣** 在汉朝歌舞伎形象中常有出现。衣袖宽博，大袖里有伸缩自如的"水袖"，下为打褶裙，内着阔边大口裤。在舞蹈时可以挥动舒卷衣袖，以衣袖的流动表现身姿的柔媚。

（三）军事服装

秦始皇陵兵马俑坑的发掘，对于研究秦汉军事服装，有着异乎寻常的学术价值，数千兵马战车，形体高大等同于常人，服装细部一丝不苟，可供今人仔细观察。据初步统计，秦汉军服可归纳为七种形制，两种基本类型。

（1）由整体皮革制成的护甲，上嵌金属片或犀皮，四周留阔边，为官员所服，如图2-9所示。

（2）由甲片编缀而成的护甲，从上套下，用带或钩扣住，里面衬战袍，为低级将领和普通士兵服。

图2-9 高级官吏护甲

■ **资料链接**

丝绸之路

丝绸自先秦时期就已经开始流传到西方。作为中西方大规模文化和经济交往象征的"丝绸之路"源于汉代张骞出使西域，打通了与西域诸国交往的道路后，诸国的使者商人便为了丝绸这种轻薄华贵的面料纷至沓来，使中国和西方的经济、文化交往大大加强，并促进了沿途各地的经济繁荣。这条丝绸贸易之路至唐代时达到鼎盛。丝绸之路可以看作是中国走向世界之路，它是中华民族向全世界展示其伟大创造力和灿烂文明的门户，也是古代中国得以与西方文明交融交汇、共同促进世界文明进程的合璧之路。

丝绸的吸引力之所以如此之大，与它自身工艺的发展有很大的关系。汉朝时，中国的丝织业发展到了一个新的高峰，有绢、纱、绮、罗、缟、素、缣[jiān]、纨、绡、縠[hú]、锦等品类。縠是一种极为轻薄的丝织品，所以古人用雾来形容它。当时在丝绸上施加文彩的方式有染、绘、绣及印。秦汉时期的染色工艺已相当发达，仅马王堆出土的绢，颜色就有绛紫、烟色、金黄、酱色、香色、驼色、绀色、藕色、赤色、墨绿色、绛色等十余种。直接织出花纹图案的丝织品称作绮、锦。绮为素色平纹起斜纹花的丝织品。锦则为彩色提花，有经锦和绒圈锦。由于提花技术的改良，秦汉时期的锦亦有很大的发展，当时的锦上还常织有表示吉祥如意的铭文，如"长乐明光""万世如意""登高明望四海"等。总体而言，西汉的纹样以充满动势的不对称变体花鸟禽兽为主，东汉的纹样则逐渐过渡到稳定的对称结构，并日益突显出西域文化和佛教文化的影响。

四、魏晋南北朝时期服饰

这一时期基本处于分裂状态，朝代更替迅速，战乱频仍，社会经济遭到相当程度的破坏。但由于南北迁徙，民族错居，也加强了各民族之间的交流与融合，因此，对于服饰的发展产生了积极的影响，初期各族服饰自承旧制，后期因相互接触而渐趋融合。

魏晋时期的服装，一为汉式服装，承秦汉之制；一为少数民族服饰，袭北方习俗。由于魏晋玄学风靡一时，文人儒士衣着和生活方式都不拘礼教，且袒胸露脯，因此衣服日趋宽博。此时期服装以宽衣博带、宽衫大袖为特色。魏晋衣服宽博是受清谈影响，追求潇洒脱俗，有意仿古。此风始于东晋末宋齐之际，流行于梁陈。

（一）男子服饰

1. 衫　魏晋汉族男子服饰主要是衫。衫为宽大敞袖，衫与秦汉时的袍服区别在于袍的袖端有一个收敛袖口的祛，而衫不需施祛，无袖端。由于不受衣祛限制，魏晋服装日趋宽博，褒衣博带成为这一时期的主要服饰风格，其中尤以文人雅士最为喜好，如图2-10所示。衫有单、夹二式，质料有练、纱、罗等，通常制成对襟，两襟之间用襟带相连。色彩以素雅居多，尤喜用白色，白衫不仅用作常服，也可当礼服。

图2-10 穿大袖衫、戴笼冠的贵族及穿衫子的侍从（顾恺之《洛神赋图》局部）

魏晋南北朝时期，最有典型意义的服装为裤褶与裲裆，是随胡人入居中原，对汉族服装产生了强烈的影响。

2. 裤褶、缚裤 裤褶是一种上衣下裤的服式，观其服式，犹如汉族长袄，对襟或左衽，不同于汉族习惯的右衽，腰间束革带，方便利落，往往使着装者显露出粗犷剽悍之气。随着南北民族的接触，这种服式很快被汉族军队所采用。裤褶虽然轻便，但用于礼服，两条裤管分开毕竟有不恭之意，可谓离汉族服式裙、袍相距甚远。于是，在此基础上，有人将裤脚加肥，立在那儿宛如服裙，行动起来既方便又不失翩翩之风。但因为裤形过于博大，还是有碍上召或军阵急事。于是，为兼顾两者又派生出一种新的服式——缚裤。《宋书》《隋书》中讲到，凡穿裤褶者，多以锦缎丝带裁为三尺一段，在裤管膝盖部位下紧紧系扎，以便行动，成为既符合汉族"广袖朱衣大口裤"特点，同时又便于行动的一种急装形式，如图2-11所示。

3. 裲裆 裲裆由前后两个衣片组成，没有衣袖，肩上用带系住，腰用大带或皮革扎紧，男女皆可穿着。士庶用布葛制作，高级一些的用纹锦，在春秋季节穿着，以后逐渐演变成马甲或背心，如图2-11所示。

4. 首服 汉魏之际，战事频仍使社会财力日显艰困，两汉冠服制度已难维持。以往的冠帽，这时已多以文人沿用的幅巾代替，不仅文人使用巾子，表示名士风流，将帅亦头戴缣巾，诸葛亮纶巾羽扇指挥战事遂流传千古。

图2-11 缚裤、裲裆铠

（二）女子服饰

魏晋妇女服饰多承继秦汉遗俗，有衫、袄、襦、裙之制。随着佛教的兴起，莲花、忍冬等纹饰大量出现在服装上，女裙讲究材质、色泽、花纹鲜艳华丽。素白无花的裙子也受到欢迎。

1. 襦、裙　襦、裙明显特征为上俭而下丰，裙腰日高，上衣日短，衣袖日窄，交领上襦，束腰较紧；后来又走向另一极端，衣袖加阔到两三尺。头部多加假发。

2. 深衣　男子已不穿的深衣仍在妇女间流行，并有所发展，通常将下摆裁制成数个三角形，上宽下尖，层层相叠，因形似旌旗而名曰"髾（shāo）"。围裳之中伸出两条或数条飘带，名为"襳（xiān）"。走起路来，随风飘起，如燕子轻舞，煞是迷人，故有"华带飞髾"的美妙形容，名曰燕裾，如图 2-12 所示。南北朝时，有些将曳地飘带去掉，而加长尖角燕尾，使服式又为之一变，称为杂裾，如图 2-13 所示。

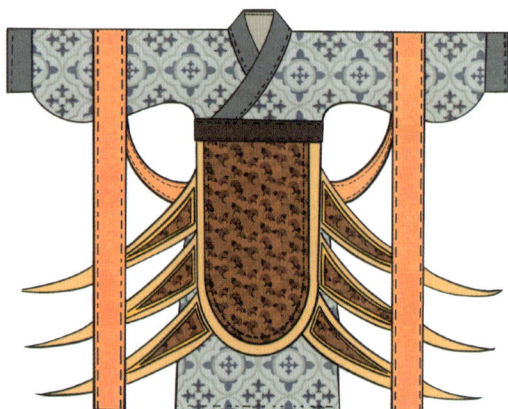

图 2-12　魏晋"燕裾"　　　　　　　　　图 2-13　南北朝"杂裾"

3. 帔　帔始于晋代，流行于以后各代的一种妇女衣物，形似围巾，披在颈肩部，交于领前，自然垂下。延至后代又有所发展。

4. 发式　发式与前代有所不同，魏晋流行的"蔽髻"是种假髻。其髻上镶有金饰，有严格制度，非命妇不得使用。普通妇女也有戴假髻的，但髻上的装饰没有蔽髻那样复杂。另有不少妇女模仿西域少数民族习俗，将发髻挽成单环或双环髻式，高耸发顶。在南朝时，由于受佛教的影响，妇女多在发顶正中分成髻鬟，做成上竖的环式，谓之"飞天髻"，先在宫中流行，后在民间普及。

■ **资料链接**

魏晋玄学对服饰的影响

魏晋南北朝时期，一种真正思辨、理性的"纯"哲学产生了，还有一种真正抒情的、感性的"纯"文艺产生了。这两者构成了中国思想史上的一个飞跃。人们开始被内在的精神、品格、风貌吸引着、感召着，以内在的思辨思想和精神状态来体现自我，使得人和人格本身日益成为这一时期哲学和文艺的中心。以老庄学说为基础的魏晋玄学和逐渐传播的佛教反映在服饰上，则是文人儒士开始追求"精神、格调和风貌"的体现，宽衣博带成为这一时期的主要服饰风格。

《世说新语》称西晋山涛、阮籍、嵇康、向秀、刘伶、阮咸、王戎七人常集于竹林之下，肆意畅饮世称"竹林七贤"。竹林七贤着宽衣博带，袒胸露背之装束，具有非常蔑视礼法、落拓不羁之意，这种行为在士大夫中却备受赞赏，亦有加之模仿者，如图2-14所示。

图2-14　魏晋竹林七贤的宽衣博带

五、隋唐五代时期的服装

公元581年，隋文帝杨坚夺取北周政权建立隋王朝，后灭陈统一中国。公元618年，唐王朝建立。公元907年，朱温灭唐，建立梁王朝。因梁、唐、晋、汉、周五个朝廷相继而起，占据中原，连并同时出现的十余个小国，在历史上被称为五代十国。

隋唐时期，我国南北统一，疆域辽阔，经济发达，中外交流频繁。唐代承袭了先前历代的冠服制度，同时，又通过丝绸之路与和平政策与异族同胞及异域他国交往日密，博采众族之长，成为服饰史上百花争艳的时代。其辉煌的服饰盛况是中国服饰史上的耀眼明珠，在世界服饰史上有举足轻重的地位。

（一）隋朝服饰

隋朝虽只存在了短暂的三十几年，但却是一个承前启后、继往开来的历史时期，为唐朝经济文化的繁荣、发展奠定了重要基础。服饰的种类和样式基本保持南北朝时期的特点。

男装以衫为主，女装以襦、裙为主，小袖长裙，裙系到胸部，是一种端庄秀丽、修长婀娜的风格。贵族妇女出行，则着大袖服。隋代至初唐，女装上穿小袖短襦，下着紧身长裙。裙腰束至腋下，用细带系扎，这种服饰流行很久，并影响到东邻国家各地。

（二）唐朝服饰

唐朝服装种类和样式，相比汉代有了很大变化，最重要的是趋于完美、整体和成熟。其款式和织物都和当时崇尚丰硕体态的审美融为一体。在服饰上显现出开放、自信的民族自信心。

1. 男子服饰　男装服式以圆领袍衫为主，头戴幞头、纱帽。但服色上却被赋予很多讲究。

（1）圆领袍衫：亦称团领袍衫，是唐朝男子服装的主要形式，男子不论贵贱一律通服圆领袍衫。其特点一般为上下连属，圆领、右衽，领、袖及襟处有缘边，有的在前后襟下缘各接横襕以示下裳之意，如图 2-15 所示。有夹单之别，穿圆领袍衫时上戴幞头，下蹬乌皮六合靴，腰系革带。文官衣略长而至足踝或及地，武官衣略短至膝下。袖有宽窄之分，多随时尚而变异，有些款式延至宋明。官员的袍衫以颜色来区分等级，三品以上服紫色，五品以上服朱，九品以上服青色。至武则天时，赐文武官员的袍上绣有狮、虎、麒麟、鹰、雁等祥禽瑞兽纹饰，此举为后代官服上补子的风行打下了基础。

唐代统治者及官员在一些重要场合，如祭祀典礼时仍穿礼服。礼服的样式多承袭隋朝旧制，头戴介帻或笼冠，身穿对襟大袖衫，下着围裳，玉佩组绶等。黄色成为天子专属色，"黄袍加身"成为帝王登极的象征，一直延续至清王朝灭亡，长达一千余年。

到了中晚唐时期，由于胡服的影响减弱，贵族中汉制的宽衣大袖，长裙丝履又兴起了，而短衣窄袖的服式则为劳动者和贱役卑差们穿着。

（2）首服：幞[fú]头，是一种包头的软巾，是在汉魏幅巾基础上形成的一种首服，唐始称"幞头"。幞头所用的纱罗通常为黑色，故也称"乌纱"，后代俗称为"乌纱帽"。初以纱罗为之，后因其软而不挺，乃用桐木片作一山子衬在纱内，使顶高起。裹幞头时除在额前打结外，又在脑后扎成两脚自然下垂，后取消前面的结，又用铜、铁丝为干，将软脚撑起，成为硬脚，如图 2-16 所示。幞头不仅为男子头衣，宫中女侍也多有用者。

图 2-15　圆领袍衫

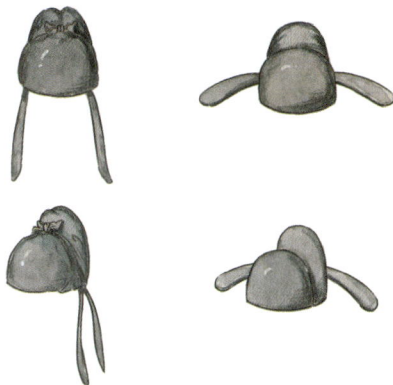

图 2-16　软脚幞头和硬脚幞头

2.唐朝女子服饰　唐朝时期的女子服饰，是中国服装史中最为精彩的篇章，其冠服之丰美华丽，妆饰之奇异纷繁，都令人目不暇接。其总体态势，不仅超越前代，而且后世亦无可企及，可谓封建社会中一朵昂首怒放、光彩无比的瑰丽之花。

隋唐五代女子服饰，大致可以分为两个时期，隋至盛唐趋于华丽，中唐至五代趋于新异。唐盛行雍容丰腴之风，至五代被秀润玲珑之气替代。主要服式为襦、裙服，即上着短襦或衫，下着长裙，佩披帛，加半臂，足蹬凤头丝履或精编草履。头上花髻，出门可戴幂。

（1）襦裙：唐朝女子依隋之旧，喜欢上穿短襦，下着长裙，裙腰提得极高至腋下，以绸带系扎。上襦很短，成为唐代女服特点，如图 2-17 所示。襦的领口常有变化，如圆领、方领、斜领、直领和鸡心领等。盛唐时有袒领，初时多为宫廷嫔妃、歌舞伎者所服，但是一经出现，连仕宦贵妇也予以垂青。袒领短襦的穿着效果，一般可见到女性胸前乳沟，这是中国服饰演变中比较少见的服式和穿着方法。当时女子非常重视下裳，制裙面料一般多为丝织品，但用料却有多少之别，通常以多幅为佳。裙腰上提，有些可以掩胸，上身仅着抹胸，外直披纱罗衫，致使上身肌肤隐隐显露。裙色可以尽人所好，多为深红、杏黄、绛紫、月青、草绿等色，其中以石榴红裙流行时间最长。

图 2-17　襦裙

（2）衫：衫较襦长，多指丝帛单衣，质地轻软，与可夹可絮的襦、袄等上衣有所区别，也是女子常服之一，如图2-18所示。

图2-18　大袖对襟纱罗衫、长裙、披帛（陕西西安唐墓出土三彩陶俑）

（3）半臂与披帛：这是襦、裙装中的重要组成部分。半臂，又称半袖，似今短袖衫，通常袖长及肘，衣长及腰，对襟且胸前结带。这种款式在唐流行很久，如图2-19所示。披帛，从狭而长的帔[pèi]子演变而来，由轻薄纱罗制成，后来逐渐成为披于双臂、舞于前后的一种飘带，这是古代仕女的典型饰物，如图2-20所示。

图2-19　半臂

图2-20　穿短襦、长裙、披帛的妇女
（唐　张萱《捣练图》局部）

（4）女着男装：女着男装，即全身仿效男子装束，成为唐代女子服饰的一大特点，上行下效，广为流传。女子着男装，于秀美俏丽之中，别具一种潇洒英俊的风度，如图2-21所示。同时说明，唐代对妇女的束缚明显小于其他封建王朝。

（5）女着胡服：受胡舞（胡旋舞、浑脱舞、柘枝舞）的影响，女穿胡服成为唐代女装的又一大特点。

（6）发式与面靥：唐朝统治近三百年来，女子的发髻式样和插戴是最为丰富多彩的时期。除崇尚高髻和繁多的簪钗花钿外，面妆也奇特华贵，变幻无穷，有梅花妆、黛眉妆、啼妆等，如图2-22所示。

图2-21　裹幞头、穿圆领袍衫的妇女
（唐　张萱《虢国夫人游春图》）

图2-22　"黛眉妆"妇女

3.胡服 初唐到盛唐间，北方游牧民族匈奴、契丹、回鹘等与中原交往甚多，加之丝绸之路上自汉至唐的骆驼商队络绎不绝，对唐代臣民影响极大。较典型的着胡服形象为上戴浑脱帽，身着窄袖紧身翻领长袍，下着长裤，足蹬高勒革靴。其中，回鹘装是当时较为常见的胡服，如图2-23所示。

4.首服 唐代女子首服的流行顺序依次是，幂离、帷帽、胡帽、浑脱帽。

（1）幂离：幂离之制来自北方民族。初唐女子出门时戴幂离，是为免生人见到容貌。

（2）帷帽：帷帽始创于隋。帽式为高顶宽檐笠帽，帽檐下一圈透明纱罗帽裙，较之幂已经浅露芳姿，如图2-24所示。但唐代女子并未满足这种隔纱观望的帷帽式，后索性去掉纱罗，不用帽裙或不戴帽子而露髻驰骋。

（3）浑脱帽：胡服中首服的主要形式。用较厚的锦缎或乌羊毛制成，帽顶呈尖形。

图2-23 回鹘装示意图

图2-24 戴帷帽的女子

（三）五代十国服饰

五代十国服饰大体沿袭唐制，但已无盛唐的丰硕和雍容之气，在晚唐基础上愈显秀丽精致，衣身窄细合体，裙腰已基本落至腰间，披帛变得狭长。五代的官服式样承唐启宋，男子一般穿着圆领衫子，幞头自晚唐以后由软脚变为硬脚。

■ 资料链接

胡服的流行

在中国古代史上，胡服产生了一定的影响。《梦溪笔谈》记载："中国衣冠，自北齐以来，全用胡服。"而真正大范围地流行胡服、胡妆还是唐中期。中外贸易文化交流发达，丝绸之路引来的不仅是"胡商"会集，也带来了异国的礼俗、服装、音乐和美术等，如武则天时期波斯诸国的服饰已经影响唐女子。"胡酒""胡姬""胡乐"和"胡服"是盛极一时的长安风尚。从阎立本《步辇图》中宫女袖口紧束，下着红绿绦子小口袴、软锦透空靴的打扮可见一斑，如图2-25所示。

图2-25 阎立本《步辇图》

六、宋朝服装

宋朝建立于公元960年，统一的社会局面带来了经济的繁荣稳定。"偃武修文"的基本国策，使程朱理学逐步居于统治地位，在这种思想支配下，人们的美学观念发生了变化，服饰开始崇尚俭朴、沿袭传统、注重理性。

（一）男子服装

宋初建国，官制、军制几乎大部承袭唐代。衣冠服饰也袭晚唐五代遗制，无大变化。一般男装与唐同，有襦、袄、襕衫（襕袍）和背子。而劳动人民，卑仆贱役的服装，是短衣缚裤，麻履皂巾。

1.朝服　宋朝朝服，也叫具服，朝会时使用。官员朝服式样基本沿袭汉唐之制，上身用朱衣，下身系朱裳，即穿绯色罗袍裙、衬以白花罗中单，束以大带，再以革系绯罗蔽膝，方心曲领，挂以玉剑、玉佩、锦，着白绫袜黑色皮履。这种服饰，以官职大小有所不同，六品以下就没有中单、佩剑及锦绶。中单即禅衣，衬在里面，在上衣的领内露出。方心曲领上圆下方，形似缨络锁片，用以防止衣领雍起，起压贴的作用。源于唐，盛于宋而延至明，如图2-26所示。

2.公服　官员常朝视事，皆穿公服。公服基本承袭唐代的款式，圆领大袖袍衫，下裾加一道横襕，腰间束以革带，头戴幞头，脚穿靴或革履，以纹样、质料、颜色区分官员等级，革带是区别官职的重要标志之一，如图2-27所示。

图2-26　方心曲领、蔽膝朝服示意图　　　　图2-27　公服、幞头、革带示意图

3.常服　男子常服以襕衫为尚。襕衫也属于袍衫，故又称"襕袍"。襕衫为圆领、大袖无袖头，长度过膝，下施横襕为裳以示上衣下裳的旧制。其式初见于唐代，流行于宋代。其广泛为仕者燕居、告老还乡或低级官吏所服用。一般常用细布，颜色用白，腰间束带。也有不施横襕者，谓之直身或直掇[duō]，居家时穿用取其舒适轻便，如图2-28所示。

4.首服　幞头是宋代官员的主要首服，帝王百官，除了祭祀典礼、隆重朝会需服冠冕外，一律戴幞头。其形制以直脚为多，长如直尺，与唐代相比，宋代幞头少了爽利便捷之气而多了仪态威严之感。宋初幞脚尚短，后逐渐加长。

普通百姓多戴巾子。巾子并非正式的头衣，而是燕居时的装束。士人阶层以裹巾子为雅，如图2-29所示。巾在宋代名目繁多，如桶高檐短的"东坡巾"，还有"程子巾""逍遥巾""高士巾"和"山谷巾"等。

<table>
<tr><td>图2-28　襕衫</td><td>图2-29　扎巾、穿衫的士人</td></tr>
</table>

（二）女子服装

宋代妇女服装，一般有襦、袄、衫、背子、半臂、背心、抹胸、裹肚、裙、裤等，其中以背子最具特色。宋代女子一改唐风，衣和裳由上短下长，逐渐变为上长下短，风格趋于修长、纤细、朴素无华。

1. 背子　背子以直领对襟为主，前襟不施襻纽，袖有宽窄二式，衣长有齐膝、膝上、过膝、齐裙至足踝几种，长度不一。另外在左右腋下开长衩，也有不开侧衩者。上至皇后贵妃，下至奴婢侍从、优伶乐人及男子燕居均喜服用，取其既舒适合体又典雅大方，如图2-30所示。

图2-30　宋代背子

2.**衫、襦、袄、半臂、背心**　衫、襦、袄、半臂、背心等基本承晚唐五代服饰（图2-31）。袄无定制，有宽袖和窄袖之分；有对襟和大襟之别；长短也有不同。大袖衫子多为贵族妇女所穿，是礼服的一种。与前代不同的是，衫子不能像唐代那样轻薄和袒露。宋妇女仍着半臂或背心，两者样式近似，通作对襟，唯半臂有袖而短，背心则无袖。

3.**裙、裤**　裙是妇女常服下裳，在保持晚唐五代遗风的基础上，时兴"千褶""百迭"裙，形成宋代特点。裙式修长，裙腰自腋下降至腰间的服式已很普遍。腰间系以绸带，并佩有绶环垂下。劳动妇女也有单着合裆裤而不着裙子的，此谓之裈，如图2-32所示。

图2-31　对襟大袖衫、披帛、长裙

图2-32　卷起裙子、穿长裤
劳动的妇女

图2-33　"一年景"花冠

4.**帔帛**　帔帛发展到宋代为霞帔。宋代霞帔通常作狭长形，上绣纹样，使用时悬挂项上，绕至胸前，下端缀一坠子，以便将帔固定。不同的是帔帛质地厚实，不似唐代帔帛飘曳。

5.**花冠**　宋朝女子首饰除传统的簪、钗、步摇、梳篦等装饰外，还盛行戴花冠。花冠起初用鲜花制作，后用罗绢、金玉、通草等制成假花，取名为"象生花"。花冠初见于唐，到了宋代，花冠的样式更是花样百出，无奇不有。例如，将一年四季的花朵品种合插于一冠之上，称作"一年景"，如图2-33所示。

6.缠足　宋时女子缠足成为儒家礼教倡导的一部分。以后随着朝代的更迭，小脚更成为衡量女子仪容姿态的重要标准。

■　**资料链接**

程朱理学

程朱理学是北宋理学家程颢、程颐和南宋理学家朱熹思想的合称。他们把"理"或"天理"视作哲学的最高范畴，二程学说的出现，标志着宋代理学思想体系的正式形成。

程朱理学在人性论上主张"去人欲，存天理"，在某种程度上束缚了人们的思想，这在很大程度上影响到当时的审美和意识形态，许多艺术形式都追求空灵、含蓄、自然、平淡的意境。如宋瓷一扫唐之鲜艳，追求细腻净润、色调单纯的趣味；而宋代山水画则采用水墨淡彩，表现出人与自然无间的亲密交融和牧歌化的心情和思绪；在服饰风格上，这一点体现得更为明显，朝廷多次定制申饬"务从简朴""不得奢靡"，不少学者也纷纷提倡服饰要简洁、朴实。

七、辽、西夏、金及元时期服饰

辽、西夏、金及元代服饰分别具有契丹、党项、女真及蒙古族服饰特点。各民族服饰再度交流与融合。

（一）辽——契丹族服饰

一般为长袍左衽，圆领窄袖，下穿裤，裤放靴筒之内。女子在袍内着裙，也穿长筒皮靴。袍料大多为兽皮，如貂皮、羊皮、狐皮等，其中以银貂裘衣最贵，多为辽贵族所服。

（二）西夏——党项族服饰

妇女多着翻领胡服，领间施以精美刺绣。

（三）金——女真族服饰

女真入燕地后模仿辽国实行南北分治，开始注重服饰礼仪制度，以后则吸收了宋代的冠服制度，帝王百官正式场合皆用冕服官服。

（四）元——蒙古族服饰

元朝地域辽阔，各种文化交相辉映，既有农耕文化，也有草原文化；既有中原文化，又有西亚伊斯兰文化、欧洲基督教文化，这就造成了元朝服饰的多样化。

蒙古族官吏以长袍为主，平日主要穿"质孙服"，是较短的窄袖长袍，在腰部下摆有很多衣褶，这种衣服很方便骑马，如图2-34所示。蒙古族贵妇戴"顾姑冠"，穿宽大且长的袍，如图2-35所示。汉族官员服式仍多为汉制圆领袍衫和幞头，近乎宋式"盘领，俱右衽"，妇女以襦裳为多。

图2-34　窄袖织龙纹锦袍、综帽、云肩、缎靴　　图2-35　戴顾姑冠、穿交领织金锦袍的皇后

元朝纺织物有纳石矢金锦、浑金搭子、金缎子等，种类繁多。

八、明朝服饰

公元1368年，明朝建国。为重新振兴中国社会，明朝政府采取了上承周汉，下取唐宋的治国方针，对整顿和恢复礼仪极其重视，并根据汉族传统重新规定了服饰制度。由于政治、经济、文化、技术的发展，明代的服饰面貌仪态端庄，气度宏美，成为中国服饰艺术的典范。

明朝官吏戴乌纱帽，穿圆领袍。袍服除了品色规定外，还在胸背缀有补子，并以其所绣图案的不同来表示官阶的不同，不独唯此，官员的腰带也因品级的不同而在质地上有所不同。书生多穿直裰或曳撒，戴巾。平民则穿短衣，戴小帽或网巾。明朝女子发髻式样也颇多，且常在额上系勒子，名"遮眉勒"。衣裙近似宋、元两朝，但内衣有小圆领，颈部加纽扣。衣身较长，缀有金玉坠子，外加云肩、比甲等。下层民众及体力劳动者多穿裋褐。

（一）男子服饰

1. 朝服 朝服（图2-36）是重大仪式庆典礼服，包括梁冠、赤罗衣裳等（图2-37），赤罗衣青领缘白纱中单，青缘赤罗裳，赤罗蔽膝，赤白二色绢大带，革带，佩绶，白袜黑履，手持笏 [hù]。笏为大臣朝见时所执的长板，用以记事。一至五品都用象牙笏，六品至九品用槐木笏。

明朝朝服一律红色，齐聚于盛会之中，对比唐朝五色交映的场面，别有一种规整耀眼的气派。皇帝礼服则仍保持上衣下裳的古制，由玄衣、纁裳、白罗大带、黄蔽膝、素纱中单、赤舄等组成。

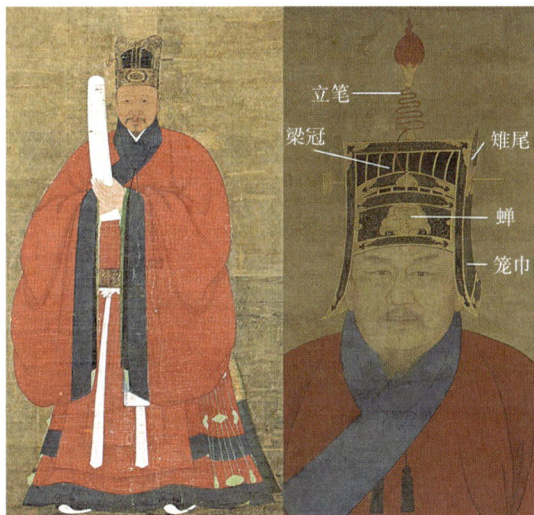

立笔
梁冠
雉尾
蝉
笼巾

图2-36 朝服

赤罗衣

赤罗裳

图2-37 赤罗衣裳

2. 公服 官员日常处理公务时，戴乌纱帽、穿圆领衫、束腰带，并在前胸和后背缀以一方补子，文官用禽、武官用兽作装饰。官服的颜色、质地、式样、花纹图案以及尺寸因级别而异，都有明确的规定。皇帝常服为圆领龙袍，头戴折上巾。官服的衣袖多为大袖，有的在衣袖两侧有插摆；平民的衣服无插摆，窄袖，如图2-38、图2-39所示。

图2-38 补服

3.士人服装 读书人着直裰（直身），为右衽、大袖的宽敞袍式，继承宋代式样，背间中缝直通到底。通常会与儒巾和四方平定巾相配，风格清静儒雅。明初儒生都穿蓝色四周镶黑色宽边的直裰，时人称为蓝袍。后举人、贡生改穿黑袍，生员（习称秀才）仍穿蓝袍。职位卑下者，一般穿青色布衣。市井富民，虽穿细纱绫罗，但颜色只许用青、黑，如图2-40所示。

图2-39 穿着补服、戴乌纱帽的明代官员

图2-40 明代盘领大袖衫

4.首服

（1）四方平定巾：职官儒士便帽，如图2-41所示。

（2）网巾：用以束发，表示男子成年。多统称为儒巾。

（3）帽子：乌纱帽、"六合一统帽"（瓜皮帽），市民日常所戴。另有遮阳帽、圆帽等约十五种帽子。

图2-41 戴四方平定巾、穿大襟袍的男子

（二）女子服饰

1.礼服 礼服是明代后妃的朝、祭之服，皇后在受册、谒庙、朝会等重大礼仪场合穿着礼服。洪武元年，朝廷参考前代制度拟定皇后冠服，以袆（huī）衣、九龙四凤冠等作为皇后礼服。洪武二十四年对冠服制度进行了修改，定皇后礼服为九龙四凤冠、翟衣、黻（fú）领中单等，此后一直沿用，如图2-42所示。

2.便服 命妇燕居与平民女子的服饰，主要有衫、袄、帔子、背子、比甲、裙子等。普通妇女多以紫花粗布为衣，不许用金绣。袍衫只能用紫色、绿色、桃红等间色，不许用大红、鸦青与正黄色。

（1）背子：明代的背子多为合领或直领对襟，衣长与裙齐，左右腋下开衩，衣襟敞开，两边不用纽扣，有时以绳带系连，是女子的日常服装。一般情况下，贵族女子穿合领对襟大袖的款式，而平民女子则穿直领对襟小袖的款式，如图2-43所示。

（2）比甲：一种无领无袖的对襟式半长上衣，并成为青年女子日常穿着的外衣。后来到了清代又缩短衣身，称为坎肩、背心、马甲，如图2-44所示。

图2-42 皇后礼服翟衣

图2-43 明代背子

图2-44 比甲

3.水田衣 一种以各色零碎锦料拼合缝制成的服装，形似袈裟，因拼合的布形如水田而得名，俗称"水田衣"，如图2-45所示。起初还比较注意匀称，后来不再拘泥，织锦料子大小形状各不相同。到明朝末期，奢靡颓风盛行，许多贵青女眷为做一件中意的水田衣不惜裁破一匹完整的锦缎。

图2-45 水田衣

■ **资料链接**

吉祥纹样

　　明代纹样中最具特色的当属吉祥纹样的运用，几乎到了图必有意、意必吉祥的地步。吉祥纹样表达"富、贵、寿、喜"，这四字概括了明代市民文化的追求及审美趣味，统治阶层曾经企求皇权永固、长生不老、羽化登仙等祥瑞思想演变为吉祥如意、福寿有余、阖家幸福等吉祥意念，并在清代得到了进一步的发展。如今，吉祥图案亦是中国传统文化的重要部分，已成为认知民族精神和民族旨趣的标志之一。

九、清朝服装

　　清朝自1644年顺治帝福临入关到辛亥革命，共经历268年。清朝服饰是满族入关后，强制推行的游牧民族服饰。清朝是在中国服装演变史中是变化较大的一个时期，两族人民接触广泛而频繁，服装形制在演变过程中互相渗透融合。

（一）男子服饰

清朝满族统治者执意不改其服，并以强制手段推行满族服饰于全国，使男子服饰基本以满族服饰为模式。清代男子以袍、褂、袄、衫、裤为主，一律改宽衣大袖为窄袖筒身。衣襟以纽扣系之，代替汉族惯用的绸带。

1.长袍 长袍立领直身，大襟，前、后衣身有接缝，下摆有两开衩、四开衩和无开衩的类型。皇室贵族为便于骑射，着四面开衩长袍，即衣前、后中缝和左、右两侧均有开衩的式样，平民则着左、右两侧开衩或"一裹圆"的不开衩长袍。开衩的大袍，也叫"箭衣"，袖口有突出于外的"箭袖"，因形似马蹄，又俗称为"马蹄袖"。马蹄袖平日绾起，出猎作战时则放下，覆盖手背，冬季可御寒。龙袍只限于皇帝穿。一般官员以蟒袍为贵，蟒袍又谓"花衣"，如图2-46所示。以蟒数及蟒之爪数区分等级。

2.马褂 马褂为长袍衫之外长及脐的一种行褂（短褂），长不过腹，袖仅掩肘，便于骑马，故叫"马褂"。为营兵所服，康熙后穿的人渐多，上至天子下至庶民都用，也有女子服用。马褂以黄马褂为贵，如图2-47所示，其余色为官吏士庶喜服。马褂有对襟、大襟、缺襟。领、袖边缘多有镶绲，分阔边与狭边。对襟马褂多当作礼服，大襟马褂多当作常服，一般穿在袍服之外。缺襟马褂，又叫"琵琶襟马褂"，多用作行装。

图2-46 蟒袍

图2-47 黄马褂

3.补服 补服是清朝官员的正式官服，青色贡缎制成的外褂，前、后开衩，胸、背各绣一块方形的图案，文官绣禽（如仙鹤、锦鸡、孔雀等），武官绣兽（如麒麟、狮子、豹等），随品级而异，如图2-48所示。

4.披领 披领是加于颈项而披之于肩背，形似菱角，上面多绣以纹彩，用于官员朝服，冬天用紫貂或石青色面料，边缘镶海龙绣饰。夏天用石青色面料，加片金缘边，如图2-49所示。

5.首服 清代男子冠帽有礼帽、便帽之别。礼帽有二式，暖帽和凉帽，如图2-50、图2-51所示。礼帽上有顶珠和花翎，这是清代特有的品级标志。官员燕居及士庶男子多戴瓜皮帽，帽上用"结子"，以红色丝绳为主，丧仪用黑或白色。

图 2-48 补服

图 2-49 披领

图 2-50 暖帽

图 2-51 凉帽

（二）女子服装

清女装分为满汉二式。满族妇女都着长袍，汉族妇女仍以上衣下裳或下裤为主。后来在与满族女子的长期接触之中，不断演变，终于形成清代女子服饰特色。

1.满族女子服饰 满族命妇的礼服与男子朝服基本相同，唯霞帔为女子专用，其形制阔如背心，正中绣补子，底摆下垂流苏，如图 2-52 所示。其纹样视丈夫的品级而定，武官的妻子、母亲不用兽纹，而用禽纹。常服为长袍，其样式为圆领、大襟、袖口平大、长可掩足，如图 2-53 所示。在长袍衫之外加着坎肩，有时也着马褂，如图 2-54 所示。上衣多无领，穿时加小围巾。

图 2-52 霞帔

图2-53 满族女子长袍

图2-54 穿长袍、坎肩、马褂满族女子

2.汉族女子服饰 汉族命妇礼服承明朝制度，戴凤冠霞帔，霞帔中间绣有禽纹的补子。常服一般穿披风、袄、裙。披风就是斗篷，无袖、不开衩的长外衣，有长短两式；其领子有抽口领、高领和低领三种，男、女都穿。里面为上袄下裙，如图2-55所示。裙子初期还保留明代的遗俗，有百褶裙、马面裙、尾裙、月华裙等式样。清后期，又流行不穿裙而着长裤，裤多为绸缎制作，上面绣有花纹。另外还有背心，长可及膝下，多镶绲边。云肩是女子披在肩上的装饰物，最初只是用以保护领口和肩部的清洁，后逐渐演变为一种装饰物，多以彩锦绣制而成。

3.发式 清代初期满族妇女梳两把头，晚期流行的一种为板状冠型头饰，满族人称"大拉翅"，如图2-56所示。汉族妇女留牡丹头、荷花头等。中期，汉女仿满宫女，以高髻为尚。清末又以圆髻梳于后。

图2-55 汉族女子服装

图2-56 满族女子的大拉翅

4.足服 旗女天足，着木底鞋，高跟装在鞋底中心。汉女缠足，着木底弓鞋，鞋面均多刺绣、镶珠宝。

■ **资料链接**

清代文化与繁缛风格

明朝繁荣的市民文艺至清时又为一变，一种对人生的空幻感透过《桃花扇》《长生殿》等戏剧。《聊斋志异》等小说层层折射出一个表面繁荣平静、实际颓唐没落的时代。至《红楼梦》奇峰突起，中国古典小说达到了最为辉煌的顶峰。而《红楼梦》本身带有的浓重挽歌色调，又是对种种金玉其外、无声无息腐烂的一切的感伤喟叹的升华。而更易影响服饰风格的建筑、瓷器、雕塑风格，则日趋受到宫廷贵族、官僚地主、商人市民审美趣味的影响，注重技巧，注重纹饰，层层的烦琐装饰，堆砌在建筑上、家具上、瓷器上、衣物上，呈现出纤细、繁缛、造作的风格。

十、20世纪前半叶汉族服装

20世纪前半叶汉族服装为之一变，这不仅取决于朝代更换，也是受西方文化冲击所产生的必然结果。辛亥革命后改装易服，并逐步取消了缠足等对妇女束缚极大的陋习。20世纪20年代末，民国政府重新颁布《服制条例》，20世纪30年代时，妇女装饰之风日盛，服饰改革进入一个新的历史时期。

（一）男子长袍与西服

这时期，男子服装主要为长袍、马褂、中山装及西装等，虽然取消封建社会的服饰禁例，但各阶层人士的装束仍有明显不同，如图2-57所示。

图2-57 民国时期男子着装

1.中年人及公务人员 装束长袍、马褂，头戴瓜皮小帽或罗宋帽，下身穿中式裤子，脚穿布鞋或棉靴。

2.青年或从事洋务者 装束西服、革履、礼帽。礼帽即圆顶，下施宽阔帽檐，微微翻起，冬用黑色毛呢，夏用白色丝葛，成为与中、西服皆可配套的庄重首服。

3.资产阶级进步人士和青年学生 衣为直立领，胸前一个口袋的学生装，头戴鸭舌帽或白色帆布阔边帽。

4.中山装 中山装式样原为九纽，胖裥袋，后根据依据国之四维（礼、义、廉、耻）确定前襟四个口袋；依五权分立（行政、立法、司法、考试、监察）确定前襟五粒扣子；依三民主义（民族、民权、民生）确定袖口为三粒扣子。

长袍、西裤、礼帽、皮鞋，是20世纪三四十年代较为时兴的一种装束，也是中西结合非常成功的一套服饰。

（二）女子袄裙与旗袍

这时期女子服饰变化很大，主要出现了各式袄、裙与不断改革之中的旗袍。

1.袄、裙 袄为大襟，七分倒大袖，下摆圆角，裙下摆上升，款式不时变换。窄而修长的高领衫袄，黑色长裙（图2-58），不施绣纹，朴素淡雅，成为"文明新装"。北伐后，女生校服为上衣蓝或浅蓝，下穿深色裙，白色纱袜和圆口布鞋，成为那个时代的特征。

2.旗袍 20世纪20年代旗袍开始兴起，袖口缩小，吸收西洋裁剪方法，缩短下摆，收紧腰身。20世纪30年代旗袍进入全盛时期，发展成窄袖、收腰、无袖等款式。领的高低变化、袖子长短、衣长不时变化。20世纪40年代起，旗袍式样趋于无袖，缩短衣长，降低领高，更加轻便、适体。旗袍成为这时期中国女性最典型的服式。改良后的旗袍改变了传统女装的胸、肩、臀完全是呈平直状态的造型，变得更加合体，突出了女性的曲线之美，如图2-59所示。

图2-58 民国时期北京大学女生袄裙 式校服

图2-59 民国旗袍

3.西式时装 有西式连衣裙、西式大衣、西式礼服等。翻领、露肩、高跟鞋、丝袜、烫发成为20世纪40年代的时尚。20世纪40年代，上海成为"远东的巴黎"。报纸、杂志都有"服装专栏"介绍新式服装；影片公司有服装专家；1931年上海大华饭店举行了时装表演。

4.袄、裤 穿中式上衣和下裤，是平民的打扮。由于民国时期经济、文化发展不平衡，中国大都市与农村、边远地区人们的穿着相差甚远。

5.婚礼服 20世纪20年代后，出现了"文明新婚"的形式，新郎穿深色礼服、白衬衫、打领结，新娘通身白色婚纱，佩戴红色玫瑰。也有中西合璧式婚礼，新郎穿中式的长袍马褂，新娘为婚纱。民国时期曾提倡"新生活运动"。

十一、20世纪后半叶的服装

（一）中华人民共和国成立初期至20世纪60年代末

服装的发展往往与政治的变革、经济的发展有很大关系。1949年中华人民共和国成立标志着旧的生活方式结束，与之相关的一些文化现象也随之消失，服装也是如此。这时穿长袍、马褂和西服的人已经很少了，这一时期社会提倡的服饰始终基于经济实用、朴素大方的原则。

图2-60 20世纪50年代
穿"布拉吉"的女孩

1949年初，北京和平解放，大批的解放军、干部开始进城。进城的干部多穿灰色的中山装，北京的青年学生怀着革命的热情，首先效仿穿起这种象征革命的服装。随后，各行各业的人们纷纷效仿。20世纪50年代到60年代初，男装以中山装和中山装发展的体系为主，如人民装、军便装、青年装等。女装则有列宁装、女式两用衫及布拉吉等，如图2-60所示。

（二）20世纪70年末以后

20世纪70年代以后，伴随着改革开放的大门敞开，人们的审美意识和审美视野也被唤醒和敞开了。时装作为西方文化的一部分，开始随着现代科学技术涌入中国。1985年是我国服装发展中具有里程碑意义的一年，就在这一年伊夫·圣·罗朗、皮尔·卡丹、小筱顺子三位国际级的服装设计师先后来到我国首都北京进行时装展览和展示，拉开了中外服装文化和时尚的交流序幕。中国的服装企业和设计师在这种国际服装文化的交流中得到了启发，也拓展了艺术视野，大批的服装企业和设计师以此为动力开始了服装创业之路，中国服装进入多元化发展时代。

1.20世纪70~80年代 走出精神禁制的人们开始追求个性解放了。花衬衫穿起来，花裙子飘起来。喇叭裤、蛤蟆镜成为改革开放初期青年们争相效仿的时尚衣着。这一时期，先是中国香港、中国台湾地区，后是欧美国家，各式潮流纷纷涌现，表现在穿衣戴帽上则是色彩纷呈、风云迭起。先是喇叭裤、猎装、太空装风靡一时，此后，西装、夹克成为男士们的时兴服装。女装流行蝙蝠衫、牛仔裤、脚蹬裤等。西服三件套、百褶裙、迷你裙、公主裙是女孩的时髦装束。

2.20世纪90年代 吊带裙、超短裙、露肚脐的半截装、短背心成为身段苗条的年轻女孩的挚爱。国际时装界掀起阵阵"中国热"，由旗袍演变而来的时装层出不穷。

十二、21世纪初期服装

进入21世纪，从众的着装观念逐渐被追求个性化所取代。现代人要求服装质地天然、风格休闲、变化多端、趣味横生。穿出创意、穿出灵气、穿出个性，要打破一切框架、冲破所有的约束，借用一切可能的元素打造属于自己的形象成为人们的穿衣目标。女孩按照符合自身心灵需要的标准选择服装，男装也更加时尚、个性、休闲。在这个开放的环境里，时尚潮流空前多元化、个人化。

> ● **思考与练习**
>
> 1. 对比春秋战国时期的深衣与胡服，简述两者的主要差别。
> 2. 简述中国秦汉时期服装的特点。
> 3. 简述中国隋唐时期服装的特点。
> 4. 简述中国20世纪前半叶的服饰特点。

第三节 西洋服装史

一、古代服饰（前3200~400年）

西洋服装史的古代时期一般指公元前3000年到公元400年。古代服装是指此时的古埃及、古西亚、古希腊、古罗马等服饰，古代服饰的形成受地理环境和气候影响，不同的自然环境产生了不同的服装造型、不同的用料和不同的审美意识。

（一）古埃及和古西亚服饰

1.古埃及服饰 位于非洲东北部的埃及，以创建金字塔而著称于世，纵贯全境的尼罗河，孕育了埃及的远古文明。由于气候常年温暖，古埃及服装均由棉麻制成，基本固定不变的样式和多样的表面装饰两种现象交错形成了古埃及的服饰美。此时期的主要服装有丘尼克（Tunic）、罗印·克罗斯（Loin Cloth）、卡拉西里斯（Karasilis）贯头衣、多莱帕里（Drapery）卷衣等，如图2-61、图2-62所示。

图2-61 穿丘尼克的女子

图2-62 罗印·克罗斯缠腰布

2.古西亚服饰 古代西亚的服饰呈现出双重特性，一为传统的披挂式，二为使用剪裁和缝制的服装，形态复杂。

（1）苏美尔人服饰：罗印·克罗斯，用叫作卡吾那凯斯（Kaunakes）的面料缠裹在腰部，但由于特殊制作的羊毛面料与古埃及完全不同，所以这种服装表现出一种完全异质的美。

（2）巴比伦人服饰：巴比伦的服饰与苏美尔基本相同，没有鞋履。女子的卷衣常把双肩双臂都覆盖着。

（3）亚述人服饰：亚述男子装束主要有三种：丘尼克贴身长衣 + 卡夫坦（Kaftan，中东、伊斯兰教文化圈出现的长袖、前开、直线裁剪的长外衣）；丘尼克 + 乓乔（Poncho）贯头衣；丘尼克 + 披肩。

（4）波斯人服饰：坎迪斯（Candya）丝绸制作，将一块半径相当于上身长的圆形布料在圆心开洞，套在头上，腋下部位稍做缝合收紧，视觉上造成袖子和衣身的分离，下身用一长方形布料围绕，上、下衣间形成很多褶裥，边缘有装饰。

（二）古希腊的服装

古希腊的服装是把一块长方形的布在身体上缠裹，披挂而成不用缝制的衣服。古希腊服装从着装形态上大体可分为希顿（Chiton）、希玛申（Himation）两种。其中希顿相当于今天的连衣裙，是最基础的衣服。希玛申是缠裹在希顿外面的一块布，相当于外套。

1. 希顿（Chiton） 从着装方式和着装状态上，希顿可分为多利亚式希顿和爱奥尼式希顿两种，如图2-63、图2-64所示。

图2-63　多利亚式希顿　　图2-64　爱奥尼式希顿

2. 希玛申（Himation） 希玛申是指穿在希顿外面的所有外衣，是一种长方形围裹型外衣，披法很多。

3. 克拉米斯（Chalamys） 克拉米斯是一种最简单的小斗篷，是一块小型的毛织物，常饰有绲边，穿时披在左肩，在右肩用别针固定，衣长最长可以到达膝部，一般穿在短希顿外面，或是光着身子穿。

（三）古罗马服装

古罗马几乎原封不动地继承了古希腊的服装文化，但是古罗马服装有更加明确的性别意识。例如，古希腊的外衣——希玛申是男女都穿，而古罗马的外衣——托加（Toga），则是男性的外衣，而且，除了托加，男性的外衣还有很多，有拉凯鲁纳（Lacerna）、萨姆（Sagun）等。女性的外衣以帕拉（Palla）为主，古希腊男女均用的内衣是希顿，而古罗马男子的内衣是丘尼卡和达尔玛提卡，女子的内衣叫"斯托拉"（Stola）。

1. 托加（Toga） 托加是古罗马服装中最具代表性的衣服，也是世界上最大的衣服。托加的作用与古希腊的"希玛申"相同，只是形状不同，呈半圆状，比希玛申要大，较重，也较复杂，如图2-65所示。

2.丘尼卡（Tunica） 丘尼卡相当于古希腊的希顿，是一种宽大似睡袍一样的袋状贯头衣，呈T造型，一般袖长及肘，也有长袖和无袖的。起初是内衣，男女皆穿，后逐渐具备外衣功能。

3.帕拉（Palla） 作为外衣的帕拉（Palla）在女服中是一种礼仪性的衣服，穿法和古希腊的希玛申完全相同，常在左胸处用一个圆形的饰针固定。

■ 知识链接

克里特岛服饰文明

公元前 2400 年起，克里特岛出现了一个个奴隶制城邦，筑起王宫，创造初期象形文字。克里特岛的农业、手工业和海外贸易逐渐发达，成为地中海和爱琴海一带欧洲与亚洲、非洲贸易的中间站。南希腊的迈锡尼等地继承了克里特岛文化，克里特岛文明和迈锡尼文明合称爱琴文明，历时约800年，它是古希腊文明的起点和开端。古希腊是位于巴尔干半岛南部、爱琴海诸岛及小亚细亚西岸一带奴隶制城邦的总称。爱琴文明属于古希腊历史的黎明期。公元前5世纪中叶到公元前4世纪中叶，古希腊经济、政治、文化高度发展，达到鼎盛期，此后进入古希腊化时代。由此可见，爱琴文明和古希腊文明是以同一地域为舞台而上演的有血缘关系的两大文明，克里特岛服饰文明是古希腊服饰文明的开端和起源，二者形成了古希腊文化圈。

图2-65 托加穿着示意图

二、中世纪服装（5~15世纪）

由于基督教的影响，5~15世纪的社会推行禁欲主义道德观，在这种以神为中心的社会环境中，服装上也出现了否定肉体（掩盖形体）和肯定肉体（显露形体）两种矛盾现象。经过"罗马式时期"和"哥特式时期"的过渡，西洋服装脱离古代服装平面性的单纯结构，进入追求三维空间的立体构成的时代。

（一）拜占庭时代（395~1453年）

拜占庭文化是融合了希腊、罗马的古典文化理念，与东方的神秘主义和新兴基督教文化这三种完全异质文化的混合物。由于受到基督教的影响，此时人体被完全覆盖，无论男女都穿长袖直筒长袍。

主要服装有从罗马帝国末期与基督教一起出现和普及的"达尔玛提卡"；取代托加和帕拉的外衣"帕留姆""罗鲁姆""帕鲁达门托姆"，受东方文化影响的丘尼卡。

1.达尔玛提卡（Dalmatica）和帕留姆（Pallium） 达尔玛提卡是一种没有性别区分的平常服，构成单纯、朴素，是把布料裁成十字形，中间挖洞（领口），在袖下和体侧缝合的宽松的贯头衣，从肩到下摆装饰着两条红紫色的条饰——克拉比。6世纪以后，女用的帕拉逐渐变窄，称为帕留姆，与达尔玛提卡一起作为外出服使用。

2.帕鲁达门托姆（Paludamentum） 帕鲁达门托姆，拜占庭时代最具有代表性的外衣，如图2-66所示。

图2-66 帕鲁达门托姆

3.丘尼卡和霍兹（Hose） 丘尼克由古罗马的丘尼卡演变而来，作为男子内衣穿用。

（二）日耳曼人服饰

1.8世纪前日耳曼人服饰 日耳曼人从御寒的生存目的出发，服装的袖口和领口形成封闭、窄小、紧身、四肢分别包装的样式，为便于活动将服装分成上衣和下衣的二部式结构，增强了功能性。男子上身穿无袖的皮制丘尼克，下穿长裤，膝以下扎绑腿。女子上身穿短小紧身的丘尼克，下身穿裙子为筒形，用带穗的带子系扎固定，带子上装饰着用青铜或金做的饰针。

2.8世纪以后日耳曼人服饰 随着日耳曼人与罗马人的接触和交流，服装上也明显受罗马文化影响。男子在丘尼克和长裤外披上了罗马式的萨古姆斗篷，因天寒常戴皮帽或毡帽。萨古姆斗篷是方形或三角形的毛织物，穿时把织物披在肩上，在右肩前用别针固定或把两个布角系上，以暗色为主，有时也用红色。日耳曼女服也沿用了罗马末期的达尔玛提卡，并沿领围做一圈装饰，连接中心的一长条饰带，系腰带，头上包着贝尔（Veil），如图2-67所示。

图2-67　穿达尔玛提卡、头上包着贝尔的女子

（三）罗马式服饰

罗马式时代的服装特征是男、女同形，除男子穿裤子外，几乎没有明显的性差别。十字军东征以后，男、女服装上出现很多纵向的褶，并在腰带上系口袋。男子下半身着裤子布莱（Braies）和袜子肖斯（Chausses），脚蹬尖头鞋。无袖的长披风有圆形和长方形，称为曼特（Mantel），常带有风帽。

鲜兹（Chainse），是长筒形丘尼克式白色麻织物内衣，有窄长的紧身袖，衣长及地。布里奥（Bliaut），是从达尔玛提卡演变过来的此时代特有的外衣，也是长筒形丘尼克式衣服。领口、袖口和下摆都有豪华的绲边或刺绣缘饰，衣长及膝或腿肚，女服略长于男服。

（四）哥特式时代的服装（13～15世纪）

12世纪中叶，欧洲进入中世纪的第二大国际性时代——哥特式时代。垂直线和锐角的强调是其特征，中世纪的教堂建筑是把基督教的思想和艺术构思融为一体的杰出体现。

1.服饰的里程碑

（1）男、女服装造型的分化。初期的哥特式服装男、女区别不大，以宽敞的筒形为主。13世纪后，罗马式的收腰合体意识得到发展，出现了立体化的裁剪手段，使包裹人体的衣服由过去的两维空间构成向三维空间构成的方向发展。

（2）服装构成的古今和东西方交叉点，过去宽衣时代的服装为平面构成，属古典式或东方式的"直线裁剪"。13世纪受建筑风格影响，裁剪方法出现新突破，从前、后、侧三个方向去掉胸腰之差的多余部分，在腰身处形成许多菱形空间，这就是现代衣服的"省"，确立了近代三维空间构成的窄衣模型，东方与西方服装的构成形式和观念彻底分道扬镳。

2.13世纪～14世纪的男、女服装

（1）科特（Cotte），男女同形的筒型衣服。

（2）修尔科（Surcot），穿在科特之外的外衣，从胸部到裙舒畅宽大，以无袖为多。

（3）曼特（Man Teau），在所有衣服的外面披的斗篷，盛装时穿用，还常带有风帽，如图2-68所示。

此外还有科塔尔迪和萨科特（Surcote），女子罩在科塔尔迪外面的无袖长袍，即开口的修尔科。

3.男服二部式的确立 14世纪中叶，男服出现了来自军服的上衣——普尔波万与肖斯组合的二部式形式。从此，这种富有机能性的上重下轻型二部式取代了传统的筒形一体式样式，使男服与女服在穿着形式上分离，衣服的性别区分随之在造型上明确下来。

普尔波万（Pourpoint），第一种男子专有的服装终于出现在14世纪的中期，其基本样式一直延伸到路易十四时代，如图2-69所示。

肖斯（Chausses），无裆裤子，左右分开，用绳子与普尔波万的下摆或内衣的下摆连接，着装外形像紧身裤，实际是长筒袜。

4.家徽图案流行 14世纪盛行尊崇身份和门第的风习，人们把自己家族的家徽图案装饰在衣服上。西方的家徽纹章最早出现在13世纪军装、军旗上，为分清敌我，在各种武器上画、绣或雕刻上家族的纹徽。后来家徽图案成了显示自己身份和所属家族的标志。

5.15世纪的男、女服装 14世纪末到15世纪中叶，在统治阶级和大商人中流行一种叫吾普朗多的装饰性外衣，是哥特式后期服装样式的代表。

吾普朗多（Houppelande），是西欧的最后一款男、女通用式样的筒型衣服。女装的吾普朗多特点是高位腰身的宽松裙子，袖子宽大可达地面。另一特点是装饰豪华，使用白貂皮领子和花样繁多的边缘装饰，如图2-70所示。

图2-68 杨·凡·爱克与《阿尔诺芬尼夫妇像》

图2-69 哥特式时代普尔波万

图2-70 吾普朗多

6. 鞋、帽、服饰品

（1）波兰那（Poulaine），男子尖头鞋。鞋很窄，材料为柔软的皮革，鞋尖用鲸须和其他填充物支撑。

（2）夏普仑（Chaperon）帽子，帽尖呈细而长的管状，披在肩上或垂于脑后，最长可达地面。

（3）艾斯科菲恩（Escoffion），是指在头上横向张开的两个发结上罩个网。网外套上金属丝折成的骨架，再在骨架上披纱，造型有"U"形和蝴蝶形等。

（4）汉宁，圆锥形的高帽子，是哥特式尖塔的直接反应，如图2-71所示。

图2-71　头戴汉宁帽的女子

■　知识链接

哥特艺术的起源

12～15世纪的欧洲中世纪逐渐恢复了元气。经济复苏、新城市出现，商业活跃，经济生活令社会产生了深刻变革，思想、文化也得到了相应的发展，这个时期的艺术风格被称为"哥特式"。

哥特艺术涉及雕塑、绘画和工艺美术。哥特式艺术是夸张、奇特、不对称、轻盈、复杂的和多装饰的，且频繁使用纵向线条。罗马式时期教堂都是圆顶的，拱是平稳的圆弧，沿袭古罗马神庙。而尖顶教堂被称为"哥特式"，意为野蛮的，最早指欧洲一个以破坏和掠夺为乐的野蛮部落——西哥特部落，以无知和缺少艺术品位著称。文艺复兴时期，意大利画家拉斐尔将这种文艺复兴前风行的建筑样式，称为哥特式，认为它们缺乏艺术品位，怪诞，野蛮，如图2-72所示。哥特式艺术体现在其他方面，产生一种华美的字体或手写体——哥特体。

图2-72 哥特风格建筑米兰大教堂

三、近世纪服装

近世纪是从15世纪中到18世纪末这三个多世纪，按艺术风格又分为三个阶段，即文艺复兴时期、巴洛克时期和洛可可时期。近世纪服饰在外观上有一个共同特征，就是性别的极端分化，性差的夸张和强调，形成性别对立的格局。

男服通过雄大的上半身和紧贴肉体的下半身形成对比，表现男子的性感特征；女服则通过上半身胸口的袒露和紧身胸衣的使用，与下半身膨大的裙子形成对比。两性绝对的对立形态是自哥特式以来西洋窄衣文化发展的重大成果，不仅与古代服饰截然分开，也与东方服饰造型相去甚远。

（一）文艺复兴时期的服装（15世纪中～17世纪初）

当哥特式服装在西欧各国盛行期间，意大利已经开始了文艺复兴运动（Renaissance），服装与同时期的西欧各国完全不同，摆脱了哥特式时期服装紧张、尖锐、生硬的造型，具有开放、明朗、优雅的风格。这种既回归古典，又富于创新的服饰开启了西方的窄衣文化时代。

1.意大利风时期特点 意大利风时期服装的一大特色是面料，各地盛产鹅绒、织锦缎和织金锦等华贵面料，另一大特色是在各个局部都可窥见白色亚麻内衣，一方面是由于亚麻织物本身魅力和配色、审美的需要，另一方面，为了解决人体运动机能问题，使衣服构成依人体结构分解，出现了可以拆卸的袖子。从此，袖子开始独立裁剪，独立制作。

男装普尔波万，二部式结构改变了中世纪袍服的裁剪方式，女袍腰部有接缝，如图2-73所示。

图2-73 文艺复兴时期服装

2.德意志风时期特点 德意志风时期的特点是斯拉修（Slash）装饰。斯拉修是裂口、切口的意思，指流行于15世纪至17世纪服装上的裂口装饰。这种来自军服上的裂口装饰逐渐被一般人采用，首先在德国发展和流行，这种"破坏性"的装饰手法后流传到欧洲各国，成为文艺复兴晚期男、女服装中最时髦的装饰，如图2-74所示。

3.西班牙风时期特点 西班牙风时期的服装特征主要表现于追求极端的奇特造型和夸张的表现，缝制技术高超。

（1）填充物的使用。男服最大特点之一是大量使用填充物，男上衣的肩、胸和腹都塞进填充物使之膨起。填充物还用于像南瓜外形膨起的短裤布里齐兹上，填充物的表面装饰着斯拉修裂口，如图2-75所示。

（2）拉夫（Ruff）领的流行。拉夫领的结构为闭口式轮状，敞口式立领，披肩式领，如图2-76所示。

图2-74 德意志式服装

图2-75 以拉夫领、切口装、南瓜裤组
成的男子戎装

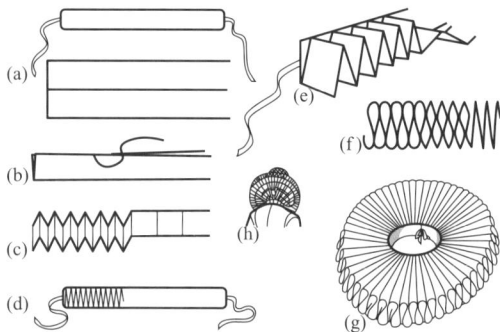

图2-76 拉夫领结构示意图

（3）裙撑。裙撑有吊钟式箍裙撑，环轮形箍裙撑，如图2-77所示。

（4）紧身胸衣。鲸须胸衣，布纳胸衣，如图2-78所示。

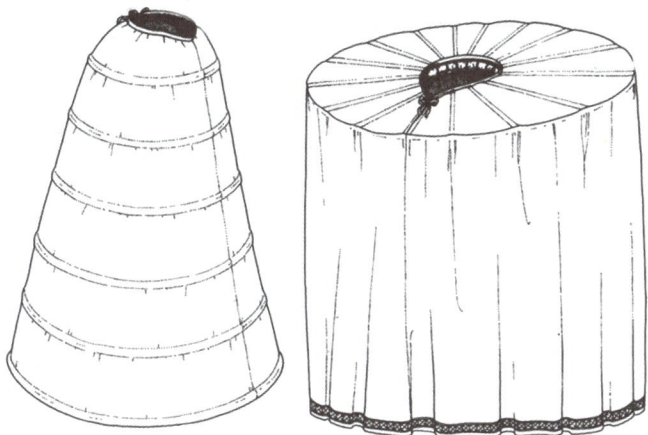

图2-77 17世纪的裙撑

图2-78 16世纪内穿紧身衣、
撑箍裙的女王

（5）袖子。根据填料不同袖造型可分为泡泡袖、羊腿袖等，如图2-79所示。

图2-79 16世纪伊丽莎白一世的华丽服装

（二）巴洛克时期的服装（17世纪）

"巴洛克"（Baroque）一词，意为不合常规，稀奇古怪，后来成为一种以男性为中心的强有力的艺术风格。巴洛克时期的服装可分为两个历史阶段，即荷兰风时代和法国风时代。

1.荷兰风时代（1620～1650年）

（1）荷兰风时代男装。荷兰风时代是"3L时代"，即长发、蕾丝、皮革。西班牙风代表贵族样式，荷兰风则是实用的市民服，这个时代的服装是男装现代化进程的发端。

普尔波万，衣长盖住臀部，肩线斜度很大，车轮状的拉夫领变成了大翻领、平领、披肩领，褶饰被蕾丝取代，如图2-80所示。

筒型长裤，1640年出现了长及腿肚子的筒型长裤，这是西洋服装史上首次出现的长裤，一般有边饰。

克尤罗特（Culotte），裤长及膝的半截裤，在膝上用吊袜带或缎带扎口，装饰着蝴蝶结。

图2-80　法国风时代普尔波万

（2）荷兰风时代女装。女服与男服一样呈高腰身，去掉了紧身胸衣和裙撑，脱离了西班牙风的僵硬感，线条变得平缓、柔和、浑圆。除了与男服一样的披肩领外，还出现了大胆袒胸的样式。

2.法国风时代（1650～1715年）　法国风的到来使服装再次勒紧，并且越来越精美奢华。

（1）法国风时代男装。普尔波万，短上衣，衣长仅及腰际，短袖或无袖，小立领。

朗葛拉布（Rhingrave），裙裤，长及膝，是宽松的半截裤。

肖斯（Chausses），长筒袜。普尔波万和朗葛拉布之间用环状的缎带装饰，是巴洛克样式中很有特色的装饰。

鸠斯特科尔（Justaucorpr），西服的始祖，由衣长及膝的宽大军服卡扎克演变而来。17世纪60年代至70年代被用作男子服，并成为19世纪中叶以前的男服基本造型。

克拉巴特（Cravate），在领口系的漂亮蝴蝶结领饰，是现代领带的直接始祖。

（2）法国风时代女装。法国风时期的女装流行高腰、露肩的长裙和装饰着漂亮的花边、蝴蝶结的非常宽大的短袖。女装的变化也表现出巴洛克的特征，流动的衣裙，变幻的线条，缎带、蕾丝、刺绣、饰纽等多种装饰在罗布上竞相争艳。

苛尔巴莱耐（Corps Baleiná），紧身胸衣，在胸腰部嵌入许多鲸须而得名。

巴斯尔样式（Bustle Style），特征是臀垫，把罗布裙子卷起集中放在后臀使后臀翘起，垂下来形成拖裙，或把前面的裙子掀起，露出里面美丽的衬裙，如图2-81所示。

图2-81 巴斯尔样式女裙

（三）洛可可时期的服装（18世纪）

洛可可（Rococo）艺术风格是继巴洛克艺术风格之后的艺术样式。其艺术特点是室内装饰和家具造型上凸起的贝壳纹样曲线和莨苕呈锯齿状的叶子，C形、S形和涡旋状曲线纹饰蜿蜒反复，创造出一种非对称的、富有动感、自由奔放而又纤细、轻巧、华丽繁复的装饰样式。

1.洛可可时期男装（1715 ~ 1789年）

（1）阿比（Habit à La Francaise）。鸠斯特科尔改称"阿比"，造型同前，收腰，下摆向外张，呈波浪状，一般为无领或小立领。

（2）夫拉克（Frac）。男上衣去掉多余的量，缓解紧束的腰身，这种上衣称夫拉克，如图2-82所示。

（3）基莱（Gilet）。即现代西式背心的前身，如图2-82所示。

（4）克尤罗特。紧身裤子，采用斜纹裁剪，如图2-82所示。

（5）领饰。1710年左右，时髦的年轻人

图2-82 夫拉克、基莱、克尤罗特组成的男装

开始使用当时军装上的一种宽领饰"耐克·斯特克"（Neck Stock），1730年开始在男性中普及直到19世纪末。

2.洛可可时期女装 洛可可艺术风格使服饰向女性化方向发展，到18世纪中叶，洛可可服饰达到鼎盛，裙撑又一次出现。到洛可可末期，头饰更趋华丽，裙长缩短，前直后鼓。

（1）奥尔良公爵摄政时代（1715~1730年）：此时女装有两个明显的特征：其一，在后背领窝处有分量很大的箱形襞褶，从肩部直至地面，造型优美流畅，如图2-83所示；其二，一百多年前的裙撑又一次出现，并成了后来几十年中女服不可缺少的重要道具。

（2）路易十五时代（1730~1770年）：巴尼尔（Panier Double）裙撑，1740年后，裙撑逐渐变成前后扁平，左右横宽的椭圆形，据说最宽竟达4m，如图2-84所示。紧身胸衣，经过改良，胸衣由后面系带，下部呈尖三角形，鲸须竖直嵌入，尺寸贴身，比较舒适。

图2-83 女装背部的瓦托罗布

图2-84 巴尼尔

（3）路易十六时代（1770~1789年）：这时期是洛可可风逐渐结束，新古典主义服饰样式兴起的转换期，开始从洛可可"优美但轻薄"的文化向"朴素、高尚、平静而伟大"的古典文化转移，此倾向被称为新古典主义（Neoclassical）。

波兰（Robe à La Polonaise）式罗布，1776年受波兰服装影响出现了波兰式罗布，其特征是裙子在后侧分两处像幕布或窗帘似的向上提起，臀部出现三个柔和鼓起的布团。

卡拉科（Caraco），是吸收了男服机能性形式的女夹克，上半身紧身合体，下摆呈波浪形外张，衣长及臀，有长袖和七分袖。

巴斯尔样式（Bustle Style），1870年，出现臀垫取代裙撑，后臀部又一次膨胀起来，这种前腹稍平后臀翘起的裙形称为巴斯尔样式。

（4）高发髻：高发髻用马毛做垫或用金属丝做
撑，然后在上面覆盖自己的头发或加上假发，并挖
空心思地做出许多特制的装饰物，如山水盆景、田
园风光和扬帆行驶的三桅海军战舰等，如图2-85
所示。

■ **知识链接**

洛可可女王——蓬帕杜夫人

　　蓬帕杜夫人（法语：Madame de Pompadour），
1721年12月29日~1764年4月15日，法国皇帝路
易十五的著名情妇、社交名媛（Courtesan），如
图2-86所示。她出身中产阶级，家庭环境优渥，
父母对她艺术天赋的开发毫不吝啬。同时她自身对
美丽的事物天然敏感，极具色彩搭配天赋，她让这
种优雅、轻浮又罗曼蒂克的洛可可艺术风格风靡整
个欧洲，并影响到了中国清朝的圆明园建筑。不仅
如此，蓬帕杜夫人还对凡尔赛宫进行了洛可可风格
的改造，并参与设计了巴黎协和广场以及她个人购
买的多处豪宅。在她的推动下，路易十五派人建造
了法国陆军士官学校，让没落的贵族子弟接受军事
教育，这所著名的军校在1784年录取了法国历史上
的传奇人物拿破仑。

图2-85 高发髻的流行

图2-86 蓬帕杜夫人像

四、近代服装

　　西洋服装史的近代，是指1789年法国大革
命到20世纪初第一次世界大战爆发的1914年为止的一个多世纪。从服装样式上一般把近
代服装分为五个时期：新古典主义时期（1789~1825年）、浪漫主义时期（1825~1850
年）、新洛可可时期（1850~1870年）、巴斯尔时期（1870~1890年）和S形时期
（1890~1914年）。

　　1.新古典主义时期的服装　新古典主义时期的服装抛弃了过剩、夸张的衣装，旧有的宫
廷贵族样式退出历史舞台，取而代之的是英国资产阶级田园式的装束，简朴化，实用功能

强，表达了对自由生活方式的追求。

（1）新古典主义时期男装。

革命派，上衣"卡尔玛尼奥尔"（Carmagnole），肩膀很宽，有挖兜和金属或骨制的扣子；下穿长裤"庞塔龙"（Pantalon），与双排扣的背心和红色无檐帽组合穿用。

王党派，穿奇异的装束"昂克罗瓦依亚布尔"（Incroyables），披散的长发，戴两角帽，身穿巨大翻驳领的紧收腰身双排扣大衣，紧身半截裤克戈罗特，脚蹬翻口靴，手持文明杖，如图2-87所示。

资产阶级，以夫拉克、基莱和庞塔龙的组合为基本样式，以不太显眼为高雅。

（2）新古典主义时期女装。崇尚古代文化的新古典主义思潮，其特点是造型极为简练、朴素，与装饰烦琐的洛可可风格形成强烈的对比，象征着薄衣时代的到来。

修米兹·多莱斯（Chemise Dress），这是用白色细棉布制作的宽松衬裙式连衣裙，如图2-88所示。

图2-87 王党派

图2-88 修米兹·多莱斯

斯潘塞（Spencer），一种短外套，长袖、前开襟，具有近代感的短小服装。

修米兹·多莱斯裙，高腰身细长筒裙，白兰瓜形的短帕夫袖，方形领口开得很大、很低。

罩裙，是在朴素的修米兹·多莱斯上罩一条颜色和质地不同的裙子。长罩裙前面空着，露出修米兹·多莱斯，后面自腰围以下展开；短罩裙呈丘尼克形，裙长及膝，下面露出修米兹·多莱斯。

肖尔，即披肩。仍是帝政样式上不可缺少的装饰物。

2.浪漫主义时期的服装　浪漫主义时期的女装既符合浪漫主义的特点，又符合中产阶级生活方式的需求，服装极富想象力且丰富多彩。男装也受其影响，造型上出现明显的改观。

（1）浪漫主义时期男装。在波旁王朝复辟期间，法国上流社会的绅士们生活注重典雅和严谨的贵族风格。受同期女装影响，男装时兴收腰、耸肩，造型装腔作势、神气十足。

绅士男装，仍是夫拉克、庞塔龙和基莱的组合。

鲁丹郭特，男外套，也呈细腰、大下摆的外形，颜色多样。

（2）浪漫主义时期女装。浪漫主义时期，优美的女性风貌重新左右了人们的审美，纤弱、斯文、婀娜的形态最受追捧。此时女装各部分特征表现为：腰线回到自然位置，重新使用紧身胸衣；裙子的膨大化；浪漫的领型；独具特色的袖型。高领的衣服多采用羊腿袖，低领的衣服都采用帕夫袖，如图2-89所示。

3.新洛可可时期的服装　作为对浪漫主义的反省，19世纪50年代出现的实证主义和现实主义思潮直接反映于男装。朴实而实用的英国式黑色套装在资产阶级实业家和一般市民中普及。这一时代的女装崇拜路易十六时期的华丽样式，上层妇女流行纤弱并带点忧愁的感觉，所以这一时期的女装仍旧向束缚行动自由的方向发展。

图2-89　浪漫主义时代的女装

（1）新洛可可时期男装。男装的基本样式仍是上衣、背心和长裤庞塔龙的组合，所不同的是出现了用同色同质面料制作这三件套的形式，确立按用途穿衣的习惯延续至今。

大衣，夜间用的大衣依然带披风，而白天外出大衣无披风，一种带兜帽的大衣"比尤鲁奴"（Burnous）在男、女中间流行。

（2）新洛可可时期女装。"新洛可可"主要指这时期的女装。此时女性参加劳动不被社会认可，是待在家中供男性欣赏的"洋娃娃"。这种审美意识使女装向束缚行动自由的方向发展，裙子沿着浪漫主义时期的膨大化倾向继续向极端发展，出现了浪漫主义时期最极端膨大的裙撑——克里诺林（Crinolette），如图2-90所示。

4.巴斯尔时期的服装　由于巴黎革命的爆发，时装界一度消沉，裙撑克里诺林被取代，便于生活的机能性受到重视。17世纪末、18世纪末两次出现过的臀垫——巴斯尔（Bustle）又一次复活。

图2-90　浪漫主义时期最极端
膨大的裙撑

（1）巴斯尔时期男装。男装的现代型基本已于第二帝政时代确立，三件套装无大变化，仍是各种上衣、基莱和庞塔龙的经典组合，现代型的衬衣和领带登场。1890年，耐克塔依变成今天领带的形式。

印巴耐斯·凯普（Inverness Cape），男用披肩长袖大外套，腰部常系腰带。

（2）巴斯尔时期女装。巴斯尔时期女装的造型不同于以往，早期时候流行紧窄样式，后裙渐阔，巴斯尔样式重新复活。领子白天为高领，夜间为袒露的低领，同时强调服装表面的装饰效果，强调衣服表面的装饰效果是巴斯尔时期的一大特征，如图2-91所示。

5.S形时期的服装　文化上出现了否定传统造型样式的新艺术运动，特征是流动的装饰性曲线造型，S状、涡状、波状、藤蔓一样的非对称自由流畅的连续曲线。受新运动流动曲线造型样式影响，这个时期的女装外形从侧面看也呈优美的S形，因此把这一时期称作"S形时代"。

图2-91　穿用裙撑的女子着装形象

（1）S形时期的男装。男装基本构成仍是各种上衣和宽松长裤庞塔龙的三件套组合。

上衣，衣长及臀，前门襟有2至3粒扣子，面料仍以深色毛织物为主。

大衣，衣长及膝，也有19世纪70年代的披风式长大衣，用腰带固定，多用于旅行或风雨衣。

帽子，样式繁多，便帽、柔软的毡帽、坚挺的毡帽及草帽，正装用高筒窄檐的丝织大礼帽。

（2）S形时期的女装。1890年起，女装进入从古典样式向现代样式过渡的重要时期。巴斯尔样式消失了，受新艺术流动曲线造型样式和非对称流畅曲线的影响，女装外形变成纤细、优美、流畅的S形。S形是指用紧身胸衣在前面把胸部高托起，把腹压平，把腰勒细，在后面紧贴背部，把丰满的臀部自然地表现出来，下摆形成喇叭状浪裙。从侧面看，挺胸收腹翘臀，如S字形而得名，如图2-92所示。

图2-92　19世纪末外出装

改良紧身胸衣，1900年萨罗特夫人创造了卫生的压腹式紧身胸衣，其构成通过纵向拼接完成，这种紧身胸衣是形成S形的基础。当女装外形从S形向直线形转化时，紧身胸衣随之变长，臀部插入弹性布。紧身胸衣在向下伸长，上部缩短，乳罩应运而生；20世纪初普及，紧身胸衣从此上下分离。

■ **知识链接**

新艺术运动

"新艺术"是流行于19世纪末至20世纪初，在整个欧洲和美国展开的装饰艺术运动，涉及几乎所有的设计领域。其艺术风格强调自然中不存在直线和平面，装饰上突出表现曲线，流动的装饰性曲线造型，S状、涡状、波状、藤蔓状的非对称自由流畅的连续曲线，取材于自然，富有节奏感、韵律感，激荡多变，富有幻想色彩。新艺术流动曲线造型样式和非对称流畅曲线，深刻地影响了S形时期女装的外形轮廓，女装侧面呈现出优美的S形，故而得名"S形时代"。S形女装是西方服装发展史上，由传统向现代过渡和转折的关键时期。在该时期，许多服装设计师对于传统服装进行了大胆的改革和探索，从而引起西方服装外观的巨大变革。

五、现代服装

现代工业和交通、通信手段的发展，使近代以来处于科技和军事优势的西欧文明向全世界蔓延和扩展，人类数千年的服饰文明终于在20世纪后半叶进入繁荣的国际化状态。

1.20世纪20年代风格 由于第一次世界大战的影响，男子全奔赴前线，妇女成为战时的主要劳动力，女装产生跨时代的变革，裙长缩短，烦琐的装饰被去掉，变得富有机能性，由此出现了简单宽松的直筒连衣裙和直筒短裙，如图2-93所示。通过腰带或饰带突出宽松旋转垂落的腰部，一些柔和颜色的针织和仿丝绸等休闲面料被广泛采用。香奈儿（Chanel）可以说是20世纪20年代风格的化身。日常男装无外乎工作装、休闲装，男装由以往朴素颜色的面料开始带有格子、条纹等各式各样的图案。

2.20世纪30年代风格 20世纪30年代，经济危机爆发，高级时装业顾客锐减，许多时装店被迫停业。经济危机使女性重新回归家庭，女装则再次出现尊重优雅的非机能性倾向，男孩似的"杰尔逊奴式"风格开始消失，女性身体的优美线条又重新显现。特别是晚礼服，后背袒露几乎至腰，腰部和

图2-93 第一次世界大战
新样式女装

臀部紧裹，无袖。

3.20世纪40年代风格　第二次世界大战（1939~1945年）期间物资短缺直接影响服装业，与其他很多日用品一样，服装是限量供应。经历了多年的经济萧条之后，人们渴望穿上漂亮的服装，克里斯汀·迪奥意识到了这一点。随着充满女性化的"新风貌"推出，克里斯汀·迪奥一举成为"时装之王"。"新式样"上衣肩部圆润，裙子下摆宽大，长及小腿，充分展现了女性优美的体型。

4.20世纪50年代风格　随着高级时装向可穿性时装转变，社会各阶层人都得以享用，服装业发生了巨大的变化。人们的社会地位可以通过服装加以强调，优雅的女性化时装表现为修长的裙形、收腰和臀部修饰，裙摆从小腿上移至膝盖，外形轮廓均用字母或形状命名，典型的例子包括铅笔型、郁金香型、Y型和帝国式。除此之外，一种组合简单的服装开始在年轻一代中流行，主要基于针织、灯芯绒、皮革等面料，但最流行的要数蓝色牛仔裤。

5.20世纪60年代风格　20世纪60年代服装特征是冲破传统的限制和禁忌，广告和媒体最醒目的词汇是"年轻"。当时最典型的流行风格是玛丽·奎恩特（Mary Quant）的"迷你裙"，如图2-94所示。其次是运动休闲型的宽松学生裙和衬衫式连衣裙。香奈儿套装和女裤开始被人们接受并成为经典，太空旅行和抽象派艺术带来了几何图形和以黑色与白色、白色与银色为特征的未来主义风格。出现了带有大裤脚的喇叭裤，还有超出常规的热裤、大衣和透明风格反主流的"嬉皮"式也影响着服装界。无所顾忌的"反传统"风格与正统的女装风格形成对抗，男装引起了革新派年轻设计师的注意而变得更加随意、更加耀眼、更加多彩。

图2-94　玛丽·奎恩特带动的
"迷你裙的流行风潮"

6.20世纪70年代风格　20世纪70年代服装的适应范围更宽，可以让人们组合自己独特的风格。流行将单件购买的服装进行组合，同时也流行面料的混合以及板型的混合搭配。新的性感款式采用有垂感的面料，上衣部分很合体，裙子较长，用腰带强调腰部，采用褶边、荷叶边及刺绣来突出风格。男装中传统与正装并行，出现了各种各样的休闲款式。年轻人更喜欢穿牛仔服和牛仔裤，最为普遍的是脚穿运动鞋。还出现了色彩鲜艳及闪光面料的迪斯科服装，朋克风格从紧身皮装到怪异的发型都给人以反常规的感觉。

7.20世纪80年代风格　20世纪80年代种类繁多且各具特色，女装灵感来自活跃、自我意识强的女性，既有经典优雅的风格也有休闲实用的风格。优雅休闲的都市风格套装和大衣保持男装轮廓和细部处理，晚装很女性化、很优雅。迷你裙再度流行，突出的腰线或者提升或者下移，袖子宽松便于运动，肩部常常用结合不同长度和宽度的款式加以强调。年轻人的服装有明显远离朋克破烂装的趋势，而趋向于更加整洁、更加富有创意。经典裁剪的传统男套装优雅舒适，腰身略收，肩部垫肩较薄，翻驳领不太宽。棉大衣和毛领皮大衣开始流行，男士晚装是多种宴会装的生动组合，休闲装采用轻薄面料和休闲款式，但要求更多功能性细部设计。

8.20世纪90年代风格 20世纪90年代发生了很多戏剧性的变化，服装创意从街头获得的灵感不少于从T台获得的灵感，两者之间的区别变得越来越模糊。前5年是20世纪60年代和20世纪70年代风格（从迷你裙、喇叭裙到嬉皮式和朋克式）的回归，如未来朋克式、生态服装、民族风格和吉拉风格，20世纪90年代服装最大的发展要数面料的应用。新型面料如将合成纤维加入纯棉中看上去像是皮革的材料，可将20世纪70年代风格以新的面貌出现。一种重要的穿着方式是混合与重叠：如将开衫连衣裙与长裤混穿，采用桃色和橙色相抵触的颜色，采用天鹅绒花边、刺绣花边、闪光贴花及佩斯利图案等多重形式的装饰。20世纪90年代中期除非常正式的行业外，牛仔裤和针织套头衫被广泛接受。

■ **知识链接**

克里斯汀·迪奥

克里斯汀·迪奥（Christian Dior，1905—1957），出生于法国格兰维尔，毕业于科学政治学院，是迪奥品牌的创始人。第二次世界大战后的欧洲一片混乱，百废待兴，人们生活艰难，渴望和平。1947年，克里斯汀·迪奥抓住了时代契机和人们的心愿，推出新的服装造型——新风貌（New Look），引领了这十年的流行，如图2-95所示。圆润平缓的自然肩线，乳罩整理的高挺丰胸连接着束细的纤腰，衬裙撑起的宽摆大长裙，裙长过小腿，离地20cm，足穿细跟高跟鞋，整体造型优雅，女性味十足，让人们眼前一亮，成功引领迪奥品牌走在当代时尚的最前沿。

图2-95 克里斯汀·迪奥 "New Look"

● 思考与练习

1. 简述罗马式时代的服饰特色。

2. 为什么哥特式时期的服装是古今中外的交叉点？

3. 简述文艺复兴时期各阶段的服饰特点。

4. 简述洛可可时期女装的造型特点。

第三章

服装流行

课题名称：服装流行

课题内容：1.服装流行的过程

2.服装流行的原因

3.服装流行的基本规律

4.服装流行的现象与形式

5.服装流行的传播媒介

6.服装流行趋势的发布

7.服装流行的预测

课题时间：2课时

教学目的：1.掌握趋势预测的系统与方法。

2.了解流行传播理论，理解时尚行业的运作机制与相关成员。

教学方式：以理论讲授为主，启发、引导相结合。

教学要求：1.通过详解服装流行趋势的核心元素，让学生掌握追踪流行趋势，了解预测和分析流行趋势的渠道。

2.掌握流行趋势预测与信息收集的方法。

3.学会解读风格、时尚、流行的差异、联系与内在逻辑。

课前准备：推荐学生课前阅读关于服装流行的学习资料：《服装流行与品牌视觉》《明天是舞会——十九世纪法国女星的时尚生活》《时尚的哲学》《美的历程》等。

第一节　服装流行的过程

流行有如魔术师神奇的手，搅得服饰世界五色繁杂、七彩斑斓。流行可以简单地理解为单位时间内群体的喜爱偏好。具体来说，流行就是在一定的历史时期内，一定数量范围的人受某种意识的驱使，以模仿为媒介而普遍采用某种生活行动、生活方式或观念意识所形成的社会现象。在新的流行开始之时，它与现存的流行相比处于弱势，但随着发展它将替代现存的流行，成为新的流行热潮。这种替代是不断变化发展的，其实流行就像河流一样，它的源头只是涓涓溪流，有时甚至是冰川的水滴，当它汇聚无数溪流，流到中游后便形成了势不可挡的广阔江河，但顺流直下，它又将被分流，最终流入大海，被大海所吞没。

服装流行是人们精神生活的典型表现，它在一定时间和空间范围内，人们对服装（包括款式、色彩、材质及着装方式）等的喜爱，并以模仿为媒介使之成为整个社会的普遍现象，传播开来，成为大众共同的喜好。服装的流行跨越了国界，世界各地的人们创造着不同的服装风貌，却又在一定时期表现出惊人的相似。作为反映时代风貌的一面镜子，服装的流行映象出一定区域、一定时期、人们的审美倾向及文化面貌和社会的发展历程。今天，服装已经成为流行最鲜明的载体。

当今服装流行的本质意义在于，它将服装的表演性、艺术性向商业的实用性转化，逐步形成一种引起人们注意的新潮事物，当人们认可并模仿，流行便进入了盛行期。这种具体的服装流行性被广泛接受后，会造就日益庞大的消费群体，为服装业创造出无限的商机。同时，服装流行也是社会经济兴衰、人们文化水准、审美、心理、意识、观念等方面的综合体现。

对于服装设计者来讲，研究服装流行的趋势和规律，可以更好地把握时尚的脉搏，了解消费倾向，设计出适应时代需求的作品。

服装流行的过程可以分为三个阶段。

一、流行的初级阶段

往往只有少数人接受。这类人热衷于探索前所未有的新的不同点，喜欢标新立异，展示自己的个性，认为穿着只有在"与众不同"的情况下才能真正体现它的价值，才能够宣扬和突出自我。在现代人的心目中，个性化走在流行的前端远比参与流行来得重要。就像现在很多爱想象的年轻人，他们不喜欢普通人衣着的世俗限制，于是热衷于流行的年轻人把目光投向传统约束较少的亚文化群落，并在潜移默化中影响而造就着新一轮的流行。

二、流行的发展高涨阶段

当一种新的流行渐渐地被更多人接受时，另一类人群则极力要求大众化，尽量保持与他人的统一性，这种趋同使他们迅速地加入流行行列，以获得时代的安全感。由此可见，流行对于现代人来说太重要了。流行的服装对自己来说是否适合或许并不重要，重要的是服装本身的流行。一位从日本回来的朋友说日本的女孩现在都流行穿短裙，其实日本女孩大多腿型不是太美，如果穿宽裤腿的长裤或是穿长裙都可以掩盖这种缺陷，但为什么要穿短裙呢？其实是因为日本的时尚流行"露出你又细又长的大腿"。人们迷醉流行，在现代社会，谁也不愿做一个流行的落伍者。

三、流行的衰亡阶段

当一种流行被大众参与普及后，就失去了该流行的新鲜感和刺激性，使人们对此流行失去了兴趣，而与此同时，新的流行又在寻机勃发，迫使原有的流行退出时尚舞台。

第二节　服装流行的原因

服装所具有的自然科学性和人文科学性，决定流行原因的多样性，但总体来讲有内因和外因两个方面。内因指的是人的心理活动产生了对美的事物的向往，对新鲜事物的欲求，促成了流行周而复始的变化，而外因则是自然因素、社会因素等外在环境对流行起到了推动或制约作用。

一、自然因素

在服装起源的论述中，自然因素是服装产生的基本因素之一，它决定了服装的实用性功能，正是自然因素的存在对服装的流行起到了宏观的制约作用。

人们生活的地球气候自然条件各有差异。地域环境的不同，四季的更替都对服装的流行产生重要的影响。不同地域的温度、湿度、光照、风速等存在很大差异，为适应气候特点服装也各具特色，相对于服装流行这个总体概念而言，世界各地的人们根据其所处的气候条件对服装的款式、色彩、材质及着装方式进行适度的选择和调整。当然，气候环境的优劣也影响了流行的周期变化，气候条件较好的地区，周期变化短，反之则长。

二、社会因素

一部服装的发展史就是人类文明变迁的历史，一个社会的政治、经济、文化思潮、科学技术、战争等因素都对当时当地的服装潮流产生重要影响。

（一）政治因素

服装与政治的关系密不可分。纵观人类历史的发展，每一次政治的变革，都不同程度地推动了服装发展的进程。在中国历史上，服装作为政治的一部分，其重要性远远超越了服装在现代社会的地位。政权的规制，使服装在款式、色彩上都表现出很大的等级色彩，服装成为政权和统治地位的象征，中国历代区分尊卑等级的"易服色"，就是重要表现。为达到"天下治"的目的，君主对服色制定了严格的规范，天子、诸侯乃至百官，从祭服、朝服、公服一直到常服，都有详细规定，任何人不得僭越，显示出浓厚的政治色彩。服装的流行也因此存在于不同的社会阶层中，具有明显的等级色彩。

（二）经济因素

经济因素对服装的影响显而易见，经济落后生活水平低质量时期，人们对服装的概念是护体遮羞之物，是社会规范、生活习俗的需要。经济发达生活水平高质量时期，人们对服装的需要便跃入了精神层面，服装成为可以使心理得到满足，使人心情愉悦之物，更是追随社会流行的重要载体。

新型面料、辅料的开发运用，加工手段的开发，服装市场的运作经营，都是以经济作为依托，同时，服装的流行又代表着一种高雅、新鲜的生活方式，彰显一个地域、一个国家人们的生活水准、经济状况。我国从改革开放以来，国民经济大踏步地前进，人们的审美观念随思想的开放进一步深化，不再满足于过去一成不变的款式、色彩，对服装的要求不断提高，更多地注重服装的新颖性、时尚性、舒适性、个性化，服装流行的速度越来越快，品牌意识逐渐深入人心，国际著名品牌纷纷将目光瞄准中国，服装文化空前活跃。对服装美的认识，刺激了人们对高品质生活的追求，也进一步促进了经济的再发展。

（三）文化思潮

一种流行现象往往是在一定的社会文化背景或是文化思潮下产生的，服装的流行同样受到了不同时期文化思潮的影响，表现出迥异的服装特色。封建社会，历代帝王利用思想上的大一统方式来巩固其统治地位，这一点在历代的服饰中表现尤为深刻。如宋代的程朱理学，它强调封建的伦理纲常，提倡"存天理，灭人欲"。在服饰制度上，一改唐代繁荣富丽、博大自由的服饰风尚，表现为十分重视恢复旧有的传统，推崇古代的礼服；在服饰色彩上，强调本色；在服饰质地上"务从简朴""不得奢华"。可见在当时思想文化的影响下，服装是何等的拘谨和质朴。

（四）科技的影响

自19世纪初，英国工业革命以来，服装行业出现了迅猛发展，织布机、羊毛织机的发明，化学染料和印染技术的产生，化学纤维、合成纤维的问世，使服装产业发生了质的飞跃，这无疑是科学技术带来的深刻影响。特别是现代科学技术的高度发达，各种新面料，先进的纺织技术、印染技术，给面料的质感、花色都带来了更多创新，近年来，高新技术的研究被应用于服装材料，这些高科技面料的应用，不仅强化了服装的物理性能和化学性能，也使服装具有了更高的技术含量，这一切都给现代服装设计提供了更大的创意空间。

一个人的文化背景、物质条件、精神追求，在很大程度上决定了他的生活方式，而什么样的生活方式又影响了其对服装流行的选择。社会的发展也使人们的生活方式趋于多样化与个性化，物质条件的发达带来的是对新鲜事物的热衷和追求，以及对艺术、对美的渴求，这一切都对服装流行和传播提出了更高的要求。

三、生理因素

"衣必常暖，然后求丽"，墨家的思想深刻道出了服装实用属性，人的生理特征与服装流行有着密切的关系。服装是人的第二层皮肤，是人体皮肤的扩展与延伸。如前所述，由于自然环境、气候条件等不同，服装就成为人们蔽体保暖的重要工具。服装的隔热性能、透湿性能，服装材料的力学性能、可燃性、静电性、防水与防风能力，服装的合身程度、对身体的压力以及对皮肤的触感等，都是对服装最基本的要求，人们的审美观不尽相同，但对服装的生理要求却大同小异，唯有可以更好地满足人们生理要求的服装才能得以流行和传播。

四、心理因素

爱美之心是人类与生俱来的本质。在对服装生理性需求的同时，人的各种复杂心理性需求对服装的流行产生了重要的推动作用。

（一）两种心理倾向

在影响服装流行的心理因素中，存在两种心理倾向，分别是求异心理与求同心理，它们可以说是服装流行产生的动力源。

所谓求异心理，是指追求新、奇、异的心理，社会中总有一部分人群喜欢与众不同，喜欢在芸芸众生中特立独行，这种心理往往是通过个体的着装表现出来，这些人总是走在潮流的最前端，是时尚的引领者。

而另外一部分人，则时刻抱以求同的心理，他们喜欢安于现状，不愿被别人看到自己有任何特殊之处，与周围的人保持一致，他们不喜欢标新立异，希望融合于大众在习惯中获得安全感。这部分人是服装流行的消极追随者。

（二）爱美求新心理

人对美的追求总是无止境的，从原始社会的刺面文身，到现代文明社会的时尚装扮，无不体现着人们的爱美之心，这也正是流行普及的重要因素。

正如上所述，当求异心理的人群创造出新奇、美的形象时，就会吸引一大批追随者，这些追随者就是在爱美求新的心理作用下，将流行普及开的。他们是流行的积极追随者，他们不同于求异心理较重的人那样喜欢与众不同，也不像求同心理的人对流行抱以消极追随态度，他们对美好新鲜的事物有极其敏感的嗅觉，对时尚的服装造型、色彩、面料能迅速地接受。

（三）模仿心理

模仿是人类的重要心理现象，亚里士多德曾指出：模仿是人的一种自然倾向，人之所以异于禽兽，就是因为善于模仿，他们最初的知识就是从模仿中得来的。

严格来讲，模仿是服装流行和审美过程中重要的传播手段，正是因为有了模仿，流行才能得以成为一种普遍的社会现象，新鲜美好的事物往往容易打动人们的心，时尚的服饰装扮成为竞相追逐的风向标。人们就是通过对流行时尚的模仿来获得追随的权利，以此来寻求一种心理上的平衡。

第三节　服装流行的基本规律

一种事物开始兴起时，会受到人们的热切关注、追随，继而又会司空见惯，热情递减，产生厌烦，最后被完全遗忘。法国著名时装设计大师克里斯汀·迪奥说："流行是按一种愿望展开的，当你对它厌倦时就会去改变它。厌倦会使你很快抛弃先前曾十分喜爱的东西。"这种由于心理状态而发生、发展、淡忘的过程就是流行的基本规律，也可称为一个周期。任何事情的发展都有它自身变化的规律，服装的流行也不例外。

服装的流行具有明显的时间性，随着时间的推移而变化，这种变化是有规律的，表现为循环式周期性变化、渐进式变化和衰败式变化规律。

一、服装流行变化的基本规律

（一）流行的循环式变化规律

服装流行的循环式变化规律是指一种流行的服装款式被逐渐淘汰后，经过一段时间又会重复出现大体相似的款式，所谓"长久必短，宽久必窄"，说的就是这个规律。但这种流行的方式是在原有的特征下不断地深化和加强，使流行的变化渐进发展。这种循环再现无论是在服装造型焦点上、色彩运用技巧上，还是服装材料使用上，与以前相比都有明显质的飞跃，它必然带有鲜明时代的特征，运用更多的现时的人文、科技发展的结果，必然更易被社会所接纳。

（二）流行的渐进式变化规律

服装流行的渐进式变化规律是指有序渐进的意思。流行的开始常常是有预兆的，它主要是经新闻媒介传播、由世界时尚中心发布的最新时装信息，一些从事服装专业的人员进行引导，而导致新颖服装的产生。最初穿着流行服装的毕竟是少数人，这些人大多是具有超前意识或是演艺界的人士。随着人们模仿心理和从众心理的加强，再加上厂家的批量生产和商家的大肆宣传，穿着的人群越来越多，这时流行已经进入发展并盛行阶段。当流行达到了顶峰时，时装的新鲜感、时髦感便逐渐消失，这就预示着本次流行即将告终，下一轮流行即将开始。总之，服装的流行随着时间的推移，都经历着发生、发展、高潮、衰亡阶段，它既不会突然发展起来，也不会突然消失。

（三）衰败式变化规律

衰败式变化规律是指上一个流行的盛行期和下一个流行蓄势待发的结合点。服装产业为了增加某种产品的获利，在流行到一定阶段会采取一些延长产品衰败性存在时间的措施，同时又在忙碌着为满足人们再次萌生的猎奇求新心理创造新一轮流行的视点。

二、服装流行的时间性

（一）流行的时空性

服装的流行联系着一定的时空观念。时间与空间都有它们的相对性，在同一空间里要考察时间的长短，与此同时，在同一时间里也要辨别空间的异同。因此，服装必然有它强烈的时效性。因为"新"在流行的过程中是最具有诱惑力的字眼，流行只有在"新"的视觉冲击中才能保持旺盛的生命力。所以今天的流行，明天的落伍便成了司空见惯，服装更新得越快，它的时效就越短。从法国服装中心几十年来展示的服装中可以看到风格的突变：曾经是色彩灰暗、宽松的服装流行全球，继而便是金光闪闪、珠光宝气、缀满装饰物的服装充实市场；喇叭裤虽然以挺拔优美的气质独领风骚许多年，但仍无力抵挡流行的浪潮，终被松宽的"萝卜裤"占先，紧接着又出现了直筒裤、高腰裤以及实用而优雅的宽口裤、九分裤、七分裤等。服装款式的变化、花样翻新令人目不暇接。近年来，就连人们认为变化比较稳定的男装，也因流行潮流的冲击在不断变化。因此，只有把握流行时间的长短和空间的范围，才能保证服装流行的效应。

（二）流行的周期性

服装流行在经历了其萌芽、成熟、衰退的过程，退出流行舞台后，又会反复出现在流行中，即为流行的周期性。流行的周期循环间隔时间的长短在于它的变化内涵，凡是质变的，间隔时间长；凡是量变的，间隔时间相对会短一些。所谓质变，是指一种设计格调的循环变迁。一种服装款式新颖，可能流行一年、两年也就过时了，但它仍旧还是一种格调，只不过不再是一种流行款式而已；但若干年后，它又会以新的面貌出现。美国加利福尼亚大学教授克罗在观察了各种服装式样从兴起到衰落的变化数据后得出的结论是：服装循环间隔周期大约为一个世纪，在这之中又会有数不清的变幻……人类对于服装特征的独立研究表明，某种服饰风格或模式趋向于十分有规律地周期性重现。时尚周期的另一尺度与"循环周期"的原则有关，即一定时期的循环再现。近年来国际服装流行的周期性循环现象比比皆是，如典型外轮廓造型之一的直筒式，是流行于20世纪初迪奥风格服装的再现。而"复古""回归""自然"等主题，也都是服饰格调的周期循环。

人类不同的历史文化背景、观念意识，对审美的影响是深刻的。当代是人类的个性自由充分发展的时代，人们的审美千差万别，一些历史的审美观往往以新的形式复活，服装的周期性循环正好说明了这点。

第四节　服装流行的现象与形式

千百年来，人与人之间初次的沟通交流都是通过服装来传达彼此的信息。如在人来人往的大街上、气氛严肃的会议室或是轻松热闹的娱乐场所，通过观察一个人的衣着打扮，即便不做任何交谈，也可以对着装者的性别、年龄和社会阶层了解得一清二楚，甚至还能对职业、出身、性格特点、兴趣品位、思想以及心情等有所了解。因此，从人们见面和交流的那一刻起，已经用一种更古老和更世界性的"语言"在彼此沟通，那就是服装。用服饰来体现自己的细枝末节，表明自己的身份和地位，古往今来，举不胜举。

服装的演变，可以说是人类文明发展的一面镜子，从微观角度它能够反映出着装者方方面面的细节，从宏观的角度来看，它又可以反映出时代的特征以及经济文化的现状。服装的变化速度在不同的国家、地区是有差异的。但是在社会高度发展的今天，越来越多的人开始不约而同地关注着它的发展和运行规律。

一、流行的现象

服装流行是一种动态的集体历程，然而它却以因人而异的方式影响着个体的生活。在服装流行的历程中新的服装风格被创造出来，然后被介绍给社会大众，并且广受大众喜爱。个体的创造力和求同与求异之间的矛盾冲突，将服装流行带到一种更为个人化的层次。人们对流行服装的涉入层次，和他们赶上服装流行趋势的程度各不相同，但是当流行改变了人们对外观风格的共识或取得某种服装的集合时，却很少有人能够不受流行的影响。

（一）设计师在服装流行现象中的作用

我们头脑中必须弄清楚的一个概念，服装流行现象是由消费者产生的。但是，我们不得不感谢服装设计师，他们在服装流行领域里起到了指导性的作用。从过去到现在，一直都是设计师在做引导。人们仿佛是设计师手中的提线木偶，被他们的气质与灵感拨弄得时而欣喜若狂，时而大失所望，并且这种让人头晕目眩的快感频率越来越高，有时我们甚至感到了快要窒息前的无助。

1.查尔斯·弗雷德里克·沃斯（Charles Frederick Worth） 被誉为高级流行服饰之父。他是英国先进的裁缝工业与女帽制造业的第一人，也是世界上第一位使用真人模特和真人时装表演的缔造者，他为19世纪的上流社会与资产阶级创造出多种精致的高级服饰。在品牌意识和流行风格意识方面起到重要的奠定作用。他首先在所设计的法国皇室和贵族阶级的淑女服装上签名，确立了服装品牌的意识，是一个重大的突破。多少年来，设计服装的匠人仅仅是裁缝而已，通过他的创造，裁缝终于被社会承认为"服装设计师"，从这个角度来看，沃斯推动了先导意义的时装形成，是一个重大的进步。

2. 保罗·布瓦列特（Paul Poiret） 他曾经说："时装需要一个独裁者。"他自认自己受天命，应该担任这个位置。从19世纪末期到20世纪初期，布瓦列特的确是时装方面的独裁者，他以摧枯拉朽的能力推翻了女用紧身胸衣控制服装的长期垄断，创造了新的时装，从而成为时装设计的第一人。

3. 麦德林·维奥涅特（Madeleine Vionnet） 维奥涅特在现代时装上具有很重要的地位，她设计的晚礼服完全改变了这类正式礼服的形式，她的设计对于露肩和交叉过肩两类晚礼服具有奠基作用，如果没有她的设计，今日好莱坞的电影女明星们在出席奥斯卡颁奖仪式时的服装可能就大减风采了。维奥涅特夫人创造了斜线剪裁方式和精致的下垂式的衣裾下摆式样，这两个设计迄今依然无人能够出其之右。她设计出最精彩的正式女装，不但大方典雅，并且仅仅只有一条缝线，其设计和剪裁上的独到和精彩，令人惊叹。与其他时装设计师不同，维奥涅特的设计集中在剪裁上，而她的剪裁又集中在简单的三角形和长方形这类几何形式上，如此简单的形式，却达到极为典雅的结果，可以说她在设计上具有他人难以达到的高度。不少时装设计大师在她的作品面前都感叹说：无人能够超过她的水平。与可可·夏奈尔相比，维奥涅特鲜为人知。

4. 可可·夏奈尔（Coco Chanel） 夏奈尔在时装设计上的重要地位，人们都公认她是现代时装中重要的奠基人物之一，她的重大贡献不仅仅在于设计了一些具有国际影响的时装，而是改变了时装设计的游戏规则，她把时装设计以男性的眼光为中心的设计立场，改变为女性以自身的舒适和美观为中心的立场，女性服装表现了自信和自强，而不再成为男性的附庸。夏奈尔是一个时装设计上保守的革命者，一个具有争议的道德主义者，她争取妇女具有男性一样的自由，希望妇女的服装不是由于要取悦男性而设计，而是为自己存在而设计，体现了她希望摆脱男性依附的完全独立的立场。她强力推荐妇女应该用"女士"，而不应该用"夫人"称呼，表现她争取做一个女性绅士的期望，她的时装设计给予了女性自由和自我价值。

5. 艾尔萨·夏帕瑞丽（Elsa Schiaparelli） 她在设计生涯开始时的设计口号是"设计出适合工作的服装"，她的最大贡献是带动和完成了时装设计从20世纪30年代到20世纪40年代的转型过程。虽然她的一些设计有相当前卫的艺术性、娱乐性，有时候甚至有些花哨，但是如果从整体来看，她的设计是简单和舒服的。对夏帕瑞丽来说，没有什么是不可能的。什么材料到她手上都会被赋予生机，阿司匹林药丸可以做项链，塑料、甲虫、蜜蜂拿来做首饰，拉链用来装饰华贵的晚装，玻璃纸也用来设计时装，她的这种艺术创造力和想象力使她在现代时装史上具有非常独特的地位。

6.克里斯托巴尔·巴伦西亚加（Cristóbal Balenciaga） 自从1947年开始，全世界都在谈论迪奥和他的"新风貌"设计，女孩子都在追逐"新风貌"时装，但是，行中人都知道真正具有创造性、对于时装发展真正作出贡献的是克里斯托瓦尔·巴伦西亚加。时装摄影师西西尔·比顿曾经说："他奠定了未来时装发展的基础。"巴伦西亚加的设计极为雅致，他设计的女性正式礼服可以登高堂，在最讲究的场所穿着。他的设计总体感强，而又有丰富的细节处理。他是第一个设计无领女衬衣的设计师。他喜欢使用昂贵的材料，大部分是比较挺的材料来使造型更加突出。他的设计技术影响了许多后来的时装设计师，包括安德列·库雷热（André Courrèges）、伊曼纽尔·温加罗（Emanuel Ungaro）、于贝尔·德·纪梵希（Hubert de Givenchy）和克里斯汀·迪奥都受他很大的影响。

7.克里斯汀·迪奥（Christain Dior） 提起雅致的服装设计，大约无人能与被赋予"温柔的独裁者"称号的克里斯汀·迪奥相比。他在1947年推出"新风貌"系列，影响了整个世界服装的发展，把19世纪上层妇女的那种高贵、典雅的服装风格，用新的技术和新的设计手法，重新大张旗鼓地推广，其意义和作用的巨大，在时装史上是非常罕见的。他的另外一个重要的贡献是为了打破因循守旧、历久不变的时装式样的烦闷，每年春秋各推出一个新的设计系列，在11年中设计了22个系列，这在后来已逐步成为时装设计师的主要经营手法。他的裙子下裾在膝盖到脚踝之间上下变动，在造型上，他把女性服装的形式按照英语字母A、H、Y或者阿拉伯数字8来设计，完全征服了女性的心。

8.伊夫·圣·洛朗（Yves Saint Laurent） 大概没有哪个时装设计师能够产生类似伊夫·圣·洛朗所造成的激动和轰动。他的设计天才使他被公认为克里斯汀·迪奥之后最重要的时装设计师，是迪奥最好的接班人。尽管这位法国女装与成衣界中最顶尖的设计师并未提出哪些极具革命性的流行概念，但是他仍以融合现代生活与现代服饰的独到能力博得美誉，只看当下而不回顾从前，并且也不急于将人们推向未知未来的他，最擅长利用人们所熟悉的东西，譬如在他的手里皮革制品会变得很高级，不起眼的工作衫会变得很典雅，乡下人的打扮会变得有贵族般的气质，就连透明的衣服也会去除粗鄙庸俗的一面而展现无尽的美感。他正不断地创新风格、领导流行。女性竞相搜集YSL的产品，从不间断。令人感到不可思议的是，这些产品似乎永远不退出流行，他就像叶绿素一样，替每个人进行流行的光合作用，他的作品不只是切合时宜，而且能够永垂不朽。他的成就，毋庸置疑。美国版《时尚》杂志恰如其分地评论道："可可·夏奈尔和克里斯汀·迪奥是巨人，而圣·洛朗却是一个天才。"

（二）流行中心对世界服装流行的影响

中世纪之前，服装的"国界"绝对清晰，国际性流行基本不存在。13世纪后期，法国逐渐成为欧洲文化的重心国之一，经过约4个世纪的蓄势，在路易十四统治时期（1661年始），法国的欧洲文化中心地位达到了顶点。文化扩张是路易十四统治西方图谋的一部分，他耗费巨资建起了凡尔赛宫，用上等设备和精美的艺术品装点起来。极尽富丽的凡尔赛宫顿时成为展现欧洲上流社会时髦生活的窗口，路易及宫廷的奢华生活方式、华美的服饰也被整个欧洲的皇室贵族争相模仿。为了满足对精美织品、缎带和绒绣的需要，国王在里昂建起了纺织厂，在阿兰康建起了花边厂。这被认为是法国作为世界时装中心的开端，也是初具现代色彩的服饰流行跨越民族和国家界限的重要一步。从此时到查尔斯·沃斯创立高级时装，法国服装的影响大幅扩展，向欧洲以外辐射。法国高级时装在世界史中的地位无比辉煌，它独领风骚至20世纪中期，虽不具备工业化色彩，但却奠定了统领世界服饰潮流的坚实基础，影响持续至今。

英国对现行服装工业的影响更为直接，这并非由于法国高级时装的祖师是个英国人，而是由于英国引发了工业革命。纺织是工业化的先导行业之一，西方成为当今世界服饰文化的源头和典范，很大程度上得益于先进的生产方式和领先的经济。进入20世纪，特别是第二次世界大战结束后，接力棒传到了美国手上。尽管没有高级时装的辉煌背景，但美国以其雄厚的资本、技术、管理和市场实力，迅速攀升到世界成衣产业的高峰，进一步确立了西方经济的鳌头地位，也壮大了西方对世界服饰的主宰力量。成衣成为美国特色文化的一部分，和好莱坞电影、麦当劳快餐一起，越来越多地进入了人们的生活。

到了今天，我们必须上下左右、忽远忽近地调整手中望远镜的镜头，才能在世界的角落里发觉各式各样的流行创作理念。以前法国一直是流行界的独裁者，但现在却不得不和欧洲其他流行重镇以及美国、日本等地共同分享主导流行的权利。如今在国际化服饰流行大潮中，世界服装流行中心起到了举足轻重的影响力，欧洲一向是以传统的流行领导者身份自居，服装的流行风自欧洲吹起，吹向美国然后再到日本。偶尔，伦敦也会在流行的三角关系中插上一脚。服装流行领导结构已经有所调整，让我们关注一下世界各地服装流行中心城市在以往的服装流行现象中作出了哪些实质性的贡献。

1.巴黎　巴黎是法国的首都，法国进入17世纪时已经发展成为一个专制制度极盛的国家。宫廷服饰和贵族服饰登峰造极的奢侈与豪华，为巴黎成为世界时装中心奠定了坚实的基础。巴黎又是欧洲文化艺术的中心，巴黎的文化环境加之发达的纺织工业，特别是贵妇亲自主持时装沙龙，形成了以沙龙为导向的时装流行网络。这也培育了高明的服装设计人员，以适应服装的社会需求。巴黎的服装为中心向四周辐射，吸引了欧美各国的豪绅巨富来巴黎旅游、购物、显示时髦的服装。因此，又从四周涌入的购买人流中，形成了对巴黎服装业强有力的积极的刺激，奠定了巴黎世界时装中心的地位。

2.米兰　米兰的流行自成一格。《时尚》杂志的玛丽·罗西（Mary Russell）说道："米兰的顶尖设计师所创造出来的作品，具有纯粹的意大利风格，充满令人振奋的磅礴气势，迷人的色彩与质地，以各种不同的新奇比例互相混合……"她继续说下去，而且不断提到"丰富""有气魄""大得超乎寻常"以及"追求休闲与运动精神的意大利风格"等字眼。比起巴黎时装，米兰的流行时尚比较接近美国风格。

3.伦敦　在伦敦的街上孩子们会进行各种服装搭配的穿法，不花一毛钱便能发挥自己的创意。当英国时装独领风骚的时候，总是比巴黎和米兰领先好几季。英国的设计师们更有创造力、更前卫，而且也更能吸引特定的顾客。

4.东京　东京的服装会融合日本艺术与美国风格，并巧妙结合古典传统与纤维技术。麦西公司（Macy's）流行副总监将日本打入高级时装市场比喻成"能让整个画面更加丰富的碎花布。"

5.纽约　美国人凭借无尽的驱动力，不断追求兼顾工作与玩乐的生活目标。美国人对音乐、运动、艺术以及完美体态的重视，已在全球各地形成风潮。通过这样的生活形态，美国人发展出轻松、讲究功能，而且能够打破年龄界限的服装。美国人将运动服装提高到流行的层次，将流行服饰落实到日常生活之中。除了服装外，美国人将没有流行便是真正的流行的想法逐渐变为他们用来塑造未来的主要动力。不管人们是否发觉，但事实上美国仍旧是全球流行灵感的发源地。美国人肆意地撒下流行的种子，交由巴黎这座温室继续培养流行的理念，然后经过法国设计师的精练与调味，最后变成一道道送上世界各国的美食佳肴。

在我们生活的空间里，"时装"早已成为"流行"的同义词，所谓流行，是国际的流行，时装是国际流行的款式，色彩是国际流行的色彩，现在世界各地的人们所讲的时髦语汇都是一致的。从纽约到东京，大家都视同样的品牌和服饰为时髦，世界上出现了好几个制造时髦的中心：巴黎、伦敦、纽约、米兰、东京等。其实，现代的时装、流行式样、流行色彩未必需要经过时装设计师之手，未必需要某个具有时装传统文化的国家发起，仅仅一两个经营精明的市场经销部门、市场公司就能够把一个品牌炒热，成为流行品牌，人为制造流行风格。这种流行波及所有的服装和饰品，无论是T恤（文化衫）还是运动便鞋，都可以变成时髦的对象，即所谓可以膜拜的商业对象，虽然并没有时装设计师的参与，但是经过这样推动起来的时髦风气，在流行的程度上绝对不亚于早年的沃斯、布瓦列特、夏奈尔这些人设计的时装。

二、流行的形式

流行能实现我们的幻想、丰富我们的生活、满足我们的心理需求，并且为我们的人生增添各种色彩。服装往往在人们的个性表现和社会规范之间起着平衡协调的作用，流行则是在不同时代环境条件下对这一特征的充分反映。

回顾漫漫的服装历史长河，服装流行的形式是复杂的，各种不同的自然因素和社会因素都能产生不同规模的流行。一般服装流行的形式可以用三种流行理论加以解释。

（一）自上而下的流传形式

社会的形式，包括服装、美的判断、语言以及所有人类的表达形式，都是以流行的方式流传的，而这种方式仅仅影响上层社会，一旦流传到下层社会，并由其开始模仿、抄袭、复制，上下界限被打破，上层社会的统一性被破坏，上层就会放弃，去追求一种新的表达形式。

在中外服装史上，流行服饰都是从宫廷率先发起的，再被民间逐步效仿而形成一种流行现象。新服装的流行首先是由富有的、上层社会开始。这类有闲阶层财富的增加，产生了炫耀其财富的需求，通过使用象征财富的产品来达到其目的，而服装就是最持久的有形的财富象征产品。

在我国南朝，宋武帝之女寿阳公主有一日卧于含章殿下，忽然树上飘落一朵梅花，不偏不倚恰好落在寿阳公主两眉之间，"拂之不能去"，宫女们见了觉得十分姣好，便用胭脂涂在额上纷纷效仿。最初也画成梅花样，后来就不拘一格了。被人们称作"寿阳妆"或"梅花妆"，以至遍及黎庶，成为女子必不可少的面妆式样。一直到宋代时，词中仍有"呵手试梅妆"的文字描述。唐代中宗皇帝李治当权时，安乐公主曾有一件美妙无比的百鸟裙，是用了百鸟的羽毛编织成的裙子，在白日看一色，在灯下看又是一色，而且正看、倒看会出现不同的色彩效果，最令人叹为观止的是裙上还能呈现出百鸟的形态，眉目清晰。一时间，官宦人家的女子都想穿上一件这样的百鸟裙。于是，采取各种手段猎取飞禽的羽毛，致使"搜山荡谷，珍禽尽绝"。

在欧洲，这样的例子也举不胜举。法国路易十六的王后玛丽·安托瓦内特曾经是那个时代服装潮流的领导者，她喜欢各种新型头饰，并热衷于头饰的创新。每一种新头饰创造出来以后，便迅速在贵族乃至平民之中流行开来。尽管完成一件头饰往往需要几个星期时间，但是人们仍然乐此不疲。在20世纪60年代，美国总统肯尼迪的夫人经常出现在公众场合，她的着装成为女性穿衣打扮的模仿样本。1963年，她在一次公开露面时戴了一顶"碉堡式"帽子，这种样式立刻成为时尚，人们不管年龄大小竞相模仿。历史上还有一次影响更大的实例是出自英国维多利亚女王时代。当维多利亚女王去巴尔莫拉尔访问时，她让王子身着格子花呢的苏格兰高地服装，结果，几乎全世界从5~10岁的儿童都穿上了改制的苏格兰高地服装。

可是，这时我们脑海中不禁会产生这样的疑问：难道上层社会的达官显宦们能够允许平民百姓们和他们穿戴同样的服饰吗？答案是显而易见的，服装可以证明穿着者的社会地位，这种功能已经有很长的历史了。就仿佛最古老的语言充满了各种费心的称号和致词一样，数千年来，某些样式象征高等的阶层。在古埃及，只有地位崇高的人才可以穿凉鞋；希腊和罗马也规定人民的衣服种类、颜色和数量，以及衣服上装饰刺绣的形式。到了中世纪，几乎每一种服装都有穿着的既定场合或时间，不过并不是很成功。在"谁该穿什么衣服"的法令通行于欧洲时，上层社会贵族的服装款式被流传到下层社会时，贵族们早已将对服装的狂热投入下一次的新流行之中去了，所以我们是无法看见不同阶层的人们穿着同样的服装在大街上偶遇时的尴尬景象，更何况那些贵族们的极尽奢华的服饰只能让平民们望而却步，那种对美好的事物的渴望与心有余而力不足的现状在时尚掠过的每一个时代、每一个社会、每一个国家，从过去一直到现在都在毫不间断地上演着。直到1700年，这种阶级间服饰不相融合的现象才稍有改变。当阶级障碍减弱，而财富可以更容易、更快捷地变为上流时，用服装颜色和样式来象征社会地位的社会结构已经开始瓦解，继而取代来划分等级的是服装的价格。在18世纪初期，出众的穿着可以获得社会优势，因此，穷人也抛掷大量金钱去购买服装，支持现状者对这种演变感到很遗憾。在殖民时代的美国，马萨诸塞州议会宣布他们"非常憎恶和讨厌一般百姓打扮成世家弟子的模样，他们穿上缀金边或银边的衣服和纽扣，强调膝盖的细节，或穿上昂贵的鞋靴，女性则穿上纺纱罗的连颈帽或围巾……"所谓"一般百姓"（农夫或工匠）应该穿粗糙的亚麻布或羊毛、皮围裙、鹿皮夹克和法兰绒裙等。他们认为穿着超越个人身份的装扮，不仅显得愚笨浪费，而且太过虚伪。在1878年，有一本美国发行的礼仪规范如此控诉：那些既不富裕也无社会地位的人，集中大量注意力于服装上，这在美国是一件很不幸的事实。我们美国人慷慨、大方而且招摇。有钱人的妻子穿得像公主和女王一样金碧辉煌，她们有权利这么做，但是那些穿不起羊驼毛的人，却拿丝绸来装扮自己……实在让人觉得难过。

（二）自下而上的流传形式

身价低微的服装，就是那些不能证实显著消费、浪费或休闲的服装，但是它们与地位显赫的贵族服装相比较，就显示出节俭、实用而且非常舒适的优势了。这些服装与流行无关，它们不会妨碍辛苦的劳作，也不容易起皱、撕毁或弄脏。裁剪十分简单、未经修饰并且使用耐用的材质。如今由于缝制这类衣服相当昂贵，因此它的名望已经提高了。不过时髦人士会重新部署这些服装，以确保表达出的整体效果是畅快的或是讽刺的，而不是粗俗的。比如说穿上印度工人或希腊渔夫的服装，只需要加上一两件昂贵的装饰品，就可以将低俗转化为高尚的流行，也就是一种新的时尚。

一个非常传统的观念就是，儿童的服装明显地代表身份和地位，但在某种程度上又不同于成年人的服装。毕竟儿童是个十分特殊的消费群体，他们没有购买服装的主动权（即经济权），所以从他们的衣着打扮上往往透露出的是父母的身份、地位和品位。从第一眼看，劳动阶级的小孩比中产阶级的小孩穿得更好，特别是他们和父母在一起的时候。例如到了周末去公园，女孩子会穿上昂贵的洋装，男孩穿上小西装或色彩鲜明的夹克。但是中产阶级的孩子可能只穿工作服、牛仔裤和T恤。这种彰显式消费出现明显倒转的现象，是因为成年人对童年抱有不同的态度。对于一个没有社会地位的劳动阶级或中下阶级的家庭而言，他们的孩子会渴望地位，所以他们的装扮在暗示期望中的未来。另外，上流社会的人并不期待孩子要高过他们的地位，更何况孩子还在接受考验当中。所以许多服装设计师告诉我们，从 18 世纪末起，这类孩子就时常穿着佣人和劳工的服装。在维多利亚中期的英国，小男孩都穿着像农夫的亚麻布或纯棉的工作服，维多利亚的女学生模仿女侍穿僵硬而皱褶的白色围裙。而今天中、上流阶层的小孩，也穿农夫的围兜工作服和工厂劳工上拉链的锅炉套装。不过这些装束只不过是在款式上平民化而已，它的质料并非如此，特别是儿童的衣服。设计款式虽然很相同，但却是用更昂贵、更精致的布料做成，并且选用较浅的粉色。所以学生、儿童穿上工作服时，其实他们从未接近农家庭院，因为服装质料已宣告了他们的消费和娱乐。这些服装完美地暗示富裕儿童的地位，在与双亲相比较之下，他们是比较不重要的小人物，而且常常参与简单的低价劳动，但是值得注意的是，在本质上他们衣服的质料要好很多。

我们把这种流传形式说得通俗些，就是流行穷人的服装。现在那些尽可能便宜，并模仿最新流行款式的服装，已经取代了简单、过时的工作服。腈纶和聚酯取代羊毛、棉花和生丝，乙烯基取代皮革，粘贴的装饰物取代活褶、定型褶和刺绣，但是这些服装面料廉价、缝制粗糙，里布很粗廉，或者干脆没有里布。当这些服装还很崭新的时候，可能会愚弄某些，特别是与此类服装有相当距离的人，然而在洗涤或干洗后，真正的本质就暴露出来。但是令人惊讶的是，这种价格低廉的流行之物竟然还创造出它自己独特的显著消费。对某些消费人群而言，低廉和瞬间的流行甚至比品质或耐用性更重要。

19 世纪的最后 10 年中，欧洲上层社会的正统派人士企图制止民间去除女子衬裙的服装现象，但是立即遭到了各地妇女的强烈反对。一个"不用衬裙联盟"在最保守的伦敦诞生，结果是全英国 12 万名妇女发誓响应这个行动，迫使宫廷无能为力。到头来，这种不用衬裙的女裙赢得了上层社会妇女的青睐。

那么，"乞丐装"能够堂而皇之地成为时装就更能表明这种流行形式，如今高档西服的肩部和肘部打上差色布或皮革的补丁就是由乞丐装演变而来的，但是人们不仅没有表现出反感情绪，反而把它美其名曰为"肘垫补"穿在政府首脑和大学教授的身上。

最能说明服装自下而上流行，且具有相当强影响的例子，就是 1993 年 1 月 20 日宣誓就职的美国总统克林顿，他在当选总统之后仍旧穿着牛仔裤和 T 恤衫，看来美国总统也是深受时尚潮流的影响。我们知道牛仔裤成为时尚的过程并非那么简单。1850 年，美国的巴伐利亚移民列维·斯特劳斯在淘金热中用帐篷布缝制成工装裤，卖给西部淘金的工人。当初只是因为其面料牢固、式样合体、方便劳作等优点而受到劳动者的欢迎。1874 年，裤子的袋角上被钉上金属铆钉，从实用角度来看，这无疑比以前的样式更为坚固耐穿，它成了名副其实的工装裤，很快受到西部牧童的喜爱，因而被下层民众戏称为"牛仔裤"。直到 20 世纪 50 年代，牛仔裤在美国正规企事业中还常常遭受白眼。一家名为"贝克"的保险公司对穿牛仔裤来上班的雇员看不惯，以"无业游民之服"的罪名被公开禁止穿用。然而，年轻一代似乎正以一股逆反心理来向社会正统势力发起挑战。当詹姆斯·狄恩和马龙·白兰度主演了《欲望号街车》之后，终于，牛仔裤作为电影主人公的服装，与现实社会上青年人的思想产生了共鸣，于是全世界开始风靡牛仔裤。1957年美国牛仔裤最大的制造商李维·斯特劳斯做了一个不完全统计，发现全美国牛仔裤销量达到1.5亿条，也就是说，在美国几乎是一人一条。20年后半个世界都被牛仔裤化了，牛仔裤不仅出现在富豪的身上，还出现在教授、专家，特别是一些艺术大师的身上。此时，他们早忘记了牛仔裤出身卑贱的历史，原本作为重体力劳动者穿用的服装却成为上层人士所热衷的时装。

（三）水平流传形式

水平流传，即抛弃社会成员等级区别的流向。在这里专指服装在水平方向发生的变异状态，这种状态无所谓高低、上下，直接按照人们居住的方法进行分流的动态区分。与前两种呈垂直流向的服装流行形式相比较，水平流向更显示出形式的多变与不稳定性，因而也就更加表现出服装流行社会性的必然与必需。细分的话，可以分为以下四种水平流传形式。

1. 中心向四周辐射　这种流传形式的普遍特点是从大都市向周围中、小城市，再从城市向周围乡村的辐射。大都市是政治、文化、经济、对外交流集中和交融的重地，汇集了国内的区域特产和文化传统。特别是聚集了大量的富户，包括皇族和贵族，即今日的领导集团成员和大企业家与大金融家，这就为服装流行的诞生和推陈出新提供了充裕的物质条件和社会条件。

在欧洲、美洲和亚洲，巴黎、纽约、米兰、伦敦、东京这五个服装流行中心，都以新潮的构思、新颖的面料、独特的款式登上了世界服装流行中心的宝座，当仁不让地以其别国难以匹敌的实力和号召力，起着自中心向四周辐射的服装流的特殊作用。

2. 沿交通线向两侧扩散　交通线，是人类各个区域间借以沟通的网络。只要是有人来往并从事有意交流的通道，都构成交通线。交通线上的交通工具，除了步行之外，可以是马车、牛车，也可以是骆驼、马匹，甚至是狗拉雪橇。现代社会的大交通线上，跑着火车和汽车。不管工具的性能和速度如何，它们都在负载着人和货物的同时，将一处的文明带到另一处，而且不仅是带到目的地，沿途也传播了文化的种子。就在这来来往往的交通线上文化得到了传播与融合。服饰作为时尚领域里最能引起人们兴趣而且又是人人不可缺少的日用品兼艺术品，更容易被交通线两侧的人们先穿戴而成为时髦。在这些交流之中，文化和经济的结晶首先反映在沿途人们的服饰工艺上。

在中外服装史中，交通线两侧居民受其感染而引起服饰变化和发展的例子有很多。当年拜占庭帝王赠给罗马查理曼大帝的"达理曼蒂大法衣"，上面绣有多组希腊罗马神话人物，将衣服展开，宛如西斯廷大教堂上的壁画。从画面中的图案纹样可以追溯到美索不达米亚，后来相继有埃及人、叙利亚人和君士坦丁堡人模仿和发展。

3.边缘向内地推演　美国文化人类学家玛格丽特·米德在《三个原始部落的性别与气质》一书中写道："阿拉佩什人占据了一块楔形的领土，它沿着海岸延亘到陡峭的山顶，然后向西伸展到塞尔克水域的草原。即使阿拉佩什人并没有相隔多么远，但居住在海滨的人也总是比居住在腹地山村中的居民接受新事物要直接得多。当他们平和而节奏缓慢地打发日子时，常常是关注着过往的行人。无论是水罐、篮子、贝壳装饰品，还是新式舞蹈的跳法都可以从沿海商人的过往船只上买到和学到。"这种从沿海向内地推演的服装流向，只能从大的整体风格与外形上把握，而每一次、每一处的流行中都不可能是原封不动的。阿拉佩什山地人从海滨村寨学会一种舞蹈时，由于财力不足，而没能将舞蹈中必不可少的新头饰一同带回贫瘠的山地。不过不要紧，服装流行中仍然可以不断地改变、充实和发展，更何况，山地人还要再向内陆方向走去，内陆的平原上还住着一些比山地富足但同样对海滨事物存有好奇心的阿拉佩什人。

对于在文明社会生活的人们来说也不过如此。许多服装流行的形成是由于接受了外地、外国的影响而产生的。沿海地区缘于海上贸易的繁荣，所以"近水楼台先得月"，相比之下，内地人想得到外域人的新式服装，很大程度上是依靠沿海地区人民来传播的。

4.邻近地区互相影响和渗透　相毗邻的地区，包括大至国家，小至村庄的人们互相学习，互通有无，这既不费力又十分自然。且不说欧洲各国在服装流行中，总是某一新款式在一个国家刚刚出现，便会迅速传到毗邻和靠近的国家。就是在一个国家内，也是邻近的城市或乡村的人首先受到影响。历史上，中国和日本就是因为相邻而很早便开始了文化交流。中日的区域邻近程度被形容为"一衣带水"，这无疑为服装的传播和渗透确立了有利的地域条件。除此之外，中国与朝鲜，朝鲜与日本，中国与越南，越南与老挝、柬埔寨之间，长久以来一直存在着服装的影响和渗透。

由于工业化大批量生产的特点，以及新闻媒体传播的大众性和广泛性，使新款服装的流行信息可以同时到达所有阶层，即流行性在各阶层同时出现，流行的真正引导者来自每个人自己所处的社会阶层或社会团体。

那么产生这种水平流传形式的起因究竟是什么呢？它与前面两种流传形式不同之处在哪里呢？这些问题其实是十分容易找到答案的，只要你留意观察身边关于服装流行的动向，问题的关键就在那儿。现在，服装设计师或服装企业（公司）利用服装博览会、展示会、广告宣传与各种媒体将服装信息广泛传播，以达到刺激人们的趋同心理的目的。当时钟的脚步穿过我们所处的这个信息化的时代，服装流行的第三种流传形式才在最大程度上得以实现。

或许有人会说，整个服饰工业——包括纤维制造商、织布工厂、服装设计师、服装制造商、服装零售商、各种服装精品或超级市场与媒体共享同一处创意的清泉，他们会参加同样的展示会并且步入相同的专业轨迹，毕竟这是个资源共享的时代。

他们在寻找什么？是趋势还是理念，有的很明显，有的却很模糊；有的互相冲突，有的则界限分明；有的很神奇、很巧妙、很能振奋人心，但有的却不足为奇。但是每个服装业者都暴露在相同的环境下，对这些相同的线索与信息同样都能敏感察觉。到现在，服装业者的观察范围从自家周围扩展到世界各地。

服装流行趋势会由街头向上移至上流社会、从富商名流向下传往市井小民，或是呈现闪击效应般的水平移动，但偶尔也会集合向上攀爬、水平移动以及迅速消长等各种现象而呈"之"字形移动。

第五节 服装流行的传播媒介

服装之所以能在不同地域和不同人身上有其特定的流行方式，都是服装流行的传播所起的作用。传播是服装流行的重要手段和方式，如果没有传播，就没有流行，也就不可能呈现出如此多样的着装风格。服装流行的传播媒介主要有以下几种。

一、发布会及各种展示

（一）服装发布会

服装发布会是服装流行传播最为直接的方式，它通过直观的展示，指导消费者，使消费者对新一季的流行现象有更为清晰、明了、准确的了解。并通过这种方式，使消费者的审美情趣与流行时尚产生碰撞达到共鸣的效果，以此推进服装流行的传播。

服装发布会具有流行的导向作用，世界著名的时装流行城市巴黎、米兰、纽约、伦敦、东京在每年的1月和7月举行高级时装发布会。每年的这两个月，世界各地著名设计师云集于此推出自己的新作，设计师们的新作具有极强的流行导向性。另外每年的2月和9月的高级成衣发布会又将这些设计师的原创作品成衣化，进入营销渠道。新一季的流行色、独特的面料质感，配合时尚的款式风格，在全世界范围迅速扩散蔓延。

（二）各种展示

除了服装发布会外，与服装相关的各种展示活动，对服装的流行起到了积极的传播作用，如以推销、促销新产品为目的的成衣博览会、订货会、交易会等，再如表现设计创意、展示服装特色的服装表演，具有强大的市场导向作用，刺激了消费者对新流行趋势的感悟，也引发了消费者的购买欲望。

二、媒体传播

这是一个信息时代，资讯的发达给人们的生活带来了日新月异的变化，时尚成为人们生活中不可或缺的一部分，人们热衷于对时尚的追随。网络、影视、报纸、杂志……各种媒体成为流行时尚传播的最佳渠道，媒体既是服装流行的重要手段，又对流行起到了重要的推动作用。所谓 FASHION RESOURCE 指的就是服装流行信息，它包括了流行趋势的预测，流行信息的发布及设计师手稿等，这种具有流行导向作用服装资讯，成为业内人士及消费者了解流行趋势，把握时尚脉搏的重要途径。

（一）平面传媒

1. 时尚期刊　时尚期刊是现代人时尚生活的重要内容，多分为两种，一种专业性较强，倾向于对流行现象的剖析、对时尚人物的介绍、发表专业性论文等；另一种是休闲性较强的服饰生活刊物，多介绍一些流行信息、服饰搭配、形象塑造等内容。

作为一种全球性的文化现象，服装的流行早已不再局限于地域性的自我衍生，服装流行资讯就是借助了这些时尚期刊将各种流行信息在短时间内迅速地传向世界的各个角落，目前仅专业性的时尚期刊就有几十种，如 *GAP PRESS，MINI，CUTIE，HAPPIE* 等。各种大众性的时尚杂志更是层出不穷，如美国的 *VOGUE*、法国的 *ELLE*、日本的《装苑》，仅 *VOGUE* 杂志就有美国、英国、法国、意大利、德国、西班牙、澳大利亚、巴西、墨西哥、新加坡、中国等十多个版本，是世界上发行量最大的时尚杂志。这些时尚期刊以其时尚性、娱乐性、时效性吸引了众多的读者，尤其是以年轻人居多，可以说时尚期刊是当今时代流行资讯传播的重要媒介之一。

2. 专业流行资讯 MOOK　什么是"MOOK"？MOOK 主要是指专业流行趋势研究机构发布的流行趋势报告，以及各设计工作室设计新作或设计师作品手稿，再就是由相关的图片公司、时尚媒体或个人整理的发布会图片集。陈逸飞先生称其为 magazine book 杂志与书的组合，究其原因是 MOOK 既具有杂志的时效性与连贯性，又具有图书的知识性，多用一个或几个主题来贯穿全书，缺少杂志丰富的版块设置和娱乐性，但其所传递的流行资讯具有无形的价值，因此，其具有较高的市场定价。如一本国际著名品牌的设计工作室的设计手稿定价约在 6000～9000 元，若是配以面料小样或设计实物小样，定价则在万元。

（二）声像传媒

1. 网络　现代社会是一个网络信息时代和多媒体时代，网络以其特有的图、文、音、像、动画、视频等表现手段，几乎是在同一时间内将最新锐、最前卫的流行资讯向全世界扩散，可以说是真正意义上的全球性信息传播。目前专业的服装流行资讯网站非常多，发布最新的流行趋势；介绍顶级的时装品牌、时尚名品；剖析流行现象，信息量巨大，越来越多的时尚人士热衷于从网络上获取流行信息。

2.影视 影视作为一门现代艺术形式，具有得天独厚的科技优势，集戏剧、文学、舞蹈、音乐等多种艺术元素。影视艺术拥有最广泛的爱好者，兼有审美性和娱乐性。影视艺术对服装信息的传播也更为广泛，它虽不像专业的服装资讯媒介那样直接明确的传播，对于人们的时尚生活的影响悄无声息，但更贴近人们的生活，对大众的影响也更为深刻。人们在感受剧情的同时，剧中人物的形象便不自觉地扎根于观众的心中，比如，20世纪90年代，一部《渴望》激起了人们对人性的思考，善良的慧芳形象成了完美女性的代名词，一时间所谓的慧芳服、慧芳头型成为流行时尚；而王家卫的《花样年华》又勾起了女性对旗袍的怀念，婀娜的旗袍成为时尚女性的首选。

三、公众人物的引导

模仿是人重要的心理特征，人们对公众人物模仿是不遗余力的，公众人物以其所扮演的社会角色，对普通大众具有极强的影响力，这种影响力从心理的喜爱和崇拜，转化为行为举止和外在形象的模仿。这些公众人物的装扮成为流行的风向标、时尚的源头，人们竞相模仿他们发型、穿戴的同时，也推动了这种流行传播。

（一）演艺界明星

这是一个明星的时代，年轻人对明星的追捧到了近乎疯狂的地步，"偶像的力量是无穷的"，站在潮流尖端的演艺界明星们不断诠释着新的流行时尚，用他们独特的明星气质和时尚魅力引导着人们对新流行的不断追随。

20世纪50年代，一部《罗马假日》使奥黛丽·赫本成为令人瞩目的明星，尤其是她所塑造的天真烂漫的公主形象深入人心，而影片《龙凤配》真正使赫本成为时尚人物，如图3-1所示。赫本从影30多年，塑造众多的银幕形象，30多年来赫本的服装一直是由法国著名的时装设计师纪梵希为其设计，不同风格的服装与各种角色融为一体，成就了赫本经典的银幕形象，不仅如此，赫本的日常装、社交装也是由纪梵希设计的。奥黛丽·赫本的形象

图3-1 奥黛丽·赫本

成为一种经典，人们着迷于赫本的超凡脱俗、高贵典雅，她的船型领套装、卡普里长裤、黑色洋装、俏丽七分裤、黑色高领毛衣、围巾，甚至于平底芭蕾舞鞋、低跟鞋、夸张的太阳眼镜都引导了当时的潮流，人们竞相模仿她的穿着打扮。纪梵希这样评价赫本："她在个人的穿着上，穿出了优雅、时尚与简约，她独树一帜地创造了属于自己个人特色的赫本风格。"的确，奥黛丽·赫本清新雅致的形象装扮成为一个时代的流行坐标，甚至一直影响到现在的时尚界。20世纪70年代，约翰·屈伏塔在《周末狂热》中的形象是大喇叭的裤子，白西装里翻出黑衬衫的领子，配合20世纪70年代的迪斯科音乐扭动身躯。自此，神气十足，摇摇摆摆的喇叭裤，就成为当时世界最为摩登的时尚。此外像国内的著名歌星王菲以其完美嗓音、率真、随性而为的个性在时尚界一直备受瞩目，她的个性装扮也常常引发时尚潮流，如她在《大城小事》《恋战冲绳》中齐眉斜刘海、简约着装的形象一时间成为大街小巷的流行热潮，还有她的晒伤妆，她每一次新专辑的新造型，甚至是她的慵懒表情，特立独行的气质都成为年轻女孩追随效仿的时尚。

（二）社会名流

1997年，英国王妃黛安娜不幸在车祸中丧生，人们缅怀她的美丽与善良，她近乎完美的内心与外表让人们不自觉地崇敬她，模仿她，她气质高雅、身姿窈窕，她的发型着装始终是时尚流行的热门话题。作为社会名流往往容易为世人所关注，由于他们所具有的特殊社会地位，他们的着装无疑是服装流行传播的重要形式之一，人们关注他们，也乐于追随他们。另外作为社会名流，她经常参与公益活动，为维护自身的社会形象，他们也格外注重自己的形象，大方得体，优雅时尚，自然也就成为服装流行的重要传播者。杨二车娜姆一部《走出女儿国》让世界认识了美丽的泸沽湖、神秘的摩梭人，更认识了一身中式服装、绫罗绸缎、绣花披纱的杨二车娜姆，这个集时尚与传统于一体的女子，让古老的民族服饰变成了时尚一族的最爱。著名时装设计师约翰·加利亚诺被称为时装界最动人的浪漫传奇，他为女性设计了无数经典之作，展现出女性的性感妩媚，而他本人也因奇特怪异放浪骇俗的着装成为前卫人士的追捧者。

四、大众传播

在这个追求自我和创新的时代，"消费者是上帝"这是毋庸置疑的，一种服装流行的传播离不开大众的选择，美国学者E.斯通和J.萨姆勒斯认为时装不是由设计师、生产商、销售商创造的，而是由"上帝"创造的。一个设计师无论有着怎样无与伦比的才华，若是脱离了大众的喜好，那么他就只有面对被淘汰的命运了。

回顾服装发展的历史，我们看到，服装流行的支配者是不断变化的，封建社会服装是权力的象征，"楚王好细腰，宫中多饿死"，政治权威决定了审美标准，流行来自对权力的向往，来自政治的力量；18世纪后半叶，随着法国资产阶级大革命的到来，资本主义社会的到来，服装由政治规制的特色逐渐消亡，但仍具有典型的贵族化特征，19世纪中，高级时装出现，高级时装设计师决定着流行的方向，流行不再是上层社会的特权；进入20世纪后，人类社会发生了翻天覆地的变化，人类文明进入一个全新时期，时尚期刊、影视业、网络媒体等传媒业的发达，使服装流行的速度突飞猛进，政治、经济、科技、文化等的发展，带给人们更多惊喜，人们开始真正决定自己的生活，选择自己的流行。

第六节　服装流行趋势的发布

在服装设计、成衣生产发展到一定程度，人们的服装消费趋于饱和的状态下，服装流行趋势的预测也显得尤为重要。服装流行趋势研究的目的在于更有序地发展服装的生产，引导服装的消费，从而使服装运行机制与国际市场保持步调一致。随着社会经济的发展，服装市场的竞争也日益激烈，因而非常有必要从服装的生产、色彩、纤维、面料、辅料、配件、销售等各环节的相互衔接出发，提前一年或更长时间，进行有关服装诸多要素的流行趋势预测，以便在国际服装舞台上争取主动，充分发挥自身的优势，立于不败之地。

流行趋势由街头向上移至上流社会，从富商名流向下传往市井小民，或是水平移动。预测工作者像侦探一样试探大众的兴趣，为预测提供各种答案，不是本能也不是第六感。成功的预测结果必然依赖尽力而周详的研究，必须能够消化各种资料，才可编撰出一份完整的报告。

一、国外流行趋势的发布

在西欧服装工业发达的国家中，对于服装流行的预测和研究早在20世纪50年代就开始了。经历了以服装设计师、服装企业家、服装研究专家为主的预测研究，以本国的专门机构向国际组织互通情报，共同预测发展过程。同时，在预测方法上，经历了从以专家的定性为主的预测，到以现代预测学为基础的计算机应用的预测过程，形成了一整套现代化的服装预测理论。

1.法国、欧洲　法国的纺织业、成衣业之间的关系比较融洽，这与他们近几十年来成立的各种协调机构有着密切的关系。20世纪50年代纺织业、成衣业互不通气，中间似隔着一堵墙，生产始终不协调，难以衔接，后来相继成立了法国女装协会、法国男装协调委员会及罗纳尔维协会等组织。这些众多的协调组织，在纺织、服装与商界之间搭起了桥梁，使下游企业能及时了解上游企业的生产及新产品的开发情况，上游行业则迅速掌握市场及消费者的需求变化。

法国的服装流行趋势的研究和预测工作，主要由这些协调机构进行。由协调机构组成的下属部门进行社会调查、消费调查、市场信息分析。在此基础上再对服装的流行趋势进行研究、预测、宣传。大概提前24个月，首先由协调组织向纺纱厂提供有关流行色、纱线信息。纤维原料企业向纺纱厂提供新的纺纱原料，然后由协调机构举办纱线博览会，会上主要介绍织物的流行趋势，同时织造厂通过博览会，了解新的纱线特点及将要流行的面料趋势，并进行一些订货活动。纱线博览会一般提前18个月举行，半年之后，即提前12个月举办衣料博览会。这种博览会主要介绍成衣流行趋势，让服装企业了解一年半后的流行趋势及流行衣料，同时服装企业向织造企业订货。再过6个月，即提前半年，由协调机构举办成衣博览会。成衣博览会是针对商界和消费者的，它将告诉商业部门和消费者，半年后将流行什么服装，以便商店、零售商们向成衣企业订货。但近几年来，国际上的纺织服装专业展会竞争非常激烈，每年大大小小的区域性和国际性展会多达几百个，有的展会就缩短了间隔时间，一年举办两次发布会。

欧洲的这类协调组织，不论是纱线组织还是衣料组织，都是以最终作品作为自己研究流行趋势的主线。在纱线、衣料博览会上，也都是以成衣流行趋势作为流行的主要内容进行宣传。

在世界范围内，较有影响的纱线博览会有英国的纱线展，衣料博览会则以德国的杜塞尔多夫的依格多成衣博览会（分女装、男装、童装、运动装博览会）最为著名，成衣博览会主要有法国巴黎的成衣博览会等。上述各协调组织一般拥有众多的成员，如法国的女装协会和男装协会除了拥有本国的成员外，还有欧洲其他国家及美国、加拿大、日本等国的成员，成员的增多使协调组织的权威性也大大提高，预测流行趋势的成功率也不断上升。

2.**美国**　美国主要通过商业情报机构如国际色彩权威（专门从事纺织品流行色研究的机构）提前24个月发布色彩的流行趋势。这些流行信息，主要针对纺织印染行业的。美国的纺织上游企业根据这些流行情报及市场销售信息，提前13个月生产出一年后将要流行的面料，主动提供给下游企业——成衣制造业的设计师。而设计师设计一年后的款式时，第一灵感来自面料商提供的面料。在这些面料中，一方面让服装设计师们进行挑选，同时面料商也根据市场信息做一些适当的调整，还为设计师进行一条龙服务。

除了国际色彩权威以外，美国还有本土的流行趋势预测机构即美国棉花公司。美棉主要对服饰及家居流行的趋势作长期预测，它对流行市场服务的全面性在所有公司中算是一绝，这些奠定了它在色彩与织布等方面的权威地位。美国国际棉花协会的成员将全部精力投注在三个主要领域：销售理念，每年定期举行两次正式的服饰研讨会；色彩预测；棉花工业建立永久性的织物图书馆及设计研讨中心。

美国有一些成衣博览会和发布会是针对批发商、零售商和消费者的，它向商界和消费者宣布下一季将会流行何种服装。总之，美国是通过专门的商业情报对纺织品、服装的流行趋势进行研究、预测，帮助上下游企业自行协调生产。

3. 日本 日本是一个化纤工业特别发达的国家，这使日本以一种独特的方式进行服装流行趋势的研究预测。在日本较有实力的纺织株式会社（如钟纺、商人、东洋纺、旭化成、东丽等公司）专门设有流行研究所和服装研究所。这些研究所的任务就是研究市场、研究消费者、研究人们生活方式的变化、分析欧洲的流行信息，并根据流行色协会的色彩信息，研究出综合的成衣流行趋势。这些纺织公司得出成衣流行趋势的主题后，便在公司内部及业务关系中的中、小型上游企业进行宣传，并生产出面料，再举行本公司的衣料博览会，或参加日本的衣料博览会，如东京斯道夫（Tokyostoff），京都的 IDR 国际衣料展，宣传成衣流行趋势，并向成衣企业推荐各种新面料，接受服装企业的订货。服装企业则根据信息生产各类成衣，再通过日本东京成衣展或大阪国际时装展向市场和消费者提供流行时装。

二、国内流行趋势的发布

随着我国成衣业迅猛地发展，服装流行趋势的研究就显得尤为重要。我国的服装流行研究已进行 20 多年，对推动我国服装业的发展，引导文明而适度的衣着消费，发挥了积极的作用。在基本符合国际运作模式的前提下，已积累了相当的经验和以人才资源为主的资源体系。建立了一套既适合我国服装业发展现状，又与国际流行趋势相一致的，具有中国特色的预测方法和理论体系。

第七节　服装流行的预测

一、服装流行预测的重要性

时代发展到今天，服装的流行早已不再是某个人可以决定的，人们在感慨流行变化之快的同时，自觉或不自觉地参与到了流行的传播中来。21 世纪，"欧美风""哈韩族""哈日族"已是过眼烟云，人们开始注重自我需求的满足，注重个性化表现自我，对服装的要求从理性的满足阶段跨入感性的需求阶段。尤其是随着生活质量的日益提高，人们对精神层面的需求成为生活的重要内容，人们对高品质生活不断追求，作为时尚生活的重要体现，人们对服装的眼光也越来越挑剔，穿过两个月的衣服转眼间就成了过季款式，人们的衣橱越来越大，但好像永远不满足，从未停止对美、对时尚的追求，而且人们也不再愿意去模仿，更愿意去追求可以表现自我的东西，而服装恰恰是最好的表达方式，对服装的要求变得更加苛刻，昨天复古怀旧，今天回归自然，那么明天是什么呢？仿佛人们的喜好永远那么难以捉摸。作为一名优秀的服装设计师，应该能设计出既可以体现时代风貌和民族风貌，又符合当前审美情趣的作品，而服装设计不是闭门造车，更不是冥思苦想得来的，这需要很好地把握国内外的流行信息，了解市场定位，只有知道明天消费者想要什么，深谙消费者的心理需求，才能设计出潮流时尚、消费者喜爱的作品，才能真正地掌握时尚的脉搏，走在时代的前沿。因此，掌握服装流行的规律，对未来的服装流行趋势做好预测，才能设计出满足大众需求的服装。同时，通过服装流行趋势的预测，我们不仅可以很好地捕捉到服装流行的方向，还可以对服装流行规律中的往复性以及对与服装相关的创新技术、新的社会思潮进行整理归纳。

二、预测方法

虽然，人们对服装的审美日益挑剔，服装的流行日新月异，服装的变化令人眼花缭乱，但是服装的流行并不是无规律的，只要把握好流行的规律，了解消费者的个性需求，结合时代发展的方向，关注社会热点，就可以对服装的流行趋势做出预测，指导设计工作。

（一）了解服装的变迁规律

服装的发展是循序渐进的，服装的变迁具有规律性，如前所述，20 世纪，服装的流行每20 年左右为变化周期呈现螺旋上升的规律，从服装轮廓造型看，可以发现女装肩部、腰部、裙摆变化呈现明显的规律性。不仅如此，如腰节线的高低变化、袖型、领型的变化也都存在着明显的规律性演变。依据这些历史资料的比较与分析，就能对服装流行的趋势作出总体性的推断与预测。只有了解服装昨天的变迁历史，掌握今天的流行现象，才能更好地预测明天的趋势。

（二）注重影响流行的各种因素

服装流行包括造型、色彩、面料、装饰和加工手段等诸多方面，服装造型、质感及色彩纹样都具有强烈的时代特征，服装的流行受自然、社会、生理、心理等各种因素的影响，设计师应时刻注意到这些因素给服装带来的穿着风格的新倾向，造型结构的新改变，流行色彩的新格调，图案花样的新变化，面料材质的新开发等，比如，战争带来的军装造型、军绿色的流行；一部有影响力的影视剧的播映其服装造型带来的流行；每一次新技术的变革所带来的服用材料的创新引发的流行等。

（三）掌握消费者的心理倾向

服装的流行基于消费者的各种心理需求，人们对新鲜美的事物的追求是流行的基础，而人们的趋同心理则是流行扩大的基本要素。再如"久而生厌的心理"，一种服装的长期流行必然会带来视觉疲劳，人们必然渴望有一款新服装的流行，这也正符合服装"极致回归"的规律。另外，人们的模仿心理也是产生新流行的重要原因，当明星或公众人物以一种时尚的形象出现时，出于对他们的喜爱或崇敬就会促使人们不自觉地追随模仿。因此对消费者的心理需求做深入研究，分析消费者心理需求产生的各种因素，可以帮助我们对未来消费者的喜好做出正确判断，以预测未来的流行趋势。

（四）关注世界服装信息

服装流行预测已经成为一种规模宏大的产业化研究，相关机构也越来越多，每年巴黎、伦敦、米兰、纽约、东京的时装周向全世界传播着重要的流行信息，国际顶级的服装设计师总能不约而同地对下一季的流行做出合理、适时的判断，发布新装。关注这些时装盛事，深入研究世界知名品牌，尝试着从世界顶级设计师作品中找到设计上的共鸣，可以说是把握流行趋势的一个重要途径。

总而言之，在瞬息万变的服装流行中，若想及时对服装趋势做出正确的判断，服装设计者应具备对流行的敏锐观察、分析能力，探寻流行的真谛，不断地努力创新和突破，才能设计出为消费者所认可，符合时代精神的作品。

● 思考与练习

1. 什么是流行？流行的规律有哪些？

2. 流行的传播媒介是什么？

3. 以论文的形式，结合最近的服装流行趋势，从流行发生的原因、发展、经过，结合文化背景，试预测今后两年的流行趋势。

第四章

服装构成要素

课题名称： 服装构成要素

课题内容： 1.服装造型要素

2.服装色彩要素

3.服装材料要素

课题时间： 4课时

教学目的： 1.通过学习掌握构成的形式美法则。

2.了解造型元素在服装中的运用和服装造型设计。

3.了解色彩的对比与调和、色彩的心理效应、服装色彩的设计原则和方法。

4.了解常见服装纤维、织物、面料、辅料，面料选用与服装造型的关系。

教学方式： 以理论讲授为主，实践为辅。

教学要求： 1.通过理论学习与实践训练，使学生懂得学习构成的作用与意义。

2.理解并掌握构成的基本原理和方法，能应用构成的基本原理与视觉语言进行有目的的视觉形象创造，从而培养学生对艺术视觉形态的创造能力和审美能力，为专业设计学习打下基础。

课前准备： 让学生搜索几款服装设计作品，在课堂上分析作品的构成要素。课后运用所学的廓型、色彩、材料等知识，进行设计实践。

服装是一种综合艺术，体现了材质、款式、色彩、结构和制作工艺等多方面结合的整体美。从设计的角度讲，款式、色彩、面料是服装设计过程中必须考虑的几项重要因素，称为服装设计的三大构成要素。

第一节　服装造型要素

一、形式美法则

形式美，指从抽象造型上来决定某个对象美与丑的条件。对美的定义长期以来很难用客观的语言来表述。对于美的刺激反应主要取决于心灵中的心理相似性。美传达出人类对秩序的希望。但对于秩序和稳定需要的同时也会与对于兴趣和刺激的需要交织在一起。因此，支配和服从的原则、变化中的统一、通过对比赋予价值，这一切都使人们试图保持秩序和变化、稳定和新体验之间的一种令人愉悦的关系。

形式美法则：关于个体与个体、个体与整体、整体与整体之间关系处理的理论和规律。

（一）统一、协调

统一：指通过对各个个体的整理，使整体具有某种秩序所产生的一致性，是造型艺术的根本法则。它要求各个个体之间保持有机的联系，避免相互孤立，形成互相协作，实现某种秩序。

协调：指两种以上互不相同的内容放在一起，互相之间仍保持各自的特征，但组合后产生单独使用不具备的美。

（二）节奏

节奏可以体现为律动、旋转和反复，原用于描绘有时间形式的艺术，通过视听形成互相联系的音和形的有规律变化，伴随时间的变化而在次序上得到一种统一的运动美感。节奏用在设计上指不同的点、线、面、体，以一定间隔、方向或形态按一定的规律进行反复和排列，而产生造型形式感中的某种有意义的律动，表现为视觉动势的延伸。

（三）平衡

平衡即均衡，是指双方以某种支点为支撑达到力学上的相等。从造型角度看，是指形状相同，或从视觉角度上取得大小、排列、位置等的平衡，给人稳定的心理满足感和安定平稳的舒适感。

（四）比例

比例是指各事物或事物各部分之间的大小、分量、长短的比例，彼此之间在量上取得平衡就能实现比例美。比例是处理各种关系或比值的设计原则。"黄金分割比"是将整体一分为二，较大部分与整体部分的比值等于较小部分与较大部分的比值，其比值约为0.618，这个比例被公认为是能引起美感的比例，因此被称为黄金分割比。列1、2、3、5、8、13、21、34、55……可以组成比例美的近似值。

二、造型的基本元素——点、线、面、体在服装中的运用

（一）点

点，几何意义上的点只有位置没有长度、大小，但在造型上的点可以认为是一个小平面；点在空间上表示位置，它的形状和地位由周围条件决定；点有大小、平面立体、色彩质地的区别；点的不同形状和聚散变化使人产生不同的视觉感受；由于点所处的位置、色彩、明度以及环境条件的变化而产生大小、远近、空间的感觉。

（二）线

线是点的移动轨迹。几何定义的线只有位置、长度而不具有宽度与厚度；从平面构成的角度讲，线既具有宽度和厚度，而且还有远近、方向、形状、色彩、材质、明度的变化；不同的线条有不同的情感性格。

（三）面

面是线移动至终结而形成的；有长度、宽度没有厚度；圆形、方形和三角形是最基本的面；规则面有简洁、明了、安定和秩序的感觉；自由面有柔软、轻松、生动的感觉；利用在造型中的平面形，使视觉对象的形即"图"在衬托部分即"地"的帮衬下产生前进或后退的感觉，而且"图"与"地"是辩证的关系，可以根据设计进行互换。

（四）体

体是平面向不同的方向移动而回到起点产生的，有占据空间的作用；体的基本形态有正方体、圆球体、圆柱体、圆锥体等；塑造一个三维的体是服装设计的基本任务，体的重点有三个方面：第一，基本体的造型作用，如不同体的联想与给人的感受。第二，基本体的组合效果。第三，服装外轮廓的立体化。

三、服装造型与人体

服装造型设计是对人体的外包装设计，那么它的设计主体就应该是人体本身。服装的作用不仅是将人体装扮得漂亮，更重要的是具有实用功能，它要符合人体结构的同时还要符合人体的运动机能，使之穿着后更为方便舒适。人体的造型结构和形态都直接或间接地影响着服装的造型和形态，因此，在对服装设计进行创作构思时，首先应对人体的形态结构特征以及空间结构特征进行详细的分析。

（一）男人体的特征

相对于女性而言，男性全身肌肉发达，颈短粗，喉结明显，肩平而宽，胸肌发达而转折明显，背部肌肉凹凸变化明显，上肢肌肉强壮，胯部较窄，腰臀差较女性小，躯干较平扁，腿比上身长，整体看来如一个倒梯型。因此，男装大多强调肩部，注重力量、阳刚与理性的美感。

（二）女人体的特征

早在数千年前，人们就已经认识到了女性人体的美感，女性体态的美主要表现在肩、腰、臀所构成的曲线美。较之男性，女性肌肉不似男性那样发达，颈细长，肩部窄斜且薄，乳房隆起，腰部纤细，臀部丰满、圆润。因此女装更注重强调胸、腰、臀等部位的差异，表现身体凹凸有致的玲珑曲线。

（三）人体与服装造型的关系

服装具有两种状态，当它独立存在时是一种状态，而当它穿在人体上之后则呈现另一种状态，人体是具有三维空间状态的立体形式，所谓的服装美即包括了服装与人体两个概念，服装始终围绕着人体这个立体形态进行造型，人体是服装的载体。因此如何塑造好服装与人体之间的空间关系，决定着一件服装造型设计的成功与否。

1.服装造型要符合人体工程学　现代科学的发展，人体工程学、服装卫生学逐步受到重视，人们在满足服装的装饰性、追求服装美的同时，朝着服装的实用性、舒适性方向不断发展。

2.服装造型要符合人体运动机能 作为人的第二层皮肤，服装造型还应满足时刻处在运动当中的人体特点。

四、服装造型设计

服装的造型也称为款式，分为外造型和内造型。外造型主要是指服装的轮廓剪影；内造型指服装内部的款式结构，包括结构线、装饰线、省道、领型及袋型等。

（一）服装的外造型

服装设计作为一门视觉艺术，其外形轮廓在服装整体设计中占据首要位置。服装的外轮廓剪影可归纳成A、H、X、Y四个基本型（图4-1）。在基本型基础上稍作变化修饰又可产生多种变化造型，如以A型为基础的外形能变化出帐篷型、喇叭型等造型，同样对H、Y、X型进行修饰变化也能产生更富有情趣的轮廓造型，如图4-2所示。

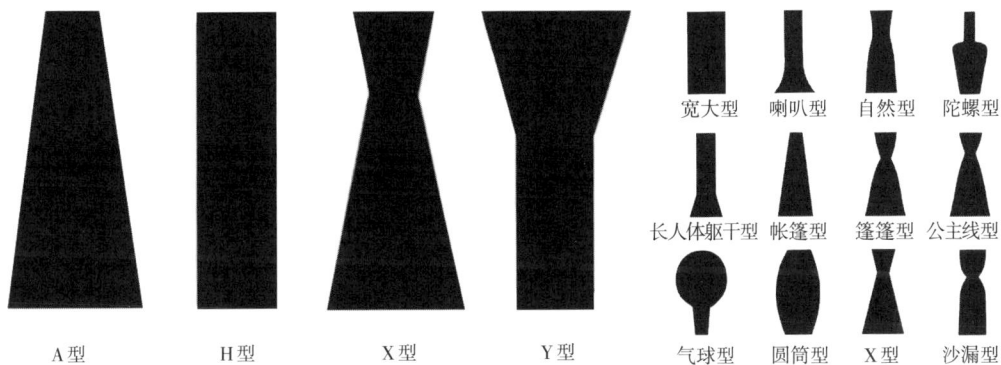

宽大型	喇叭型	自然型	陀螺型
长人体躯干型	帐篷型	篷篷型	公主线型
气球型	圆筒型	X型	沙漏型

A型　　　　H型　　　　X型　　　　Y型

图4-1　服装造型　　　　　　　　　　图4-2　服装造型变化

服装造型离不开人的基本形体，因此，服装外形线的变化与人体的形态结构息息相关。影响服装外形线变化的主要部分是肩、腰、底边和围度。

1.肩 肩线的位置、肩形的变化会对服装的造型产生影响，无论服装袒肩还是耸肩，基本都是依附肩部的形态稍加变化而产生出的效果；同时，服装肩部制作工艺的变化，也会产生新的外轮廓造型变化。如20世纪80年代流行的阿玛尼式的宽肩就是利用垫肩造型特别夸大了肩线，给一向优雅秀丽的女装带来了全新的男性气质。

2.腰 腰是服装造型中举足轻重的部位，变化极为丰富。服装腰部的形态变化大致有两种方法。束腰，腰部紧束能显示女性窈窕身材，具有轻柔、纤细的美感；腰部宽松，则呈自由宽松形态，具有简洁、庄重的美态。束腰与松腰这两种形式常交替变化，而每一次变化都给当时的服装界带来新鲜感。

腰线的高低，腰节线高度的不同变化可形成高腰式、中腰式、低腰式的服装，腰线的高低变化可直接改变服装的分割比例关系，使衣服呈现不同的形态与风格。

3.底边线 服装底边线长短变化和形态变化，都直接影响到服装外形线的比例和时髦效果，是服装流行的重要标志。

4.围度 围度的大小对服装外形影响最大，围度设置是服装与人体之间横向空间量的问题。在人体的不同部位，由于服装内空间量比例设置的不同，会产生截然不同的外轮廓造型变化。如增加胸部与臀部的围度，收紧腰肢，就形成 X 型服装外形线；加大胸部和腰部的围度，收紧臀围，就形成 V 型。古代西方宫廷贵族的女裙装，采用裙撑或鲸骨等将臀围部位撑大，产生一种炫耀性的装饰效果。

（二）服装的内造型

服装的内造型主要包括结构线、领型、袖型和零部件等。

1.服装的结构线 是指体现在服装各个凹凸及转折部位，构成服装整体造型形态的线，具有塑造服装造型，适合人体体型和方便加工的特点。服装结构设计在一定意义上来说即是结构线的设计，结构线的设计是依据人体及人体运动而确定的，因此，首先应具有舒适、合体便于行动的功能性；其次，要具有装饰美感，与服装的风格和谐统一。

结构线主要包括省道、分割线、褶裥。三者虽然外观形态不同，但在构成服装时的作用是相同的，就是使服装各部件结构合理、形态美观，达到适应人体、美化人体的效果。

（1）省道线。省道是根据人体起伏变化的需要，把多余的布省去或者收褶缝合，制作出合体的衣身造型，被剪掉或缝合的就是省道。

人体各部位的省道分别称为：胸省、腰省、臀位省、后背省、腹省、手肘省等。

省道设计主要是通过省道转移完成的，通过合理转换，不影响服装的尺寸和适体性，满足服装的造型和装饰效果上的构想。省道设计可以是单个、多个，也可以是弧形、曲线形，这些设计各有特色，具体应用都要和服装的设计风格一致。

（2）分割线。分割线为分割后再缝合的线，在服装设计中主要有两种。

结构分割线，是满足造型的结构分割线，它可以取代收省的作用，最大限度地表现出人体造型的立体形态，如公主线、背缝线等。处理巧妙能同时满足结构和装饰的需要，将服装造型需要的结构隐含在具有装饰效果的分割线中。

装饰分割线，主要是指由于审美视觉需要而设计的分割线，它在服装中主要起装饰作用。在不考虑其他造型要素的情况下，装饰分割线可以通过位置、形态、数量的改变表达出活泼、端庄、柔美、粗犷等不同的服装面貌。

分割线常见的基本形式有垂直分割、水平分割、斜线分割、弧线分割等，如图 4-3 所示。

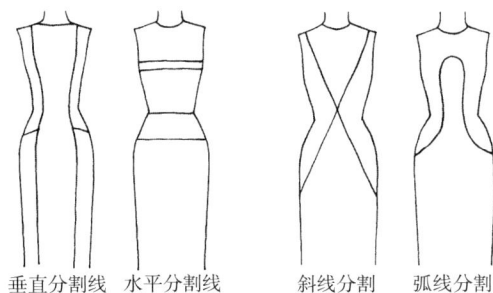

垂直分割线　水平分割线　　斜线分割　弧线分割

图4-3　分割线

在服装设计中巧妙地运用省道线、分割线、褶裥线等，可以使服装款式呈现丰富多彩的变化。但必须考虑外轮廓线与内部结构线的协调统一，这是设计构思中匠心独具的创造，需凭借服装美学与裁剪技艺的娴熟功力，方能变化自如。

2.领的设计　衣领所处的部位是人的视觉中心，最能吸引人的视线，是服装整体设计的重点。领的式样设计千变万化，造型极为丰富，既有外观上的形式差别，又有内部结构的不同，不同的领型，其美感也各不相同，如图4-4所示。

（1）无领。无领是最简单也是最基础的领型设计，它的领口线是领的造型。无领设计简洁自然，能更大限度地体现颈部的优美。常用在夏装、休闲装、晚装、内衣设计中。

无领与其他领型不同的是，没有相对严格的尺度，与主体服装造型之间是一种较为松散

立领

翻领

平翻领

驳领

图4-4　领的设计

的关系，所以，其造型的自由度较大。根据领口的形状，无领设计包括圆形领、船形领、一字领、方形领、V字领和不规则领等，通过对领线进行各种工艺装饰，还可以产生出更为丰富的视觉效果，如图4-5所示。

（2）立领。立领是一种没有领面，只有领座的领型。立领分为直立式、内倾式、外倾式。内倾式与颈部空间量小，我国传统服装多为内倾式，其特点是严谨、典雅、含蓄。内倾式立领也可用采用与衣片连裁的式样，造型简练别致；直立式的特点是干练、简洁、严谨，护士服、学生装都属于这种领型。外倾式的造型下小上大，逐渐向外倾斜，夸张华丽。

基本形领线

一字形领线

V字形领线

四方形领线

图4-5　领线

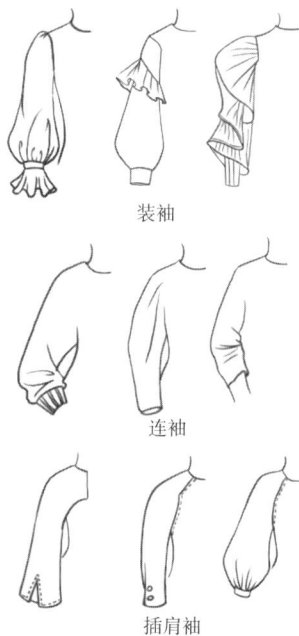

装袖

连袖

插肩袖

图4-6　衣袖的设计

（3）平翻领。平翻领是一种只有领面没有领座的领型，其前领自然服帖于肩部和前胸，后领则自然向后折叠服帖于后背，其造型线条看上去舒展而柔和，一般用于儿童和女性的服装，如海军领、大披肩领等。有一种连帽领，是在平翻领的基础上演变起来的，前领类似水兵领，后领缝合成帽子，其功能性和审美性兼而有之。平翻领在服装设计中可以产生多种形式的变化，如领子形态的宽窄、大小，领尖形状的方与圆、长短等。

（4）翻领。翻领是指由领面和领座两部分组成的领型，领座呈立状围于颈部，起支撑领面的作用。此种领具有庄重、干练、成熟的特点，衬衫领、中山装领、风衣领都属于此类。领面的宽窄、长短、领角的造型及装饰都是翻领款式变化的重点。

（5）驳领。驳领是将领子与衣身缝合后共同翻折，前中敞开的一种领型。衣身翻折部分叫驳头，因此这种领型称为驳领。驳领庄重、洒脱，受到人们普遍喜欢，适用于各类服装。驳领的设计变化由领深、领面宽窄、驳头和领口的造型，串口线的设置以及颈部贴服程度来决定。驳领的变化设计还可将领面和驳头连在一起，没有串口线，这种领式被称为连驳领，如青果领、燕尾领等。

服装领的设计要和服装的风格一致，不然就会破坏服装的整体感。荷叶领与浪漫、柔美风格的服装相协调；直线形式的领式适合于严谨、简练、大方的服装风格。

3.衣袖的设计　服装造型中遮盖手臂的部分称为衣袖，袖子以筒状为基本形态，与衣身相连接，构成完整的服装造型。袖子的造型千变万化，各具特色，从衣身与袖子的连接方式可将袖分为无袖、装袖、连袖和插肩袖，如图4-6所示。

（1）无袖。无袖常用在夏装和晚装设计，这类袖型具有较强的个性美感，使着衣人看上去修长、苗条。无袖的设计因袖窿线位置、形状、大小的不同呈现不同的风貌。

（2）连袖。连袖又称为中式袖、和服袖，其袖片与衣片连成整体，肩形平整圆顺，具有方便、舒适、宽松的特点。

连袖大多用于休闲装、中式服装、家居装。蝙蝠袖属于连袖类的变化形式，袖子的根部与腰部相连，袖子与衣身相互借用，穿着效果轻松而洒脱。

（3）装袖。装袖是根据人体肩部与手臂的结构特点，将衣身与袖片分别裁剪，然后装接缝合在一起，是最符合肩部造型的衣袖结构，适用范围极为广泛。装袖分为合体袖和宽松袖两种。合体袖是一种比较合理的袖型，多采用两片袖的裁剪方式，袖窿和袖子按照人体臂膀和腋窝的形状设计，袖身呈筒型，具有较强的立体感。静态效果比较好，但穿着时手臂活动会受到一定的限制。适用于正式场合穿着的套装、礼服等设计。宽松袖与合体袖结构原理一样，不同的是袖山较低，袖窿弧平直，袖根较肥，肩点下落，所以又叫落肩袖。宽松袖多采用一片袖的裁剪方式，穿着自然、宽松、舒适、大方，应用于休闲装、夹克、衬衫等服装设计。

肩部的变化、袖身的形状、袖口的设计是装袖造型的关键，是反映服装风格和服装流行的重要因素。

（4）插肩袖。插肩袖是指袖山由肩延伸到领窝，与衣身连为一体的袖子。插肩袖具有流畅洒脱、方便舒适的特点，可以用于多种服装品类的设计，由于其随意的特点，自由松身型的服装使用插肩袖结构效果更佳。插肩袖与衣身的拼接线可以有很多种变化，从而显示出不同的风格面貌。另外，通过分割、组合或结构变化设计，还能产生很多种袖型的变化。

袖型的变化会对服装的造型、风格产生很大的影响，不同的袖型和服装搭配会有不同的视觉美感变化。衣身与袖的造型关系既可和谐也可以对比，如衣身紧而合体的服装使用细瘦的装袖，服装风格协调匀称，感觉舒适；如窄瘦的衣身搭配蓬松的袖型，能在造型上形成对比，具有一定的视觉冲击力，显得活泼生动。因此，选择恰到好处的搭配方式，要根据设计需要和流行的趋势变化。

4. 口袋设计 在服装的造型中，口袋是必不可少的造型要素之一。口袋可以用来装随身携带的小物品，满足其实用功能，而且对服装起到一定的装饰和点缀的作用。

口袋的造型可根据其结构特点划分为三种：贴袋、挖袋、插袋，如图4-7所示。

（1）贴袋。贴袋是将布料剪成一定的形状后直接贴缝在服装上的一种口袋，贴袋制

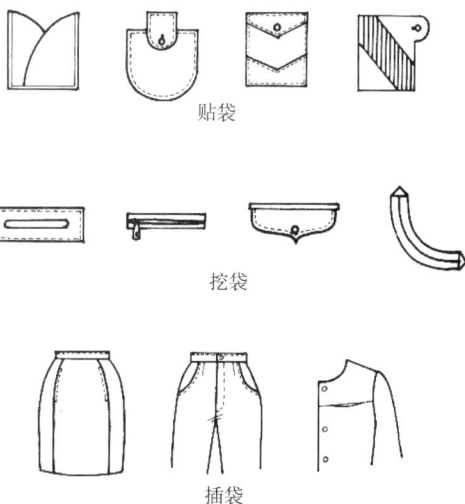

贴袋

挖袋

插袋

图4-7 口袋设计

作简单，样式变化极多，根据其造型有立体、平面及有盖袋、无盖袋之分。贴袋显露在服装的表面，易于吸引人的视线，装饰作用很强，是服装整体风格形成的重要部分。

（2）挖袋。挖袋是在衣身上按一定形状剪开成口袋，袋口处以布料镶口袋边，内衬用袋里做的口袋。挖袋造型简洁明快，不过分突出醒目，易与服装整体风格一致。这种袋型设计要求工艺质量比较高，变化主要是在袋口上，有横开、竖开、斜开、单嵌线、双嵌线、有袋盖、无袋盖多种变化。

（3）插袋。插袋是指在衣服的结构线上设计衣袋，袋口与服装的接缝浑然一体。这种袋型较为隐秘，不影响服装的整体感和服饰风格，属于较为实用的袋型。插袋也可以加各式袋口、袋盖或扣襻来丰富造型。

在进行口袋设计时，需要注意局部与整体之间在大小、比例、形状、位置及风格上的协调统一。如领型的线条是优美的流线型，则口袋也应该为较柔和的弧线型，当然，有时候直线型的服装也可以配上弧线形的口袋，只要布局合理、感觉舒适，同样能产生和谐统一的美感。

口袋的选配还需要注意不同服装的功能要求以及服装面料的性能特点。一般来说，职业服、工作服、旅游服等比较强调口袋的造型设计，而礼服、睡服等则不强调口袋的设计。布质松散及透明织物的服装不宜做挖袋，以免袋口散开，影响牢度，或露出袋里，破坏服装的整体形态感。

5. 腰位设计　这是与下装直接相连的部位，其造型与服装效果有很大关系，是下装设计的重点部位，同时也是反映流行的热点部位。

腰围线可以调整上下身比例，因腰围线高、低不同，腰围可分为中腰、高腰、低腰三种形式。高腰设计将腰围放于胸下，由于腰节线的提高，下肢显得修长，这种设计具有优美，轻盈的风格；中腰设计即标准腰位设计，给人以端庄、优雅之感；低腰设计是将腰围下移到臀围的形式，近年来低腰位裙、裤装的设计十分流行，充满性感、诱惑的韵味。

腰头有绱腰和无腰之分，无腰设计的腰是裤片或裙片直接裁得，其特点是间接精致、线条流畅，这种设计要注意腰线位置、形状的把握。绱腰实际是腰头与裤片或者裙片分别裁剪，连接而成，这种设计合体，腰头变化自由。在满足了服装功能性的同时，腰头可通过各种造型及装饰手法来丰富款式的变化。

（三）纽扣的设计

纽扣是服装造型中不可缺少的部分。它除了有扣系衣服的实用功能外，还起到装饰的作用。由于纽扣在衣服上处于显眼的位置，正确选择好纽扣，可以起到画龙点睛的作用。

纽扣的形状琳琅满目，圆形、方形、菱形、条形、球形、三角形、图案形等应有尽有；

纽扣的制作材料有贝壳、金属、木头、塑料、皮革、陶瓷、布料等；扣紧件的种类也极多，按扣、搭扣、衣钩、拉链、卡子、系带等。

纽扣的选择与服装的功能、造型风格、整体尺寸有关。紧身瘦小的服装常用数量较多的小扣子，而宽松的大衣宜配稍大的扣子；过于平淡的服装可用造型美丽的扣子以增添装饰性；华丽的服装则应尽量掩盖纽扣，使服装充分展示其本身的风采。

第二节　服装色彩要素

在服装设计中，给人的第一印象是色彩，人对色彩的敏感度远远超过对形状的敏感度，因此色彩在服装设计中扮演着重要的角色，与服装款式设计紧密相关。

一、色彩三要素

（一）色相

不同颜色的名称称为色相，如大红、湖蓝、中黄等，色相是色彩最重要的特征。色彩按色相的顺序，可以循环排列成色相环。色彩世界的变幻无穷正是因为色相的千差万别。

（二）明度

明度是色彩明暗变化的属性，是指颜色的明暗程度。

（三）纯度

纯度又称彩度，饱和度，是指一种颜色包含色彩的纯净程度，从光谱上分析得出的红、橙、黄、绿、蓝、紫是标准的纯色。纯度越高，色彩越艳丽、明媚。

色彩富有鲜明的时代感和流行性。色彩专家以其敏锐的洞察力，把来自消费市场的流行色彩加以归纳、提炼，并通过预告推而广之，形成流行色。目前国际流行色委员会每年举行两次大型会展以预测来年春夏和秋冬的流行色趋向，并通过流行色卡、时尚杂志和纺织样品等媒介进行宣传。在服装款式设计中，新潮款式和流行色彩的结合日益密切。因此设计师只有仔细分析、研究流行色周期的规律，掌握流行时机，才能及时推出符合大众审美要求的新潮色彩。

二、色彩的对比

当两种或两种以上的色彩放在一起，由于相互影响的作用显示出差别的现象，称为色彩对比。色彩对比的重点，是认识色彩对比的特殊性。色彩的千差万别形成了色彩的多种对比关系。

（一）明度对比

两种以上色相组合后，由于明度不同而形成的色彩对比效果称为明度对比。它是色彩对比的一个重要方面，是决定色彩方案感觉明快、清晰、沉闷、柔和、强烈、朦胧与否的关键。

（二）色相的对比

两种以上色彩组合后，由于色相差别而形成的色彩对比效果称为色相对比。它是色彩对比的一个根本方面，其对比强弱程度取决于色相之间在色相环上的距离（角度），距离（角度）越大对比越强，反之则对比越弱。色相对比一般可以分为五种程度的对比：同类色相对比（30°）、邻近色相对比（60°）、中差色相对比（90°）、对比色相对比（120°）、互补色相对比（180°），如图4-8所示。

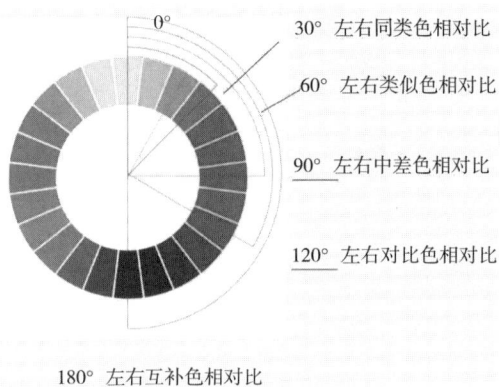

图4-8　五种色相对比关系

（三）纯度对比

两种以上色彩组合后，由于纯度不同而形成的色彩对比效果称为纯度对比。它是色彩对比的一个重要方面，但因其较为隐蔽、内在，在色彩设计中，纯度对比是决定色调感觉华丽、高雅、古朴、粗俗、含蓄与否的关键（图4-9）。

（四）冷暖对比

冷暖对比是由于色彩感觉的冷暖差别而形成的色彩对比，红、橙、黄使人感觉温暖；蓝、蓝绿、蓝紫使人感觉寒冷；绿与紫介于其间，绿色与紫色称为中性色。另外，色彩的冷暖对比还受明度与纯度的影响，白光反射高而感觉冷，黑色吸收率高而感觉暖。冷暖对比得当，画面活泼，悦目。冷暖对比越强刺激越强。反之，冷暖对比越弱刺激性越弱。

（五）面积、形状、位置对色彩对比的影响

面积、形状、位置在色彩对比中，都是具有较大影响的因素。要了解它们与色彩的关系，关键是理解这三种因素在影响色彩对比效果方面的规律。

图4-9　纯度对比

三、色彩的调和

色彩调和是指两种或两种以上的色彩，有秩序、协调、和谐地组织在一起，能使心情愉快、喜欢、满足的色彩搭配称色彩调和。色彩调和的意义，一是使有明显差别的色彩为了构成和谐统一的整体所必须经过的调整；二是使能自由组织构成符合目的性的美的色彩关系。

（一）同一调和构成

当两种或两种以上的色彩因差别大而非常刺激不协调的时候，增加各色的同一因素，使强烈刺激的各色逐渐缓和，增加同一的因素越多，调和感越强。这种选择同一性很强的色彩组合，或增加对比色各方的同一性，避免或削弱尖锐刺激感的对比，取得色彩调和的方法，称作同一调和。

（二）秩序调和构成

把不同明度、色相、彩度的色彩组织起来，形成渐变的、有条理的，或等差的、有韵律的画面效果，使原本强烈对比、刺激的色彩关系因此而变得调和。使本来杂乱无章的、自由散漫的色彩由此变得有条理、有秩序从而达到统一调和。这种方法就叫秩序调和。

四、色彩错觉现象

错觉是指人们对外界事物不正确的感觉或知觉。最常见的是视觉方面的错觉。产生错觉的原因，除来自客观刺激本身特点的影响外，还有观察者生理上和心理上的原因。其机制现在尚未完全弄清。来自生理方面的原因是与我们感觉器官的机构和特性有关；来自心理方面的原因是和我们生存的条件以及生活的经验有关。

色彩的错觉是人眼的各种错视感觉之一。在服装设计中，常利用小花型、冷色调、浊色等来改善过胖体型，用大花型、暖色调、明亮的色彩来弥补瘦长体型的不足。色彩的错觉还常反映在人们的视觉生理平衡与心理平衡上。人眼在长时间感觉一种色彩后，总是需要这种色彩的补色来恢复自己的平衡，这就形成了色彩的错觉现象。由于人眼对色彩的错觉，任何色彩与中性灰色并置时，会立即将灰色从中性、无彩色的状态改变为一种与该色相适应的补色效果。但这并不是色彩本身的客观因素。由于人眼对色彩的错觉，任何两种色相不同的色彩并置时，二者都带有对方的补色味。在服装设计中，人们常用这种视错现象来衬托肤色美。研究色彩的错觉生理现象，对服装设计具有重要意义。

五、色彩的心理效应

不同波长色彩的光信息作用于人的视觉器官，通过视觉神经传入大脑后，经过思维，与以往的记忆及经验产生联想，从而形成一系列的色彩心理反应。

（一）共同感受色觉心理

1. 色彩的前进与后退　各种色彩的波长有长短区别，但这种区别是微小的。由于人眼的水晶体自动调节的灵敏度有限，故人眼对微小的光波差异无法正确调节，因而造成各种光波在视网膜上成像有前后现象。光波长的色，如红色与橙色，在视网膜上形成内侧映像；光波短的色，如蓝色与紫色，在视网膜上形成外侧映像，从而造成暖色前进、冷色后退的视觉效果。这也是人眼的错觉生理现象之一。一般情况下，暖色、纯色、明亮色、强烈对比色等具有前进的感觉；而冷色、浊色、暗色、调和色等有后退的感觉，如图4-10所示。

2. 色彩的膨胀与收缩　色彩由于波长引起的视觉成像位置有前后区别，这种区别产生了色域。色彩的膨胀与收缩，不仅与波长有关，而且与明度有关。明度高的色彩有扩张、膨胀感，明度低的色彩有收缩感。同样大小的黑白格子或同样粗细的黑白条纹，白色的感觉大、粗，黑色的感觉小、细。同样大小的方块，在紫色地上的绿色要比黄色地上的蓝色大些；在

图4-10　色彩的前进与后退

蓝色地上的黄色要比黄色地上的蓝色大些。这是色彩明度对比形成的膨胀与收缩感。一般有膨胀感的色彩有：白色、明亮色、纯度高的色、暖色；有收缩感的色彩有：黑色、浊色、暗色、冷色。

3.色彩的冷与暖　视觉色彩引起人对冷暖感觉的心理联想，如红、橙、黄使人联想到火、太阳、热血，是暖感的；青、蓝使人想到水、冰、天空，是冷感的；紫与绿处在不冷不暖的中性阶段上。其中橙被认为最暖，青被认为最冷。

4.色的兴奋与沉静　色彩给人兴奋与沉静的感受，这种感受常带有积极或消极的情绪。色的兴奋沉静感和色相、明度、纯度有关系，其中尤以纯度最大。在色相方面，红、橙、黄等暖色使人想到斗争、热血而令人兴奋；蓝、青使人想到平静的湖水、蓝天，从而使人感到平静。绿与紫是中性的。在服装中，运动服多数采用兴奋的色彩，而医生、护士则应用安静的沉静色服装。

5.色的明快忧郁感　明度和纯度是影响色的明快忧郁感的重要因素。色相对明快与忧郁感的影响不是很大，比较明快的是紫红、红、紫的暖色系，呈忧郁感的是黄、黄绿、绿和青紫，而橙、青绿、青则呈中性。即使是忧郁感的色相，只要颜色鲜明，也会给人以明快的感觉，总之，明亮而鲜明的颜色呈明快感，深暗而浑浊的颜色呈忧郁感。穿明快感的服装参加宴会最适宜，而参加悼念活动的服装必须是忧郁色。

6.色的华丽质朴感　色彩可以给人以富丽辉煌的华美感，也可以给人以质朴感。纯度对颜色的华丽质朴感影响最大，明度也有影响，色相影响较小，如图4-11、图4-12所示。

图4-11　色的华丽质朴感1　　　　图4-12　色的华丽质朴感2

　　总的来说，色彩丰富、鲜明而明亮的颜色呈华丽感，单纯、浑浊而深暗的颜色呈质朴感。此外，色彩的华丽、质朴与色彩的对比度有很大关系。一般对比强的呈华丽感，而对比弱的呈质朴感。在实际配色中，如果有光泽色的加入，一般都能获得华丽效果。

　　色的华丽、质朴感，与服装穿着场合大有关系，如轻松的歌舞舞台是需要华丽服装的场地，游泳、滑雪的场合需要引人注目，也适宜用华丽花哨的服装，而在课堂、图书室、书房等处则应用质朴的服色。

　　7. 色的轻、重感　同样物体会因色彩的不同而有轻、重的感觉，这种感觉主要来自色彩的明度。明度高的色彩使人有轻感，明度低的色彩则有重感。此外，白色、浅蓝色、天蓝色，与蓝天、白云相联系，故有轻感，黑色最重。

　　色的轻、重感在生活中也广泛应用，如天花板涂成轻感的色就有漂浮感，地板涂成深色而有稳重感；用色相反，则会使人觉得室内不稳定，感觉不安定。飞机呈银白色显得轻飘，如呈黑色则觉得呆重而有降落感。人的服装如上白下黑就有稳重感、严肃感，而上黑下白就觉得有轻盈、敏捷、灵活感。

　　8. 色的活泼与庄重感　暖色、纯度高之色、对比强之色、多彩之色显得色彩跳跃、活泼；而冷色、暗色、灰色给人以严肃、庄重感。黑色给人以压抑感，灰色呈中性，而白色则显得活泼。色彩的活泼和庄重感，与色彩的兴奋和沉静感较相似。它运用于不同年龄的衣着配色，一般青少年服装配色多活泼感，以显示他们的朝气勃勃和活泼可爱；而庄重感色适用于中老年服装，以显示着装人的成熟老练。

　　9. 色的软、硬感　色的软、硬感和色的轻、重感一样，色的软、硬感和明度有着密切的关系。在纯度方面，中纯度的颜色呈软感，高纯度和低纯度的颜色呈硬感。色相对软、硬感几乎没有影响。因此可以说，色的软、硬感几乎取决于它的明度，明亮色即使不太鲜艳也呈软感，而低明度色不论鲜明与否都呈硬感。

　　色彩的软、硬感在服装配色中应用也很多，如奶油色、粉红色、淡蓝色等软色，是儿童服装理想的色彩，它们与儿童娇嫩的皮肤相映衬，显得十分协调。

　　10. 色的强、弱感　明度和纯度是影响色彩强、弱感的重要因素。暗而鲜明的颜色呈强感，亮而浑浊的颜色呈弱感。因为强烈的色彩引人注目，故适宜作标志色，也是运动服与T恤衫配色的理想选择。而在室内装饰配色时，为了避免刺激，墙壁等处使用弱而柔和的颜色，它也是睡衣、内衣的佳色。

（二）色彩的心理联想

　　当我们看到色彩时，总能回忆起某些与此色彩有关的事物，因此而产生相应的情绪，这就是色彩的联想。色彩的联想，既受观色者的经验、记忆、知识的影响，也因民族、年龄、性别的差别而有所不同，还因性格、教养、职业、生活环境的差别而相异，并随着时代及时尚的变迁而略有变化。因此，一种颜色可能使人联想起好的或不好的事物，作为服装色彩的设计者必须有意识地给予明确的表达。要具有这种能力，就应对色彩的一般共同性联想有所认识。

色彩的联想有具象和抽象两种：

1.具象联想 指看见某种色彩使人联想到自然界具体的相关事物，如看见红色想到火，看见橙色想到橘子，看见蓝色想到天空等。

2.抽象联想 看见色彩就使人想到热情、冷淡等抽象概念，就叫作色彩的抽象联想。儿童多具象联想，成年人多抽象联想。这说明人对色彩的认识，随着年龄、智力、经历的增长而发展。

（三）色彩性格

各种色彩都有独特的性格，简称色性。它们与人类的色彩生理、心理体验相联系，从而使客观存在的色彩仿佛有了复杂的性格。

1.红色 红色的波长最长，穿透力强，感知度高，如图4-13所示，它易使人联想起太阳、火焰、热血、花卉等，感觉温暖、兴奋、活泼、热情、积极、希望、忠诚、健康、充实、饱满、幸福等向上的倾向，但有时也被认为是幼稚、原始、暴力、危险、卑俗的象征。红色历来是我国传统的喜庆色彩。

2.橙色 橙与红同属暖色，具有红与黄之间的色性，它使人联想起火焰、灯光、霞光、水果等物象，是最温暖、响亮的色彩。感觉活泼、华丽、辉煌、跃动、炽热、温情、甜蜜、愉快、幸福，但也有疑惑、嫉妒、伪诈等消极倾向性表情。

3.黄色 黄色是所有色相中明度最高的色彩，具有轻快、光辉、透明、活泼、光明、辉煌、希望、功名、健康等印象，如图4-14所示，但黄色过于明亮而显得刺眼，并且与其他色相混即易失去其原貌，故也有轻薄、不稳定、变化无常、冷淡等不良含义。黄色还被用作安全色，因为它极易被人发现，如室外作业的工作服。

图4-13 红色是喜庆色彩

4.绿色　在大自然中，除了天空和江河、海洋，绿色所占的面积最大，草、叶植物，几乎到处可见，它象征生命、青春、和平、安详、新鲜等，如图4-15所示，绿色最适应人眼的注视，有消除疲劳、调节功能。

图4-14　黄色明度最高　　　　　　　　图4-15　绿色在服装中的应用

5.蓝色　与红、橙色相反，蓝色是典型的冷色，表示沉静、冷淡、理智、高深、透明等含义，随着人类对太空事业的不断开发，它又有了象征高科技的强烈现代感。

6.紫色　具有神秘、高贵、优美、庄重、奢华的气质，有时也感孤寂、消极。尤其是较暗或含深灰的紫，易给人以不祥、腐朽、死亡的印象。

7.黑色　黑色为无色相、无纯度之色，给人感觉沉静、神秘、严肃、庄重、含蓄，另外，也易让人产生悲哀、恐怖、不祥、沉默、消亡、罪恶等消极印象。

8.白色　白色给人的印象洁净、光明、纯真、清白、朴素、卫生、恬静等。在它的衬托下，其他色彩会显得更鲜丽、明朗。多用白色会产生平淡无味的单调、空虚之感。

9.灰色　灰色是中性色，其突出的性格为柔和、细致、平稳、朴素、大方，它不像黑色与白色那样会明显影响其他的色彩。因此，作为背景色彩非常理想。任何色彩都可以和灰色相混合。

六、服装色彩的特性

（一）服装艺术色彩的装饰性

服装色彩是通过人体表现的一种审美形式，也是人类最为普及的美感形式。服装色彩的装饰目的，不是装饰形式本身，而是由装饰形式美化人体，是对人体的修饰在服装上的特定反映。从心理学角度来讲，色彩的装饰只是为显示身体，使人体的特点更引人注目，给视觉上带来美的享受，并使心理上取得平衡。从社会学方面来说，服装色彩的装饰，不仅是美化人体的表现手段，也是表现社会机能的一种符号。

在高度文明的社会里，穿衣除了衣服本身的使用价值外，更重要的是保持礼节、尊严、仪表修饰、个性表现等，其艺术装饰思想的审美可能性，与其他造型艺术相比，是更有局限性的。这是因为服装色彩装饰艺术表现思想和世界观方面的充分性、明确性和直接性，要比其他种类的艺术小得多。因此，服装色彩构思的装饰依据涉及美学、心理学、生理学和社会学等多个学科领域。

（二）服装色彩的象征性

色彩设计是人类社会性的审美创造活动。在这种审美性的创造活动中，色彩则表现出了不同的社会属性和情感意志。这里象征性是指色彩的使用，它涉及与服装相关的民族、时代、人物、性格、地位等因素，所以，服装色彩的象征性包含极其复杂的意义。纵观我国古代社会的服饰色彩，凡具有扩张感、华丽感的高纯度色，或暖色系的色都被统治阶级所用，象征他们的权力和荣耀。而平民百姓只能用收缩感的寂静、低纯度色。服装上的色彩有时也能象征一个国家和这个国家所处的时代。在我国，上穿毛蓝色、月白色的偏襟上衣，下穿黑裙的袄裙装，黑色小立领男学生装，是"五四"时期的象征。蓝色、灰色、绿色的列宁装和中山装，是20世纪50年代的象征。另外，一些特殊职业的职业装色彩往往也带有很强的象征性。如象征和平使者的邮电通信部门的绿色服装，建筑工人服装，医务工作服，饮食行业服等。所以，服装色彩所体现的象征性，不是一个简单的内容，大到民族、国家，小到人物性格、地位和服装用途，只有从这许多方面去理解、去探寻，才能真正把握服装色彩的象征内涵。

（三）服装色彩的实用价值

服装色彩的构思除了考虑精神方面的内容外，物质方面的实用功能性同样不可忽视。"人是万物的尺度"，服装色彩物的衡量尺度是人，色彩的构思则是以人为主体的思维，不仅要考虑人体的尺度，而且要考虑人的生活活动和生产活动，人在具体环境中进行活动所产生的影响，即把握人与物的关系、主体与客体的关系等。服装色彩的实用功能性，表现在色彩与人体和谐及色彩作用于人在生理和心理方面得到平衡的机能性。

服装色彩是商品性的色彩，它既是构成服装商品的要素之一，又是服装商品整体美的重要组成部分，并作用于服装商品的销售市场，是服装商品竞争中的重要手段，成为销售心理学中的一个重要内容。

（四）服装色彩的流行性

服装可以说是流行与时尚的代名词。在诸多产品的设计中，服装的变化周期是最短的，它关注流行、体现流行的程度也是最高的。在流行色的宣传活动中，通过服装展示来表达流行是很重要的内容之一。

七、服装色彩设计的原则与方法

（一）服装色彩设计的原则

色彩与消费者的生理、心理等方面密切相关，要适销对路，引导服装商品的消费，并对服装市场的适应力和竞争力起积极作用。

（1）根据消费者的生理要求进行色彩的功能性设计。

（2）根据消费者的审美要求进行色彩的艺术装饰设计。

（3）根据消费者的不同个性动机进行色彩个性表现设计。

（4）根据市场变化的要求进行色彩的商品性设计。

（5）根据消费层次的不同进行色彩的适应性设计。

（二）服装色彩搭配的方法

服装配色不仅仅是上衣和裙、裤的搭配，应该考虑整体统一的效果，如服装和鞋帽、围巾、首饰、包、手套、妆容等。服装配色是设计中一个重要的环节，良好的服饰色彩搭配能表现出设计师和穿衣人卓越的设计风范。以下是几种服装配色的常用搭配表现形式。

1. 同类色搭配　同类色配色是服装设计常用的表现方法，尤其在春、秋装和冬装中内外衣与配饰物的搭配上，同类色搭配能达到色彩丰富和谐的效果。棕红色的皮夹克、皮裤、皮带和衬衫领为同一色，配砖红色方格衬衫以及驼色帽子形成同类色调，虽然色相近似，但纯度不同，所以产生统一变化的效果，如图4-16所示。

2. 色彩的节奏变化　由于色相、纯度、饱和度以及色彩面积大小等因素不同，产生了色彩有序和无序的节奏变化。比如红、橙、黄三色搭配设计的创意服装，三种色相为阶梯式有节奏的排列，同时大、中、小色彩面积不同产生节奏变化。节奏感的色彩搭配能给简单的服装增添韵味。

3.统一变化色彩搭配 运用某种颜色为主调,再用其他颜色穿插点缀其间,产生在统一色调之中又有变化的色彩效果。例如,上衣、裤子、帽子以浅灰色调为统一色,在整体色调中又有咖啡和黑色穿插其中,形成统一又有变化的服饰色彩搭配,大小面积适中,因此形成和谐统一的色彩。

4.色彩面积搭配 由于色相和明度不同,因此给人的视觉印象有扩张和收缩的感觉,同样大小面积的红色和黑色,给人的感觉是红色大黑色小。合理地运用不同色彩的面积进行组合搭配,在服装设计中能起到修正不同体型的作用,也可以达到服饰色彩的魅力,如图4-17所示。

5.色彩互联搭配 互联搭配的关系是在服饰色彩中有相互联系的特点,它既可通过服装色彩也可借助配饰品来表现互联关系,如图4-18所示。

图4-16 同类色搭配

图4-17 色彩面积搭配　　图4-18 色彩互联搭配

6.色彩间隔变化 在不同颜色之间采用无彩色作为间隔,这样能使不同色相的颜色统一在一个整体之中,使其更加稳定而又有变化。间隔的作用也起到调和不同色彩之间的关系,

达到自然和谐的效果。

第三节　服装材料要素

一、服装材料对于服装构成的意义和作用

意义：服装材料是服装构成的必要条件，没有服装材料，也就没有服装的出现。

作用：材料的光泽、挺性、柔性等是反映服装外观美的一个因素，同时服装实用性和艺术性是通过服装材料体现出来的。

二、服装常用纤维

服装材料可以根据原料的来源分为天然纤维和化学纤维两大类。

（一）天然纤维

凡是自然界原有的或从种植的植物中、饲养的动物和矿岩中直接获取的纤维，统称为天然纤维。

1.植物纤维　植物纤维主要组成物质是纤维素，又称为天然纤维素纤维。根据在植物上生长部位的不同，分为种子纤维、果实纤维、韧皮纤维和叶纤维。

2.动物纤维　动物纤维主要组成物质是蛋白质，又称为天然蛋白质纤维，分为毛和丝（腺分泌物）两类。

3.矿物纤维　矿物纤维主要成分是无机物，又称为天然无机纤维，为无机金属硅酸盐类，如石棉纤维。

（二）化学纤维

用天然的或人工合成的高分子化合物为原料经化学纺丝而制成的纤维。可分为人造纤维、合成纤维。

1.人造纤维（再生纤维）　人造纤维是指用纤维素、蛋白质等天然高分子物质为原料，经化学加工、纺丝、后处理而制得的纺织纤维。

2.合成纤维　合成纤维是指用人工合成的高分子化合物为原料经纺丝加工制得的纤维。

纤维的分类如图4-19所示。

纺织纤维
- 天然纤维
  - 植物纤维
    - 种子纤维：棉、木棉、彩色棉等
    - 果实纤维：椰壳纤维等
    - 韧皮（茎）纤维：苎麻、亚麻、大麻、罗布麻等
    - 叶纤维：剑麻、蕉麻、菠萝麻、马尼拉麻等
  - 动物纤维
    - 毛发纤维：绵羊毛、山羊绒、马海毛、兔毛、牦牛绒、羊驼毛等
    - 丝（腺分泌物）纤维：桑蚕丝、柞蚕丝、天蚕丝等
  - 矿物纤维：石棉等
- 化学纤维
  - 再生纤维
    - 再生纤维素纤维：黏胶纤维、铜氨纤维、天丝（Tencel）、莫代尔（Modal）、醋酯纤维等
    - 再生蛋白质纤维：酪素（牛奶）纤维、大豆纤维、花生纤维、仿蜘蛛丝纤维等
    - 再生无机纤维：玻璃纤维、金属纤维、岩石纤维、矿渣纤维等
  - 合成纤维：聚酯纤维（涤纶）、聚酰胺纤维（锦纶）、聚丙烯腈纤维（腈纶）、聚乙烯缩甲醛纤维（维纶）、聚丙烯纤维（丙纶）、聚氨酯纤维（氨纶、莱卡）等

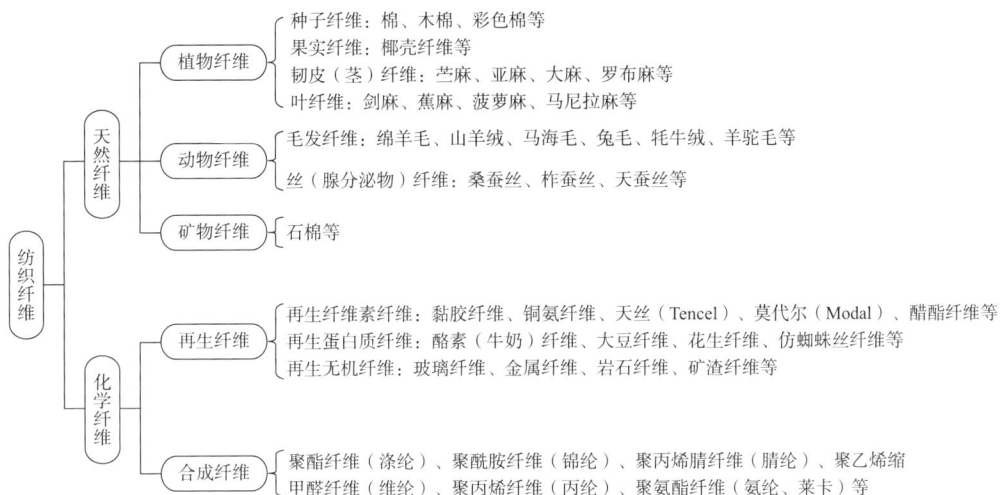

图4-19　纤维的分类

三、服装常用织物

服装材料可根据其加工方式分为机织物、针织物和无纺织物。

（一）机织物

在织机上由经纬纱按一定的规律交织而成的织物，称为机织物，又称梭织物。机织物的组织结构包括平纹组织、斜纹组织、缎纹组织三类，简称"三原组织"。

（二）针织物

针织物是由纱线通过针织有规律地运动而形成线圈，线圈和线圈之间互相串套起来而形成的织物。所以，线圈是针织物的最小基本单元。这也是识别针织物的一个重要标志。就其编织方法而言，可以分为纬编和经编两大类。

（三）无纺织物

无纺织物又称非织造布、无纺布、不织布，是指不经传统的纺纱、织造或针织工艺过程，由一定取向或随机排列组成的纤维层或由该纤维层与纱线交织，通过机械钩缠、缝合或化学、热熔等方法连接而成的织物。与其他服装材料相比，无纺织物具有生产流程短、产量高、成本低、纤维应用面广、产品性能优良、用途广泛等优点。无纺织物的发展速度很快，已成为一项新兴的产业，被越来越多地应用于服装行业的各个领域。

四、常用服装面料和辅料

凡是用来制作服装的材料统称为服装材料。服装材料可根据其在服装构成中所起的主次作用，分为面料和辅料。

（一）常用服装面料

面料是构成服装的基本用料和主要材料，对服装的造型、色彩、功能起主要作用，一般指服装最外层的材料。

1.天然纤维织物

（1）棉织物。由棉纤维纺纱、织制而成的面料，具有保暖性好、吸水性强、透气、耐磨、柔软舒适的性能，由于棉花产量高、价格低、环保性强，是最为普及的大众化面料。棉织物品种非常多，常用的有平纹类的平布、府绸；斜纹类的卡其、华达呢；缎纹类的直贡缎、横贡缎；色织布类的牛津布、劳动布；起绒类的平绒、灯芯绒等，可供一年四季选择穿用。不同的棉织物由于织造与后整理的不同而具有不同的风格特征，如平布的质地紧密、细腻平滑；斜纹布、牛津布厚实粗犷、立体性强；高级府绸细密轻薄、手感柔滑；平绒布外观平整、不易起皱，此外，还有如绉绸般表面凹凸不平的棉布。

平布：经纬向强力较为均衡，布面平整，结实耐穿。细平布适宜做衬衫、床单等；中平布适宜做衬衫、床单，还可做衬料、袋料等辅料；粗平布适宜制作风格粗犷的服装；原色布可做衬料。

府绸：府绸是一种高支、高密的平纹棉织物，是棉布中高档品种，质地细密，布身滑爽，纹路清晰，富有光泽，有丝绸感。府绸主要用于男、女衬衫，也用于手帕、床单、被褥等。

卡其：密度是斜纹织物中最大的一种。织物结构紧密，坚牢耐磨，平整挺括，手感硬挺。由于织物密度大，因此，在染色时染料不易渗透，易出现磨白现象。可用作外套、夹克衫、风衣、裤料等。

平绒：平绒是复杂组织中的双层组织织成。布面绒毛平整丰满，光泽足，手感柔软，富有弹性，布身厚实，保暖性强，耐磨性好。适宜制作妇女秋冬夹衣、外套、鞋帽等，还可用于装饰用的幕布及桌布。

（2）麻织物。由麻纤维织制而成的面料，主要有亚麻、苎麻两种。麻织物强度高，吸水性好、凉爽挺括、质地优美，色彩一般比较浅淡、质地朴实，但褶皱恢复性能较差，所以使用范围较受局限，可用来表现粗犷古朴、随意自然的风格。按麻织物所使用的原料可把麻型织物分为苎麻织物、亚麻织物、大麻织物、罗布麻织物。

（3）毛织物。以动物毛为原料制成的面料，主要有羊毛织物、兔毛织物、驼毛织物等，其中以绵羊毛使用最广。毛织物具有良好的保湿性和伸缩性，布面光洁、手感柔软、褶皱回复性较好，感觉庄重、大方、高雅，是一种高档的服装面料。精纺毛织物有凡立丁、华达呢、啥味呢、女士呢、派立司、马裤呢等。这类织物质地紧密、骨架挺括、光泽柔和自然；粗纺织物有麦尔登、法兰绒、海军呢、大衣呢、长毛绒、粗花呢，织物特点是丰满厚实、体积感强。毛织物可用于春、秋、冬三季。

凡立丁：凡立丁以优质羊毛为原料的轻薄平纹毛织物，呢面光洁平整，织纹清晰，表面条干和色泽均匀，手感滑爽挺括，透气性良好。适合夏季男女上衣、西裤、裙装等。

华达呢：华达呢是精梳毛纱织制，具有一定防水性的紧密斜纹毛织物，表面平整，正面纹路清晰、细密、饱满，手感挺括结实，质地紧密，富有弹性和悬垂性，多为素色适合作外衣、鞋帽面料，勿直接熨烫正面。

啥味呢：啥味呢是轻微绒面的中厚型混色斜纹毛织物，光泽柔和自然，绒毛细短平齐，手感柔糯丰润，有身骨，悬垂性好，适合春秋装、套装、裙装等。

麦尔登：麦尔登是粗梳毛纱织成的品质较好的紧密毛织物，绒毛细密、呢面丰满平整、不起球、不露底纹；质地紧密，身骨挺实，有弹性，耐磨耐穿，防水防风，适合做冬季长短大衣、制服帽子等。

法兰绒：法兰绒是高档混色呢绒，传统法兰绒常采用散毛染色，黑白混色。

（4）丝织物。以蚕丝为原料织成的面料，主要有桑蚕丝织物与柞蚕丝织物两种。桑蚕丝织物具有明亮、柔和的光泽，手感细腻轻盈，质感华丽、高贵，属高档服装面料；柞蚕丝织物比较粗糙，手感柔软、坚固耐用，适合中低档服装的制作。真丝面料历来是人们心目中的"面料皇后"，其独特的使用性能和审美价值是其他纤维品种无法比拟的，真丝的吸湿性、透湿性很强，保暖性也比棉、麻略高。真丝制品在我国经过了几千年的发展，品种十分丰富，常用丝织物品种有绸、缎、绢、绨、绉、绫、锦、罗、纱、纺等。

纺类：采用平纹组织织制的质地轻薄、平整细密的花、素织物，又称纺绸；其经纬丝一般不加捻，手感滑爽、比较耐磨。主要有电力纺、富春纺、尼龙纺、华春纺等。

绉类：运用工艺手段或组织结构，使表面呈现绉纹效应的平纹丝织物。外观呈现不同的绉纹，手感柔软而富有弹性，光泽柔和，抗皱性能好。主要有乔其绉、双绉、碧绉、缎背绉等。

绸类：采用平纹、斜纹及变化组织织造，或同时混用几种基本组织和变化组织，无其他大类特征的各种花、素丝织物，质地紧密比纺类稍厚，表面平整光洁，耐牢性好。根据重量与厚薄分为轻薄型和中厚型。轻薄型，质地柔软，富有弹性，用于衬衫、裙子等；中厚型，丰满厚实，表面层次感强，可做西装、礼服或室内装饰。主要有塔夫绸、双宫绸等。

缎类：缎是指采用缎纹组织织造，手感光滑柔软、质地紧密厚实、外观富丽、色泽鲜艳的丝织物。主要有软缎、织锦缎、古香缎等。

锦类：锦是中国传统高级多彩提花丝织物，是丝绸织品中最精美的产品。原料用真丝和人造丝，其质地紧密厚实，手感光滑，外观绚丽多彩，花纹高雅大方。一般三色以上的缎纹丝织物称为锦，主要有蜀锦、云锦、宋锦等。

2.化学纤维织物　化学纤维织物具有稳定性好、保暖耐穿的特点，但吸湿透气性较差。化学纤维织物价格比较便宜，是平民化的织物。化学纤维又可分为人造或再生纤维和合成纤维两类。人造纤维织物有人造棉布、人造丝、人造毛呢等。合成纤维织物有涤纶、腈纶、锦纶、氨纶等。化学纤维织物可模仿一些天然纤维织物的效果，如人造毛、仿鹿皮等。

3.裘皮与皮革面料

（1）毛皮材料。天然毛皮也称为裘皮，用动物的毛皮经过鞣制加工而成的材料，有保暖、轻便、耐用等特点。具有高贵华丽的质感，是高档时装中常用的材料之一。皮毛分为针毛、绒毛和粗毛。

紫貂❶皮：高档昂贵的裘皮制品，其皮毛短而密，毛绒精致柔软、色泽光润、厚实而松软，有极强的保暖性能。由于产量不高而被毛皮行业视为最珍贵的商品之一。

水貂❷皮：它有"裘皮之王"的美称。水貂皮软而细致、毛色光润、质地轻软，手感舒适、保暖性强。水貂皮有丰富的自然毛色，同时也易于染色加工。水貂皮是裘皮制品中的精品，在国际毛皮市场和裘皮时装中极受欢迎，与波斯羔羊皮、银蓝狐皮称为三大皮货精品。

灰鼠皮：灰鼠皮绒毛细密、柔软、色泽光润，贵重的天然灰鼠皮为灰色，也是一种较高品质的裘皮。

水獭❸皮：毛皮松软、细柔、色泽美观，有深褐色和褐色，同时也可以通过染色或漂色达到色彩丰富的效果。

狐狸❹皮：其特点是华丽的外层粗毛和亮丽的毛皮纤维，富有光泽，长而柔软，具有保暖性。狐狸皮是名贵华丽的裘皮品种之一。狐狸皮又分为红狐皮、白狐皮、蓝狐皮、银狐皮几个品种。

（2）皮革类材料。

天然皮革，动物的毛皮经过化学处理后去掉毛的皮板，即为皮革。

合成皮革，以机织、针织、无纺织物为底布，表面加以合成树脂制成，可以仿造各种天然皮革的效果。

牛皮革，采用牛皮加工而成的皮革。牛皮革有两种类型，它分为黄牛皮和水牛皮，同时

---

❶ 紫貂：列入中国《国家重点保护野生动物名录》（2021 年 2 月 5 日）一级。
❷ 水貂：列入《世界自然保护联盟濒危物种红色名录》。
❸ 水獭：列入中国《国家重点保护野生动物名录》二级。
❹ 狐狸：列入《世界自然保护联盟濒危物种红色名录》。

又有小牛、母牛、公牛皮之分。牛皮革富有弹性和张力，粗犷而厚实，粗中有细，是服装和配饰品常用的材料。

羊皮革，羊皮革有绵羊和山羊皮革两种。山羊皮质地轻薄坚韧，柔软而富有弹性。绵羊皮软而不坚固，质地细腻，延伸性能好。

鹿皮革，采用驯鹿、羚羊、麋鹿革制成的皮革。其特点细致而柔软，弹性适中，伸缩性强。

猪皮革，猪皮革质地粗糙柔软、透气性强、耐磨。绒面磨砂猪皮革在配饰品中被广泛运用。

（二）新型服装面料

随着纺织工业发展和化学纤维的应用，人们认识到各种纤维的不足，把天然纤维与化学纤维混纺互补，以满足消费者对服装的要求。改变天然纤维材料的物理性或化学性以及采用新材料，制作成如全棉能抗皱、羊毛能机洗、真丝不褪色、亚麻手感软等产品；化学纤维的进步，有纤维素纤维升级、高弹纤维利用、微元生化纤维、远红外纤维制品开发等，使纤维新品种大大增加；加之对织物采用物理的、化学的或生物的新工艺、新方法，使服装材料具有防水透湿、隔热保暖、吸汗透气、阻燃、防蛀、防霉、防臭、防污、抗静电等性能，为舒适服装、健康服装、卫生服装和防护服等提供了新材料。

1.按服装面料的纤维种类分类

（1）天然纤维。

植物纤维：生态棉、彩色棉、竹纤维等。

动物纤维：彩色羊毛、彩色丝等。

彩棉面料：顾名思义就是种植收获的棉纤维本身是有颜色的。到目前为止，已经培育出浅蓝色、粉红色、浅黄色与浅褐色等品种。其服装质地柔软、色彩自然，穿着舒适，弹性好。

（2）化学纤维。

人造纤维素纤维：天丝、莫代尔、竹浆纤维。

人造蛋白质纤维：大豆纤维、牛奶纤维。

其他：甲壳素纤维、玉米纤维、金属纤维。

合成纤维：主要是差别化纤维，包括超细纤维、复合纤维、异型截面纤维、弹力纤维、高吸水纤维。

（3）天丝纤维面料。从木材物质中提取的天然纤维素为原料生产的。在生产工艺过程中，采用无毒的有机溶剂循环使用，解决了纤维素纤维生产中有毒气体和污水对环境的污染，被称为绿色纤维或环保纤维。其服用性能集合成纤维、天然纤维的优点于一身，既有棉的舒适感，又有黏胶的悬垂感，同时还有涤纶的强度，真丝的手感。

（4）莫代尔面料。属于变化性的高湿模量的黏胶纤维，其干湿强力、缩水率均比普通黏胶纤维好。面料色泽鲜艳，手感柔软、顺滑，并有丝质感，吸湿性优良，具有极高价值的环保面料。可以生产出比蚕丝更细的长丝，是超薄面料的上选原料。

（5）竹纤维面料。以竹子为原料，经特殊的工艺处理制成。有原竹纤维和竹浆纤维两种。原竹纤维是把原竹中的纤维直接提取出来用于服装用纺织品的制造，竹浆纤维是把竹子中的纤维素提取出来，再经制胶纺丝等工序制造的再生纤维素纤维。竹纤维具有优良的着色性、弹性、悬垂性、耐磨性、抗菌性，特别是吸湿放湿性、透气性居各种纤维之首。竹纤维横截面布满了大大小小的空隙，可以在瞬间吸收并蒸发水分，被称为"会呼吸的面料"。

2.按服装面料的性能分类

（1）功能性服装面料有以下几种。

舒适性服装面料：保暖调温、吸湿透湿、凉爽透气、变色反光、除臭香味面料等。

卫生功能性服装面料：防霉、防污、抗菌、除臭面料等。

医疗保健性服装材料：电疗面料、磁疗面料、药物面料等。

安全性服装面料：阻燃面料、防燃面料、防辐射面料等。

环保性服装面料：生态服装面料和可降解面料等。

（2）智能型服装面料包括导电纤维、形状记忆纤维、调温纤维面料等。

（3）高性能服装面料包括耐热纤维、高吸水纤维等。

（三）常用服装辅料

制作服装还需要辅助材料，否则也做不成服装。辅助材料一般简称辅料，是指在服装制作中起辅助作用，如各种衬料、缝线、纽扣、拉链、裤钩、花边、松紧带等。辅料在服装构成中发挥着衬托、缝连接、装饰等作用，使用得当，可以提高服装的质量。

1.服装里料　服装里料一般使用天然纤维里料、化学纤维里料。

2.服装衬料　服装衬料包括棉布衬、麻衬、毛衬、纸衬、腰衬、黏合衬等。

3.服装填料　服装填料包括絮类填料、毛类填料。

4.服装垫料　服装垫料包括垫肩、胸垫、领垫又称领底呢等。

5.扣紧材料　扣紧材料包括纽扣、拉链、绳、带、钩、环、尼龙搭扣等。

6.线类材料　线类材料包括天然纤维缝纫线、合成纤维缝纫线。

7.装饰材料　装饰材料包括花边又称蕾丝、缀饰材料（珠子、亮片、塑料片等）、绦子、缎带等。

8.其他材料　其他材料包括商标、标志、号型尺码带、示明牌等。

五、面料的选用与造型的关系

服装是围绕着人、衣服、穿戴状态进行的三维立体设计，它的个性化、动态感要通过线条、空间、形态来体现。面料的质感和可塑性体现服装的造型，使面料材质与服装设计风格完美结合，在设计过程中常以面料的厚重挺括与轻薄柔软、有无光泽、平面与立体等角度来把握面料的造型特征。

（一）柔软型面料

柔软型面料一般悬垂感较好，比较轻薄，造型线条光滑柔顺，所产生的服装轮廓自然舒展。柔软型面料主要包括织物结构疏散的针织面料和机织的丝绸面料以及软薄的麻纱面料等。针织面料在服装款式设计中常采用直线型简练造型，体现人体优美曲线。丝绸、麻纱等面料则多见于松散型和有裙效果的造型，从而表现面料线条的流动感。

（二）挺括型面料

挺括型面料制成的服装具有体量感，易形成丰满的服装轮廓。棉布、涤棉布、灯芯绒布、亚麻布、各种中厚型毛料和化纤织物都具有此特性，该类面料可用于强调服装款式、结构清晰的设计中，如西服、套装、休闲装的设计。

（三）光泽型面料

光泽型面料以缎纹结构的织物为多，能够产生华丽耀眼的强烈视觉效果，有熠熠生辉之感。故最常用于晚礼服或舞台表演服中。该类面料在礼服的设计中造型自由度很广，简洁的设计或较为夸张的造型都有较好的效果。

（四）厚重型面料

厚重型面料厚实挺括，能产生稳定的造型效果，各类厚型呢绒和折缝织物都与此相关。其具有的形体扩张感，不宜过多采用褶裥和堆积，适宜以 A 型和 H 型设计造型轮廓，以体现设计的独特性。

（五）透明型面料

透明型面料质地通透、轻薄，具有神秘优雅的艺术效果。如棉、丝、化纤织物、乔其纱、缎条绢、蕾丝等。设计中常用自然丰满、富于变化的 H 型和圆台型设计线条表达其面料的透明效果。

在实际设计中，设计师除了充分了解与准确把握面料性能，使面料能在服装中充分发挥作用以外，还应该根据服装流行趋势的变化，尝试用新型面料独创性地开拓新的使用领域，创意性地进行面料组合，使服装款式更具新意。

● 思考与练习

1. 常见的服装面料有哪些，其特点是什么，市场上流行的新型面料有哪些？

2. 服装轮廓造型的变化与社会变革、流行时尚有何联系？

3. 服装色彩有哪些独特性，请举例说明。

4. 对下一季色彩流行趋势进行预测，根据预测结果设计一系列服装。

5. 结合近年来女装流行趋势进行领型、袖型设计。

6. 收集优秀的服装设计作品，归纳、分析其轮廓造型特点。

第五章

服装设计

课题名称：服装设计

课题内容：1.服装设计定位

2.服装设计程序

3.服装设计方法

4.服装设计表达

5.服装分类设计

课题时间：4课时

教学目的：1.了解服装设计的程序和方法。

2.了解服装设计表达的途径。

3.了解服装的分类和常见类别服装的设计方法。

教学方式：以理论讲授为主，实践为辅。

教学要求：1.通过学习，初步了解服装设计流程。

2.提高学生对服装设计表达和服装类别的认知，为服装设计奠定基础。

课前准备：课前在网上搜索一些著名设计师的服装设计效果图和服装设计作品，分析研究其设计表达风格和设计手法。

第一节　服装设计定位

一、市场的定位

市场的定位大概可分为两类：一部分是按照目标消费者的特征来分，包括年龄、受教育程度、心理特征、地域特征、生活方式等；另一部分是按照消费者的反映区分，包括购买时机，购买态度、品牌忠诚度等。

目标消费群的定位

品牌市场的定位主要是指对目标消费群的定位，是指品牌产品瞄准的购买人群。我们可以看到目前市场上大大小小的品牌层出不穷，行业间的竞争日趋激烈。要取得市场份额就必须准确地定位自身产品所面对的消费人群。

1.**年龄层次的定位**　年龄划分是品牌市场划分的最基本的要素之一。不同年龄的人群对待服装色彩、造型、风格以及消费观念等方面的喜好有着较为鲜明的差异，这种差异使定位显得尤为重要。所以在市场上能看到青少年装、中老年装、童装等分类。

2.**地理区域的定位**　这是根据目标消费者所处的城市状况、人口密度、气候特征等定位的。比如，一个城市的大小、开放程度直接影响到人们对流行的接受程度，像城市规模较大，经济发展较好的沿海开放城市，其居民对待消费观念大多持开放态度，反之，一些内陆城市则显得传统、保守一些。至于气候的冷暖特征就更直接影响到款式的投放。

3.**生活方式的定位**　现代服装设计从某种角度上理解，其实是对生活方式的一种设计。生活方式指的是人们对生活所持有的一种态度。在今天，我们的生活方式较以往有了更多样化的内容，包括学习、工作、休闲等。人们更懂得如何善待自己。

4.**价格的定位**　价格的定位是根据目标消费群的收入水平来定的。品牌根据设定的消费群的收入和接受程度来确定产品的价格档次，市场上的服装产品分为低档、中档、高档等不同层次。

二、品牌设计风格及产品类别定位

（一）产品设计风格

风格指的是自身有别于其他同类的独特性和差异性，具有明显的个性面貌。在商品极其丰富的今天，消费者需要通过选择对自己认同的品牌产生认同感与归属感。品牌风格的创立一般有两种形式，一种是由设计师创立并延续下去，如迪奥（DIOR）、香奈儿（CHANEL）、卡尔文·克莱恩（CK）等由设计师创立的品牌，设计师的风格决定了品牌的风格。另一种是由服装企业决定的，像国产品牌Lily，它的品牌定位是职业装，它为了保持自身的风格稳定，设计师的作品会经过多方讨论修改，以防止因设计师自身个性太强而影响品牌风格。

（二）产品类别定位

服装的产品类别指的是以服装穿着的时间、目的、场合分类的服装类别。如在家穿着的家居服，户外休闲穿着的休闲服，参加宴会穿着的礼服、正装等。

三、营销策略的定位

营销策略主要指产品的销售渠道。现在的服装市场，国内外品牌如雨后春笋般出现在我们的视线内，怎么让消费者迅速地认知并购买，同时还取得最大限度的利润空间。除了产品本身的品质外，还要注重发掘品牌深层含义，即品牌文化。我们从服装的广告宣传中可以看出这一点，这种文化的宣传体现多表现于服装的卖场装修上。

对于成熟品牌来说，因为品牌本身恰当的宣传，在消费者中的影响力以及相对稳定的客户群，会使它形成以专营店、品牌代理、品牌代销、品牌加盟等形式组成的销售网络。企业也会为其网络建立完善的配货、物流、售后等服务体系，来保证产品的销售。

四、产品的发展规划

品牌生命力的延续需要企业完善的发展规划。它包括对现有产品的前景规划，新产品的开发，产品体系的延伸与完善，营销市场的开拓计划等。

作为企业的决策机构，要时常关注国内外纺织品市场的大环境，看准时机，寻求品牌的生机与发展。

第二节　服装设计程序

一、资料信息收集与分析

在熟悉品牌风格、设计定位、产品类别、销售区域、季节等因素的前提下，产品的市场调研活动，主要是针对产品造型、面辅料的选择、消费者各项需求等内容展开的。有了第一手翔实准确的信息，会使设计的目的性更加明确，让设计更加贴近市场，为利润的取得提供依据。

市场调研常通过观察、问卷等形式取得最直观的资料，对资料体现的信息进行分类、归纳、整理，最终作出统计。市场调研的内容一般根据不同目的由专业人员进行设计，内容也会因任务的不同而各不相同，它包括色彩、面料、卖场、服务等多方位的内容。

设计人员也可以通过各种专业展会、流行发布、时尚杂志等搜集自己的灵感素材，结合流行趋势提出新一季的设计概念。

二、设计理念及主题的确立

在相关信息资料整理完善的基础上，设计师，销售人员、部门主管需要进行讨论，共同确定新一季产品的设计理念和主题。讨论结果必须遵守品牌风格，设计主题。要在节约成本的基础上兼顾企业自身的实际条件。设计概念确定后，大多是通过概念稿的形式表现出来，如图5-1所示。概念稿主要包括以下六个部分：

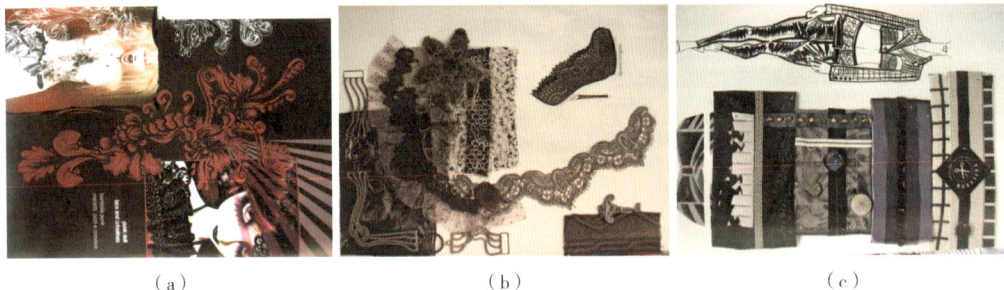

（a）　　　　　　　　　　（b）　　　　　　　　　　（c）

图5-1　概念稿

1.流行概念　流行概念主要是相关流行信息的综合。它可以是意识形态领域的，也可以是科学技术领域的，还可以是其他的任何东西。

2.**流行色彩**　流行色彩包含了设计师对风格的理解，对流行色彩的提炼。色彩的选择应与主题相符合，各色之间搭配要和谐统一。

3.**面料、辅料**　面料是设计表达的主体，是设计师实践中的关键素材。面料选择要注意新面料的提出与准备，面料的选用要有新意。

4.**造型概念**　依据品牌风格设计理念。造型应符合设计主题，主题鲜明，外部造型与内部结构应配合协调一致。

5.**效果图**　效果图应根据相关流行趋势的收集，绘制完毕。完整的图稿需包括穿着效果图、款式图、细节说明、客户号型表等。

6.**产品类别明细**　将新一季的任务以表格的形式依次列出各品种的种类、数量、分配比例等。

在品牌服装的设计过程中需要明确设计人员的分组、分工，做到人尽其用，达到人员的最佳配置。服装设计还要有款式的详细设计说明，对工艺、板型的特殊要求等。另外配饰、商标、唛头、洗涤标等都要加以说明并指出。在设计作品完成并推出后，设计师还要及时搜集市场的反馈意见，并做出相应的调整，为下一季产品的设计开发做好准备。

三、样品的试制

样品试制是产品成型的重要环节，它可以直观地评价设计师的设计构想、着装效果、工艺水平、成本核算等，从而预测出大货的上市效果。它要求设计师对服装结构和工艺都应有一定的了解。在这一环节中设计师要与工艺师、样衣工紧密配合，随时沟通，共同解决实际过程中与图稿出现的差异，让设计构思能够完美地得到表达。样品在试制环节中可能还会出现诸多问题，一般需要一个试制完善的过程，这样可以在发现问题时将设计、板型、工艺、面料等方面进行调整和修订，直至达到满意为止。

四、产品推向市场

样衣被确定后，工艺师确定号型表，做好样板的放缩推档，做出工业样板，制订工艺流程书，进入批量生产环节。设计师也应跟进监督，确保产品在生产时的完好。大货生产完毕，经过整理、定性、包装设计等流程后，就可以根据产品的上市流程表，进店上架进行销售。

产品推向市场后，生产厂家的销售人员会通过服装销售会、订货会、市场销售洽谈会等形式，征求并收集来自销售商、消费者等方面的意见和市场信息。并及时反馈给设计师以及生产部门，以便获得及时的修正和解决，直至获得市场的认可，取得良好的经济效益。

五、产品的推广

产品推向市场后，不是听之任之，"酒香不怕巷子深"的年代已经过去了。各品牌商家会为自己的品牌形象、新品上市进行广泛的宣传，其手段和花样也层出不穷，目的在于提高市场对自身产品的认可度，刺激消费者的购买欲。产品的推广方式有以下三种：

1.选择品牌代言人 我们看到国内大多服装品牌都为自己选择了品牌代言人，选择标准要求代言人风格、气质、成就等与品牌内涵接近。如利郎男装选择影视明星陈道明，恰到好处地体现了品牌优质、高贵的气质；而歌星周杰伦则因其不羁的街头风格成为许多休闲品牌的首要人选。

2.媒体广告 现在的媒体广告不仅包括电视、报纸、杂志等传统渠道，还包括了网络传媒、直投广告（针对特定人群发放的印刷品）等。

3.服装展示会 有一定实力的商家都会定期举行服装展示会，包括流行趋势发布展示会、面对销售商的成衣展示会、推广品牌概念的展示会。

第三节　服装设计方法

创新是思维的创造，是灵感的获得，灵感是一种独特的思维活动。对于服装设计而言，其设计创新有着与其他艺术形式相同的地方，也有与其不同的地方。服装设计是一门艺术与实用技术相结合的产物，它既需要形象思维的运用，又需要立体思维的运用。它要求设计者具备充分的创新意识，才能从生活中提炼创作出多品种的服饰。服装设计的一般过程要经历：灵感的迸发→设计构思→创意的形成→设计的表现→成品的实现等过程。这一过程体现了设计师复杂思维的成熟、完善，透示出设计师感性经验与理性经验的最佳结合。

一、服装设计的思维方式

平常人由于社会经验的约束，往往局限于惯性思维的思考模式中，很难突破。而要成为一名成功的设计师，就必须突破这一框架，寻找全新的思维角度，建立全方位的立体思维模式。立体思维模式是一种从各个方位、全新角度考虑问题的思维方式，它包括逆向思维、自由思维等。这种思维方式的展开可以突破思考的局限性，使我们的设计构思不论是从风格、内涵还是从设计的表现形式上都显得不落俗套，蹊径独辟。设计的思维方式有以下四种：

1.保守思维 保守思维是从经典服装样式出发，在保留其固有的基本特征基础上，遵循传统审美意识，不断结合新工艺、新设计、新面料等，不断改造、发展使其焕发出新的魅力。保守思维也有助于传统审美观在消费者中的传承，延长服装的生命力。

2.逆向思维 常规思维的对立面是逆向思维。逆向思维相较于前者，常表现为反传统的逆反思维方式。它所产生的设计作品推陈出新，给人以耳目一新的感觉，让作品更显得标新立异、富于个性化。

3.自由思维 自由思维指的是突破常规思维，向立体的四周无限扩散的思维方式，它是纵向、横向以及多向思维的综合。此种思维形式不受既有风格、题材、款式、色彩、面料等元素的限制，设计思维更加驰骋，天马行空。设计时可以多方位、多视角思考和解决问题。这种思维方式更多地运用在创意装的设计中。

4.意向思维 意向思维指的是一种有明确意图和目的的思维模式。一般是针对大众化的成衣市场而言的。它所针对的设计目标很明确，这就要求设计师能够准确把握市场和消费对象，紧贴流行，引导消费者的购买行为。但对于创意装的设计来说，这种思维方式则显示出其局限性和消极性的一面。它易把设计师的思维禁锢在一个习惯性的框框中，难以突破。

二、服装设计的构思方法

对于接受服装专业学习的学生来说，对设计的领悟与创新更需要行之有效的构思方法，来适应自己的专业学习。如何开拓设计思维，探求灵感来源，不断创新，这都需要不断地学习体验。下面介绍三种常见的服装设计构思方法：

1.联想法 对于拓展思维，联想法是个不错的选择。这是一种线性思维方式，指的是由甲事物联想到乙事物的一种思维方式。

2.仿生法 "仿生"一词，现已广泛运用于科学研究的各个领域。对于服装设计而言，它是一种根据仿生对象的外形、色彩、意境等元素进行构思的方法。大千世界提供了广阔的素材供我们随时汲取使用，而我们则要发挥想象力和创造力，根据仿生对象的特征进行无限的构思设计。

3.借鉴与模仿的方法 借鉴与模仿对于服装设计来说，是一种较为快捷讨巧的构思方法。尤其对于初学者来说此种构思方法有利于快速地掌握服装设计的规律，少走弯路。借鉴与模仿既有相同之处，又有其各自不同的特征。

　　模仿是对已有款式做局部的改进，使其更符合消费者的要求。其改进的款式与旧款之间有着延伸性。在一些服装品牌中，常会有几款在市场销售业绩评价较好的款式。对于这种较经典的款式而言，设计师就会采用模仿的手法，在保留其原设计的基础上，根据市场流行的变化，只对其细节、配饰、面料等进行调整。这样，既保证了产品的市场利润，又节省了设计成本。

　　借鉴与模仿虽有相似之处，即它们的设计都有着参照的对象。但它们也有着本质上的区别，借鉴的设计参照物可以是服装也可以是服装以外的任何物品，并在设计参照物的基础上，取其部分元素来设计新的造型；模仿则主要针对某服装造型，并在设计参照物的原型基础上发展而来的，很大程度上保留了原款的风格特点。

三、服装设计的出发点

（一）从设计主题出发

　　设计主题是指设计的中心思想，它是设计主要的线索。我们看到的大多数服装设计大赛都会为参赛选手设定一个主题。如图5-2所示是"乔丹杯"设计大赛参赛作品，大赛主题为"运动的激情"。

（二）从设计风格出发

　　夏奈尔曾经说过："流行转瞬即逝，而风格永存。"从风格出发，能体现出一个设计师或一个品牌的个性特征，形成有别于他人或其他品牌的标志性特征，如图5-3所示。不同时期香奈儿风格的套装。风格的形成与固定在一定程度上标志着设计师和品牌的成熟。因此不论是设计师，还是品牌，都在风格的形成与延续上做着不懈的努力，以达到突出自我，延续设计魅力和品牌生命力的目的。

图5-2　乔丹杯

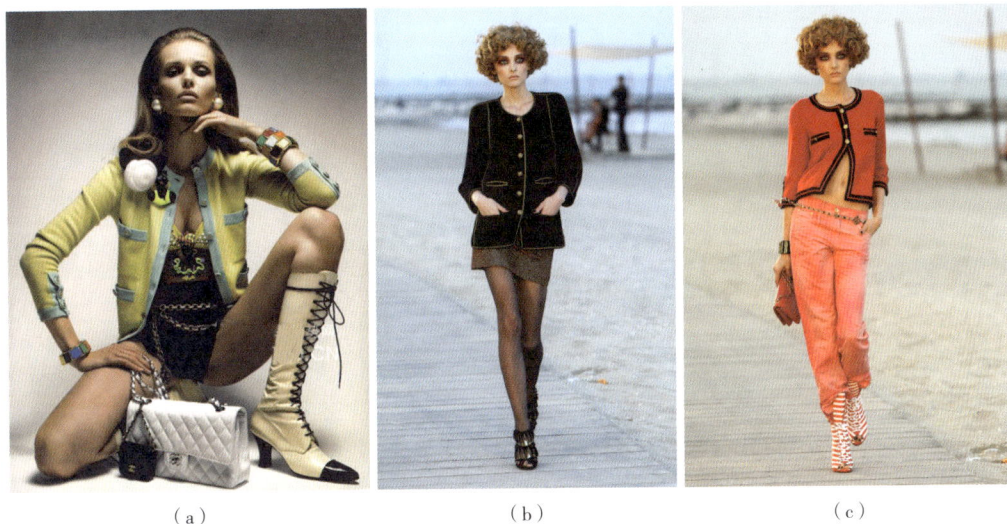

（a）　　　　　　　　　（b）　　　　　　　　　（c）

图5-3　品牌的个性特征

（三）从功能出发

这是以服装的使用功能为首要点的构思方法，它根据人们从事不同职业，出席不同场合，适应各种时间以及行程活动等特征展开构思进行设计。除了常规的生活服装之外，有很多以功能性为主的服装种类。

（四）从色彩出发

在服装的三要素中，色彩设计是最具视觉冲击力，也是颇见功力的一个设计元素。从色彩出发，可以让服装从视觉上更好地和谐统一，视觉效果饱满，富有冲击力。色彩设计上的优势会让设计者的风格更鲜明。

（五）从造型出发

从造型出发，是设计师最常用的构思方法。使用这种构思方法，设计师往往从服装的外轮廓着手，再逐步向局部、细节慢慢延伸，直至整件作品完整丰满起来。时代不同，人们对造型的欣赏有着雅俗、美丑之分。设计者要注意观察总结，充分考虑到形式美法则的要求，照顾到整体与局部造型的关系。常见的造型分类有几何法、字母法、象形法等，如图5-4所示。

（a）　　　　　　　　　　　（b）

图5-4　形式美法则运用到造型

（六）从图案、纹样出发

各种图案、纹样是很多设计师灵感的来源，这一元素的运用也比较常见。在设计时搜集创作元素，民族元素中最主要的借鉴元素就是图案、纹样。图案、纹样的题材丰富，有民族的、现代的、前卫的、童趣的，如图5-5所示。

（七）从材料出发

有人说"现代设计就是服装材料的设计。"这种说法虽有些偏颇，但从一定程度上说明了在服装设计中，面料的选用占据了极其重要的地位。设计构思的最终实现从很大程度上取决于面料的选用，而面料的选用还要求设计师具备一定的专业知识和经验。

（八）从工艺出发

服装工艺是指在服装造型完成过程中所需的各种手段，它不仅仅是服装各部分的联结方式，有时还是服装整体的重要装饰手段。工艺水平的高低直接影响到服装设计意图的完整表达。在成衣制作中，工艺的合理安排会影响到生产成本和服装品质的高低，因此在设计中从工艺出发，也是不可忽视的。

图5-5　图案、纹样的合理运用

四、服装设计的主要方法

服装设计的方法因人而异，但总有一些规律性的东西可供参考。这些方法的熟练掌握与应用，可以让学习者更快更好地进入专业设计实践工作。对于服装设计方法来说，它不但是一种技术手段，它更是实践经验不断积累的成果。设计方法的总结与应用会因为侧重点不同，得出不同的结论。常用的设计方法有如下几种：

1.同型异构法 这是一种在服装造型不变的基础上，改变其内部结构，如装饰线、拼接部位、装饰部位、工艺手段、色彩搭配等设计元素，从而衍生出多款设计的方法。如图5-6所示，是通过改变色彩搭配衍生出的多款设计。

2.整体法 整体法是指从事物的整体出发，先确定事物的整体框架，再从事物的各个局部开始进行配合，逐步展开并完善的设计方法。这种设计手法更易对作品进行整体把握，全局统筹。如图5-7所示，先设定整体色彩方案，再进行具体的设计搭配。

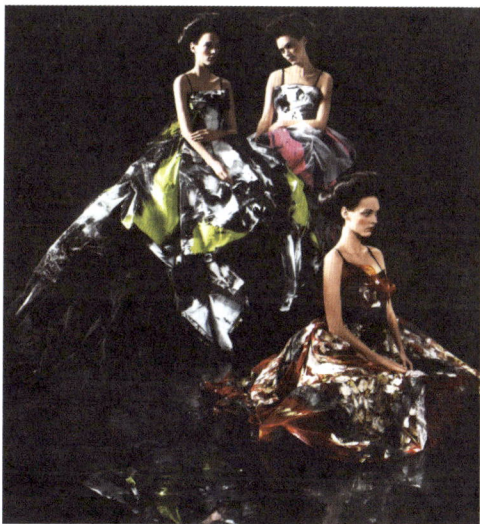

图5-6 同型异构法

图5-7 整体法

3.局部法 局部法是指设计从服装的某个局部开始，先确定服装的某个局部造型，逐步延伸服装整体设计的方法，这是一种以点带面的设计方法。

4.反对法 反对法是以逆向思维为构思开始，从问题的对立面出发，进行创新的设计方法。这种方法标新立异，个性鲜明，易达到出其不意的效果。反对法可以是形态上的反对，也可以是意识上的反对；可以是造型上的反对，也可以是风格上的反对。如图5-8所示，将内衣设计元素大胆运用在礼服设计中即是反对法的应用。

（a）　　　　　　　　　（b）

图5-8　反对法

5. 结合法　结合法是指将两种或两种以上原有事物的功能结合起来，产生复合功能。在现代社会中，生活节奏越来越快，交际场合越来越多，这就要求服装的适应性也要随之提高。在这种需求下，采用组合法设计的服装就受到了大众的喜爱。如图5-9所示，是领圈与帽子的结合。

6. 加减法　加减法是指增加或删减原有事物中必要或多余的部分，使其复杂化或简单化。服装设计在其造型手段的应用上，无外乎做的"加法"与"减法"。设计师根据流行的变化，增加或减少服装上的设计元素，改造服装的部分特征，包括款式造型、装饰手法的变化等。所表现的外在特征为"简洁"或"繁复"，使用时，视具体情况灵活使用。如图5-10所示，为简洁和复杂。

（a）简洁　　　　　　（b）复杂

图5-9　结合法　　　　　　　　　图5-10　加减法

7. 追踪法 追踪法是以某一设计灵感或设计元素为中心，在设计出一款之后，思维不会就此停止，而是继续追踪其相关事物加以分析整理，不断产生新的设计造型的方法。这种方法能够将设计思维进行最大限度的发散，使设计更好地得到拓展，提高设计的速度和数量。从而适应工作中大量的设计任务，这在成衣设计中是十分有效的。如图5-11所示，为2008/2009秋冬巴黎Chanel系列女装。

图5-11 追踪法

8. 调研法 这是成衣设计中常采用的方法之一。它是利用调研的手段来收集市场的反馈信息，并以此为依据改进设计的方法。这种方法有助于设计产品更加符合市场的流行趋势，保证产品销量。

9. 限定法 限定法是指在一定条件的约束下进行设计的方法。在成衣的设计中，设计师的设计行为并不是随心所欲的，他要经常受到来自各方面的约束。设计限定的因素有很多，大体分为三大部分，一是来自消费者的要求，主要包括流行色彩、款式、面料、功能等方面；二是来自客商的要求，像工艺、成本、号型等方面；三是来自生产商的要求，如库存面辅料、工艺等方面。

10. 变更法 变更法指的是改变服装中原有的某个环节或组合形式，产生新的款式造型的方法。采用变更法进行设计时常从服装的色彩、材质、造型等角度进行设计。

五、服装构思的表达方法

灵感有时容易像火花一样转瞬即逝，而由此产生的设计构思在脑海中也往往常被遗忘。能将设计构思很好地保存并适时表达出来，这也是对设计师基本素质的一种要求。设计构思表达有两种基本形式：

1.图稿的形式　设计师应具备一定的专业绘画技巧，利用草图速写的形式能快速记录构思，并辅以相关的文字说明。之后，进一步用效果图的形式加以完善细节，以便指导设计，如图5-12所示。在现在，更多服装公司的设计人员更热衷于用专业的电脑软件，如Adobe Photoshop、Corel DRAW及服装CAD等来绘制服装款式图，如图5-13所示。

图5-12　效果图

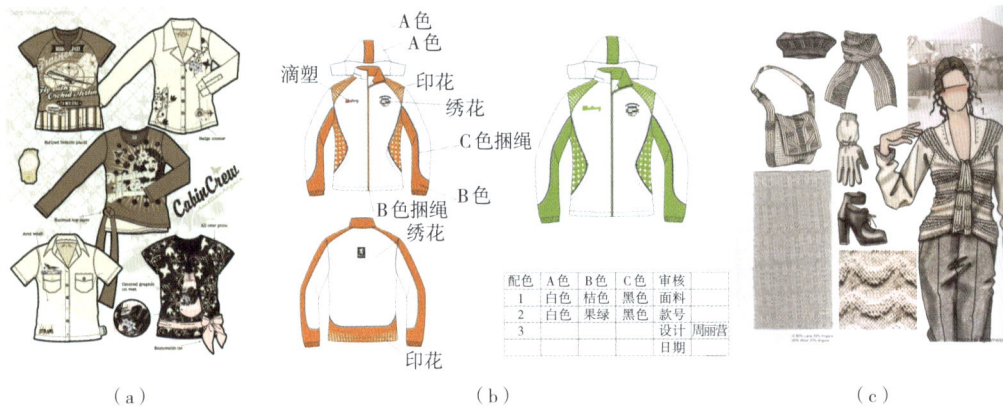

（a）　　　　　　　　　　（b）　　　　　　　　　　（c）

图5-13　电脑绘制

2.实物形式　实物的表达形式一般是使用立体裁剪的方法对款式进行表达，这一方法具有更为直观形象的特点。它适用于一些造型复杂，装饰部位结构立体化，平面难以准确、到位表达的款式。尤其是礼服的设计，如图5-14所示，效果图往往会服从于实际操作时带来的效果，而裁剪过程中又会解决很多设计构思时的漏洞，并能引发设计师新的设计灵感。由于这种方法的可操作性，要求设计者要具备一定的动手能力和创新能力。

图5-14 礼服的设计

第四节 服装设计表达

一、服装设计艺术表达——时装画

时装画是以服装为载体的艺术表现形式，它借助于服装以及人体的造型，通过色彩、肌理、结构、形态等表达其多种多样的服饰时尚和审美内涵。正因为服装本身具有艺术性与技术性的双重性质，时装画的审美既是艺术的又是技术的，既能够解读时装的功能与设计，又能够表达画作的人文情怀。

　　手绘时装画属于艺术设计的研究范畴，与其他艺术设计门类相同，手绘时装画需要将素描、色彩等基础学科作为功底。在表现形式与表现方法上借鉴吸收诸多相近艺术元素，例如国画的线描、渲染、水墨、重彩等风格要素；油画的用色、构图等技法要素；装饰画、版画、插画等丰富的艺术表现元素。这些艺术门类的跨界研究为现代时装画的发展提供了无限的可能性与广泛的空间，也在一定程度上构成了时装画的丰富性、多样性与时代性。

　　学习手绘时装画，首先是深入了解时装画人体的绘制方法，其次是了解彩铅、水彩、马克笔等不同工具的基本技法，并加以灵活运用。基于时装画的功能性与服装产业的需求，手绘时装画还需要了解各种不同时装面料的绘制技法，如牛仔布、丝绸、呢绒、格纹、迷彩、印花等图案面料，以及钉珠镶嵌、绗缝、缩缝等工艺的表现技法。此外，不同类型服装的表现效果则可以用不同的绘制工具、技法以及风格来进行区分。

二、时装画不同工具的表现技法

（一）不同工具的介绍

　　1.彩铅工具及基本技法　彩铅携带便利、色彩丰富、容易驾驭，是初学时装画和快速表现的最佳工具之一。彩色铅笔与素描笔类似，因此表现技法可以借鉴素描方法。彩铅的优点在于层次丰富，笔触细腻，混色效果生动自然，缺点则在于色泽比水彩、水粉等工具略显暗淡，色彩浓郁度较差。

　　彩铅常常与其他工具搭配使用。例如，彩色铅笔与钢笔结合表现钢笔淡彩效果；彩色铅笔与水彩结合既可以丰富色彩、又能够弥补水彩缺乏的细节部位刻画。

　　2.水彩工具及基本技法　水彩颜料的透明度高，色泽鲜艳、亮丽。水是主要的调和媒介，通过对水分的控制与掌握，能够形成干、湿、浓、淡的不同变化，产生很多意想不到的效果，增加画面的艺术性。根据水彩颜料的特性，水彩时装画能很好地展现透明、清晰的色调、生动活泼的笔触和淋漓畅快的画面效果。

　　通过颜料与水不同比例的调配，并配合晕染、洗、叠色、遮盖等技法，能产生丰富多变的效果。只有熟悉水彩颜料的特性与各种绘画技法后，才能将其熟练地应用于时装画中。

　　3.马克笔工具及基本技法　马克笔基本工具：马克笔根据墨水性质可以分为油性与水性两种：油性笔覆盖力较强，色彩比较均匀；水性马克笔的色彩透明，可以通过笔触叠加来加深色彩，也可以通过白色减淡色彩。马克笔还可以按照笔尖形状分类，常见的有极细马克笔、细头马克笔、粗型扁头马克笔和软笔等。另外钢笔、针管笔等工具是马克笔时装画的重要辅助工具。

（二）不同工具绘制时装画案例

1. 彩铅时装画绘制案例（图5-15）

2. 水彩时装画绘制案例（图5-16）

3. 马克笔时装画绘制案例（图5-17）

图5-15　彩铅时装画绘制案例　　　　图5-16　水彩时装画绘制案例　　　　图5-17　马克笔时装画绘制案例

三、时装画的人体基本结构

　　人体是时装画学习中最为重要的基础，无论是在比例接近正常人体的商业时装画中，还是在夸张变形的创意时装画中，人体结构都是画面表现的关键。即使是在创意时装画中，变形与夸张也是在遵循人体结构的基础之上进行的艺术加工。不准确的人体结构会严重降低时装画的品质，影响作者创作意图的传达。

　　学习人体结构最重要的三点是比例、结构与动态，能够熟练使用适当的比例、精准的结构与轻松的动态是学习的最终目标。

　　人体的基本比例是将人体的头部作为一等份，从头顶到足跟均匀分为七等份，这是七头身标准比例的划分方式。其中，从下巴至肚脐约为两头长；盆腔约为一头长；肚脐至膝盖约为两头长；膝盖至足跟约为两头长。但对于时装画而言，更需要展现理想的人体比例，时装画常用的比例为八头身或九头身的比例，如图5-18所示。

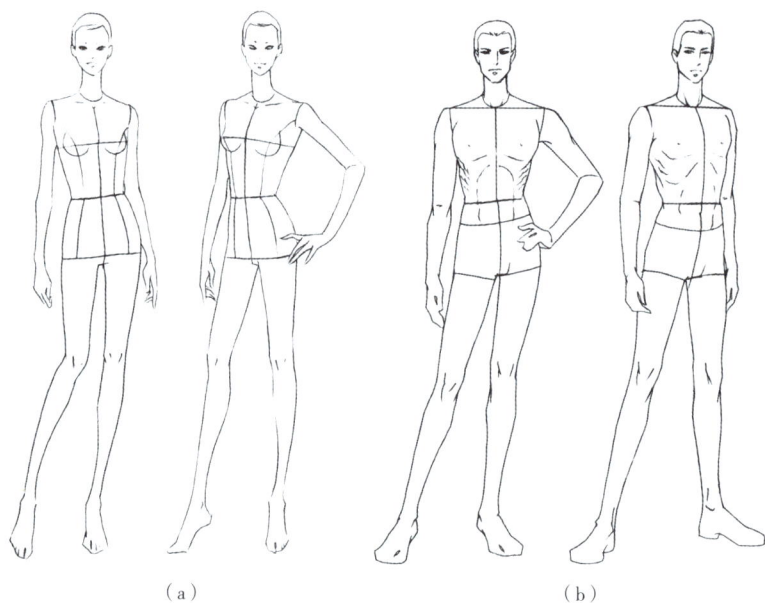

（a）　　　　　　　　　　　　　（b）

图5-18　人体比例

四、时装画的表现风格

（一）写实风格

写实风格的特点是细腻逼真，通过运用水粉、水彩和素描等多种表现技法，对画面人物造型、五官结构、明暗关系以及面料质感等进行细致准确的描绘，因此对于作者的绘画基本功要求较高，如图5-19所示。

（二）速写风格

速写风格常用在设计草图和设计手稿中，是一种简便、快捷的表现方式。以速写的语言来表现时装人物时，应在高度的概括和艺术性之间寻找平衡，如图5-20所示。

（三）动漫风格

动漫风格顾名思义就是动画和漫画风格的时装画，这种风格的时装画往往具有独特的人物造型，相对夸张的人体或服装，画面富于趣味性和新鲜感，如图5-21所示。

图5-19　写实风格

图5-20　速写风格　　　　　　图5-21　动漫风格　　　　　　图5-22　装饰风格

（四）装饰风格

装饰风格的时装画因其手法单一并且具备装饰画的审美特点，通常具有较强的视觉冲击力，多用于时装插画和时装海报中。它具备多种装饰性的元素，如概括的人物形象，平面化的绘画手法，大色块的对比，富有情趣的服饰图案和细节处理。它主要用来表达一种情绪或者特定的氛围，展现服装设计的思想内涵，如图5-22所示。

五、时装画的电脑表现技法

计算机技术的发展让电脑辅助绘制时装画一度成为行业的热点，随着电脑设计软件的普及与成熟，各大企业及相关比赛对服装设计效果图的要求也越来越高。使用电脑绘制服装设计效果图，能够充分展现出设计师的设计理念及设计构思。对于初级服装设计师或服装设计专业的学生来说，更要学会将电脑运用到所学专业中。在现阶段的服装设计中，运用较为广泛的软件为Adobe Photoshop和Adobe Illustrator，也即PS和AI，PS多用来画效果图，而AI则多用来绘制款式图。

第五节　服装分类设计

一、常见的服装分类方法

服装发展至今，逐渐形成了不同的类别。常见的分类方法是从约定俗成的、在服装的流通领域易被接受的角度对其进行分类：

（一）按性别、年龄分类

服装按性别分为男装、女装、中性服装，按年龄分为婴儿服装（0~1岁）、幼儿服装（2~5岁）、学龄儿童装（6~12岁）、少年装（13~17岁）、青年装（18~24岁）、成年装（25岁以上）、中老年装（50岁以上）。

（二）按季节气候分类

不同地域的服装其季节特征有所不同，在我国，服装的季节可分为初春、春、初夏、盛夏、夏末、初秋、秋、冬。

（三）按用途分类

1.社交礼仪　在婚礼、葬礼、应聘、聚会、访问等正式场合穿着礼仪性服装。西方的礼服可分为日间礼服和晚间礼服。社交服的用料非常高档，设计时需符合穿着者的身份、体态和风度，做工精致，形式一般采用套装或连衣裙，如婚礼服、丧礼服、午后礼服、晚礼服等。

2.日常生活类　日常生活类服装是在普通的生活、学习、工作和休闲场合穿着的服装，包括的范围较广，由于穿着的环境不同，有时略带正统意味，有时也比较轻松、时尚，如上班族、休闲装、学生装、家居服等。

3.职业装　职业装指用于工作场所而且能表明职业特征的标志性服装。根据职业特色、场所的不同又可分为职业时装和职业制服。

4.运动服　运动服是指人们在参加体育活动时所穿着的服装，可分为专项竞赛服和活动服两大类。专项竞赛服要适合不同竞技项目的特点、运动特色，而且要有代表参赛团体的标志。如田径服、网球服、体操服、登山服、击剑金属衣等；活动服是人们进行一般体育活动时穿着的服装，如晨间锻炼的运动衣裤。运动服对服装的功能性、透气性、吸湿性要求非常高。

5.舞台表演装 舞台表演装也称演出服，是根据舞台演出的需要或帮助演员塑造角色形象，统一演出的整体风格而设计的一种展示型的服装，常以独特的装饰或夸张手法达到令人惊叹的效果。

（四）按民族分类

欧美地区传统和现行的西式服装是当今服装设计的主流，但世界各地都有典型民族特色的民族服装，如中国的旗袍、唐装，日本的和服，韩国的朝鲜服，这些都是人类文明的宝贵财富。

（五）按流通层次分类

流通层次可分为成衣和高级时装两大类。所谓成衣是指按一定规格和标准号码尺寸批量生产的系列化服装，是20世纪初伴随着缝纫机的发明进步而出现的服装制作形式，成衣又有普通成衣和高级成衣之分，普通成衣面向普通大众，价格较低。高级成衣在一定程度上保留或继承了高级定制的特点，针对中高级目标消费群的职业、文化品位以及穿着场合等进行小批量、多品种和适应性的设计。普通成衣与高级成衣的区别，除了其批量大小、质量高低外，关键还在于设计所体现的品位与个性。

高级定制服装又称为高级时装，最初源于19世纪中期欧洲上流社会和中产阶级为消费对象的高价奢侈女装，是指由著名设计师设计，并针对顾客体型量体裁衣，适合高层次的个性化消费需求。设计风格独特、用料考究、精湛的手工制作与工艺、昂贵的价格是高级定制服装的主要特点。

（六）按设计目的分类

可分为销售型服装、发布用服装、比赛用服装和特殊需求服装。销售型服装首先是商品，设计时要考虑工业化批量生产的可能性与降低成本等因素；发布用服装一般是为了阐述品牌理念，流行预测或进行订货的服装。

（七）按风格分类

流行风格是设计师构思设计时所制订的总体方向，表现为风格主题倾向，是设计师对流行的总体把握。

现代时装设计中，常见的流行风格主题有简约主义风格、军服风格、好莱坞风格、西部风格、街头风格、多层风格、透视风格、男孩风格、朋克风格、嬉皮风格、雅皮风格、民间服饰风格、波希米亚风格、几何线性风格、解构主义、古典风格、哥特式风格、巴洛克风格、洛可可风格、超短风格、异国情调装束风格、Hip-Hop风格、超大风格、印第安风格、波普风格、无性别风格、纯情风格等。

二、分类设计的意义与原则

（一）分类服装设计的意义

设计者在设计之前全面、细致、准确地理解各种形式的设计指令，才能得出令人满意的设计结果。分类服装设计是对分类服装提出总的设计要求，设计者应该在对单项的、总的设计要求理解的前提下，对某个具体设计指令进行多方位的"设计扫描"，得出一个既综合多项设计要求又针对该设计指令的最佳设计方案。

（二）分类服装设计的原则

无论设计何种服装，均要掌握三项总的设计原则。

1.用途明确　这里的用途是指设计的目的和服装的去向。明确了服装的用途，设计才能有的放矢，准确击中目标。

2.角色明确　角色是指具体的服装穿着者，除了年龄性别外，还应该对穿着者的社会角色、经济状况、文化素养、性格特征、生活环境等进行分析，批量生产的服装是求得穿着者在诸多方面的共性，单件定制的服装则要找出穿着者的个性，并且要注意穿着者的身体条件。角色明确是在用途明确的基础上进行，但没有明确的角色仍可进行设计构思，尽管会在穿着方面带有一定的盲目性，却并不影响服装的存在；没有明确的用途则无法进行设计构思，因为不知道穿着者想要什么。

3.定位准确　定位包括风格定位、内容定位和价格定位。风格定位是服装的品位要求，内容定位是服装的具体款式和功能，价格定位是针对销售服装而言，合理的产品价格是设计者应该了解的内容。

三、专项服装设计

（一）职业装设计

职业装是表明穿着者职业特征的服装，根据其功能、穿着目的分为职业时装、职业制服、特种职业装三大类。

1.职业时装　职业时装是指从事白领工作的人穿着的具有时尚感和个性感的个人消费类服装。职业时装中的男装大多以经典的西装与衬衣领带的搭配为主，随着服装界运动休闲风格的影响，西装的面料、造型、细节、工艺发生了改变，从"正式"礼服趋向休闲，成为男士职业时装的首选。

2.职业制服 职业制服是指按一定的制度和规范进行设计，以标识职业特点和强化企业形象为目的的服装。从功能、穿着目的等方面可划分为服务性行业和非服务性行业制服两大类。前者如金融、宾馆、餐饮、美容、商业等，如图5-23所示。后者如军服、警服、科技、卫生、行业服装等。职业制服多由主管部门统一制定发放，设计时一般不考虑年龄。职业制服具有以下设计原则。

图5-23 空姐服装

（1）独特鲜明的标识性与系列性。职业服装的标识性，在于其能够反映不同的职业及职别，显示不同职业在社会中拥有的形象、地位和作用，在引导和激发员工对本职工作的责任心和自豪感的同时，形成强烈而鲜明的集团形象。在现代社会，传统的以产品求发展，以质量求生存的企业理念已不能满足消费者更高层次的需求，以传达、推广企业形象认知为目标的CI（Corporate Identity）系统的策划与塑造，对企业的发展、企业文化和精神的确定，以及品牌权威的树立都十分重要。

（2）与职业活动协调的技能性。职业服装的穿着目的是为适应职业活动和工作环境的需要，服装要通过舒适合理的使用和防护性能，将员工的生理、心理调整到良好的状态，进一步提高工作效率，如夜行交警服上的荧光条纹嵌饰、清洁工人的橘红色服饰色彩都是为了引起车辆的注意。

（3）经济实用性。职业制服最基本的特征是它的实用性，设计时要考虑服装的舒适合体、穿脱方便、易于活动和适合工作等特点。同时要考虑到职业制服的大批量性，应在美感、功能前提下，尽可能降低生产成本，具体实施时可以从面料的选择、款式、结构、工艺的复杂程度等处着眼。

（4）审美性。职业制服除满足职业活动的需求外，其款式设计的变化推新等审美性也不容忽视。工作的美丽不仅体现在劳动本身，适当美化的职业制服，不仅能激发人们的工作热情，增加视觉感官的愉悦，减少劳动操作的紧张乏味，更能起到点缀空间和美化环境的效果。

3.特种职业装 特种职业装是在特殊工作环境下穿用，以保障穿着人员工作时的安全和舒适，具备某些特殊功能的服装，有时又称特殊类服装。根据不同的防护功能可分为防尘服、防火服、防水服、防毒服、避弹服、迷彩服、潜水服、宇航服等，如图5-24所示，特种职业装具有以下设计原则。

图 5-24　特种职业服装

图 5-25　休闲装

（1）功能性。设计特种职业装应充分考虑到运动功能性和保护身体功能性的特殊需要，突出其功能性的用途。设计时要密切结合人体工程学，方便身体的屈伸活动，保护身体的重要部位，可采用加层、封闭式或密闭式设计；衣袖、衣摆及裤口最好有调节松紧的部件。选用材料应质轻，穿着舒适，以避免行动不便或消耗体力过大。

（2）款式色彩。特种功能的服装崇尚实用功能性的造型结构，力求以最简单有效的手段取得最大的功能效益。款式设计应注意轮廓清晰，线条简洁，结构科学合理。色彩选用不能盲目选择，应从作业性质、环境条件、穿用季节、材料质地以及人们的心理等方面考虑。如防尘工作服，面料应以白色或淡色为主，以便及时发现污染物，保持洁净。

（二）休闲装设计

休闲装，又称便装，是根据现代生活方式衍生的具有舒适、轻松、随意、富有个性的服装，如图 5-25 所示。社会发展的高度机械化，造成了紧张而单调的生活方式，轻松和自然成为人们的渴望和追求，这种心态反映在着装上就是对休闲装的喜爱。不同层次的消费者，对休闲装的风格追求也不尽相同。一般来说，休闲装根据风格可分为前卫休闲、运动休闲、浪漫休闲、古典休闲、民俗休闲和乡村休闲等。

1.前卫休闲　前卫休闲是休闲装设计中最顶尖的时尚，时髦、新奇甚至是另类、怪异，通过与众不同的构思表达独特的设计感。采用新型面料，风格偏向未来型，比如用闪光面料制作。

2.运动休闲　20 世纪 60 年代，法国设计师安德烈·库雷热（André Courrèges）在男装设计中加入了运动元素，改变了传统观念上运动装只能作为运动专用服的概念，从此运动风格成为非常重要的设计方向，并且带动了人们生活方式的改变，自由清新的户外运动与休闲旅游的概念产生并与运动休闲服装的发展相互渗透、影响，出现了沙滩装、登山服、马球衫、高尔夫装、遮阳镜等服装、服饰。此类服装一般采用适合人体活动的外形轮廓（H型），面料舒适透气。

3.古典休闲装 古典休闲装在设计上以合理、单纯、节制、简洁、平衡为特征，具有唯美主义倾向的艺术思潮。面料及图案，受流行左右较少，裁剪制作精良、面辅料选用较高档。表现在服装上比较正统，保守，款式简洁，喜用素色，在服装设计中，任何构思单纯，端庄、典雅、稳定合理的设计都认为是古典主义。

4.商务休闲 商务休闲装以夹克、衬衫、T恤、毛衫等为主。与普通休闲装不同，商务休闲装选料精细，裁剪讲求合体修身，一眼看上去就颇具档次。而且，在色彩上，商务休闲装打破男装传统的"黑、白、灰"，而大胆采用清新明快的米色、黄色、粉色等，并加入了不少时尚流行元素，彩色花格、条纹、几何图案的运用，使整体风格显得自然随意，比西装等正装穿着、搭配更为自由。在面料上，采用水洗、免烫等面料，服装外形挺括而且易于保养。这些都成为商务休闲装走俏的主要因素。

（三）礼服设计

礼服（也称社交服），原是参加婚礼、葬礼、祭祀等仪式时穿着的服装，现泛指参加某些特殊活动，如庆典、颁奖、晚会和进出某些正式场合时所穿用的服装。礼仪用装美丽、得体，又要表现出穿着者的身份，又能表现出形体美与场景的适应性。

1.一般社交礼服 一般性社交礼服是人们进行交往活动时的装束，如聚会就餐、访问等场合穿着的服装。与传统的正式礼服相比，款式、选材比较广泛，风格优雅、庄重，造型也比较舒适实用，如一些裙装、长裤套装、裙裤套装。

2.晚礼服 晚礼服是夜间的正式礼服，是出席正式宴会、舞会、酒会及礼节性社交场合时的正式礼服，是礼服中最正规、庄重的礼服，女装多采用露肩、袒胸长裙的形式，男装一般着燕尾服。

女子晚礼服在造型、色彩、面料、细节等方面都非常讲究，丰富的廓型设计如S型、X型、A型、Y型勾勒出女性的形体美。选用飘逸、柔软、透视的丝绸如闪光缎、塔夫绸、蕾丝花边等高档面料，配以刺绣、钉珠、镶缏、褶皱等装饰手法，如图5-26所示。

3.婚礼服 婚礼服是指在举行婚礼仪式时，新娘、新郎及其他人员如伴郎、伴娘、嘉宾等穿着的礼仪服装，尤其是新娘服装是整个婚礼服设计的重点。在西方国家，新人的婚礼在教堂中举行，接受神与众人的祝福，是非常神圣的仪式，且白色又被视为纯洁的象征，所以新娘的礼服以白色裙装为主，款式多采用连衣裙形式，如图5-27所示。

我国的婚礼服以传统旗袍和中式服装为主，面料多采用织锦缎、丝绸，色彩一般选用大红色，象征着喜庆、吉祥，寓意着婚姻生活幸福美满。

4. 创意礼服　创意礼服指在礼服基本样式的基础上加入诸多创意设计元素的一种设计形式。创意礼服的发挥空间比较大，能够表达设计师更多的想法，故受到许多设计师的青睐，如中国的设计师张肇达、吴海燕、凌雅丽、郭培等。

图 5-26　晚礼服

图 5-27　婚礼服

（四）内衣以及家居服装设计

内衣是女性不可缺少的服装，广义而言只要是穿着在最内层的都称为内衣。内衣具有保护肌体，表现优美体型和重塑身型等功能。随着社会的进步，人们对生活品质的追求逐渐提高，内衣已成为服装中的重要组成部分，内衣设计趋向多样化、流行性，并且，男性的内衣也越来越多地受到商家和消费者的广泛关注。20 世纪 90 年代，内衣外穿风貌流行，表现为内衣形式的时装化，设计师将内衣设计元素（紧身胸衣结构、吊带、蕾丝花边、透明面料等）运用到日常服装的设计当中，并与其他服饰混搭，使内衣设计外衣化。

内衣按功能主要分为三大类：矫形内衣、贴身内衣和装饰性内衣。

家居服是指从事家务劳动、居家休息、娱乐时穿着的便装，主要有睡衣、睡裙、浴衣。

（五）针织类服装设计

针织服装指以线圈为基本单位，按一定组织结构排列成形的面料制作的服装，而机织类服装面料是由经纬纱相互垂直交织成型的面料，针织面料以其面料的特殊性，造型的简练，工艺流程短等特点区别于机织面料服装，如图 5-28 所示。

针织服装质地柔软、弹性较大，穿着舒适、轻便，可以充分体现人体的曲线美，并且具有很好的透气性和保暖性，满足现代人崇尚休闲、运动、舒适、随意的心理，顺应流行趋势，变得更加时装化，成衣化。进行针织服装设计时应突出面料特有的质感和优良的性能，采用流畅的线条和简洁造型，款式不宜太过复杂，可从肌理效果、色彩、图案、装饰上多加考虑，取得较理想的效果。

（六）童装设计

儿童时期指出生到16岁这一年龄阶段，包括婴儿时期、幼儿时期、学龄儿童时期、少年时期四个阶段。童装即是以这四个年龄段儿童为对象所制作的服装的总称，因此儿童装的设计定位要随着每个成长期而有所变化。现代意义的童装设计与成人服饰一样，不只满足于功能方面的需要，要融入更多时尚文化元素，营造和谐、丰富多彩的着装状态。

图5-28　针织类

1.婴儿服装　从出生到1周岁称为婴儿期，是儿童生长发育的显著时期。婴儿期是人一生中最娇嫩脆弱的时期，因此，婴儿装设计有其独特的要求。婴儿装造型设计总的要求是造型简单，以方便舒适为主，需要适当的放松度，以便适应孩子的发育生长。婴儿装色彩一般以白色、浅色、柔和的暖色系为主，可以适当装饰一些图案，有时使用深蓝色、黑色、咖啡色等常用色，但是相对较少。由于婴儿皮肤娇嫩，婴儿装面料应选择柔软且具有良好伸缩性、吸湿性、透气性和保暖性的精纺天然纤维，以全棉织品为最佳，如纯棉布、绒布等柔软的棉织物等。婴儿睡眠时间长且不会自行翻身，因此衣服的结构应尽可能减少缉缝线，不宜设计有腰节线和育克的服装，不致损伤皮肤。婴儿没有自理能力，婴儿装设计的另一要点是强调结构的合理性和安全性。婴儿装上的图案比较简单，尽量选择温和、可爱的图案，色彩相对柔和淡雅，但出于安全性考虑，工艺要求比较高。

婴儿装品类一般有罩衣、连身衣、组合套装、披肩、斗篷、背心、睡袋、围涎、尿不湿、帽子、围巾、袜子等。

2.幼儿服装　1~5岁为幼儿期，如图5-29所示，这个时期的儿童，身高体重迅速增长，体型特点是头大、颈短、肩窄、身体前挺、腹部凸出。幼儿活泼好动，对服装造型的便于活动性、结构工艺的坚牢性以及面料的耐磨性等都有一定的要求。幼儿还有强烈的好奇心，对服装的色彩、图案形象、装饰等开始有了自己的喜好，这些都是童装设计师需要深入了解的

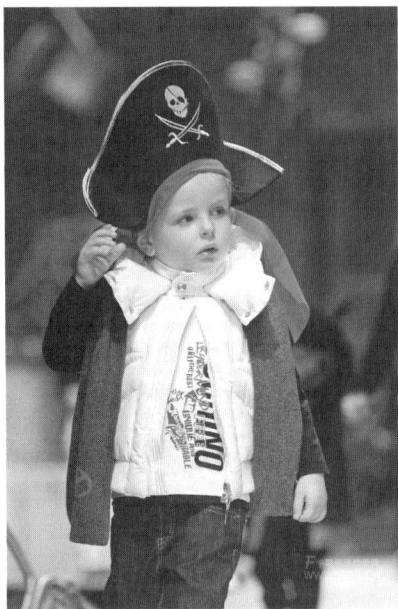

图 5-29　儿童装

内容。幼儿服装设计应着重于造型，造型宽松活泼，轮廓以方型、长方型、A 字型为宜。门襟多设计在正前方，可采用纽扣、非金属拉链等开合方式，以训练幼儿自己穿脱衣服。幼儿颈短，领子应平坦柔软，不易在领口设计复杂的花边。幼儿服装色彩通常比较亮丽以表现幼儿的天真活泼，比如，经常使用活泼而鲜亮的对比色、纯净的三原色，或在服装上加上各种彩色图案，幼儿装也会使用一些粉色系。此外，拼色、碎花、条格面料都能产生很好的色彩效果。

3. 学龄儿童服装　6～12 岁儿童被称为学龄期儿童，这个时期的儿童身高为 115～145 厘米，身高为 5.5～6 个头长，女童身高普遍高于男童，身体趋于坚实、四肢发达、腹平腰细、颈部渐长、肩部也逐步增宽，男、女童的体型及性格已出现较大差异，因而服装设计时要有所区别。学龄儿童服装的设计既要考虑日常生活的需要，还应考虑学校集体生活的需要，能适应课堂和课外活动。服装造型以宽松为主，可以根据体型因素收省道。款式设计不宜过于烦琐、华丽，以免影响上课注意力，设计既要适应时代需要，也不宜过于赶潮流。色彩不宜过分鲜艳，可以强调对比关系，但对比不宜太强烈，以保证他们思想集中。虽可采用图案装饰，但是图案的内容与婴幼儿有所不同，不宜用大型醒目的图案，一般只用一些小型花草图案。面料适用范围较广，天然纤维和化学纤维织物均可使用。内衣及连衣裙可选用棉纺织物。因为此类面料吸湿性强、透气性好、垂性大，对皮肤具有良好的保护作用；而外衣则可选用水洗布、棉布、麻纱等面料，要求质轻、结实、耐洗、不褪色、缩水性小。各类混纺织物也可使用。此阶段儿童的服装款式相对简洁大方，便于活动，针织 T 恤衫、背心裙、夹克、运动衫、组合搭配套装都极为适宜。同时，学生服或校服也是该阶段儿童在校的主要服装。

4. 少年服装　13～17 岁中学时期为少年期，这个时期，儿童的生理、心理状态变化较大，是儿童向青年过渡的时期。少年服装介于青年装和儿童装之间，少年阶段个性倾向明显，所以，少年服装是所有年龄段童装中比较难设计的。少年服装图案类装饰大大减少，局部造型以简洁为宜，可以适当增添不同用途的服装。中学阶段的少年不愿接受过于天真活泼的款式，而款式太过成人化，又显得少年老成，没有了少年儿童的生气和活泼，服装款式要新颖，能很好地表现少男少女朝气蓬勃的气质。色彩不再那么艳丽，多参考青年人的服装色彩，以常用色调为宜。面料可选择性较强，服装的功能不同，面料的性质也随之变化。少年期的体型已经接近成年人，服装结构也接近成年人服装。鉴于这一阶段孩子活动量大的特点，服装工艺上还是讲究牢固、实用，要使用比较宽松的设计，或是分割和拼接设计，在经常摩擦的部位使用一些耐磨、加固工艺设计，各种纯装饰性工艺已经较少。总之设计师要充分观察掌握少年儿童的生理和心理变化特征，掌握他们的衣着审美需求。

（七）比赛服装设计

比赛服装是伴随着运动项目的发展、技术的进步而向功能化、专业化和职业化方向发展。比赛服必须起到适体、耐穿、保护、促进运动等作用，它比一般运动服装对功能性的要求更高，不仅讲究舒适性和高感性，还强调功能性与时尚性的结合。当一名或一队参赛选手出场时，参赛选手的头饰、妆容、服装的款式、颜色以及器械颜色所表现出来的美感，是展现在裁判和观众面前的第一印象，已经成为参赛选手展示自身形象的一面镜子，合适的比赛服装不仅能够体现出参赛选手良好的身体外形与技术风格，也是成套动作主题的表现形式，同时还是裁判员进行评判的重要因素之一。比赛服装可以分为体育比赛、舞蹈比赛、音乐合唱比赛等。

1.面料选择 在功能上，比赛服装面料应选择防压、防磨损、拉伸力大、吸水、透气、防静电、防紫外线等性能的复合材料。对于绝大多数运动项目来说，比赛中身体的汗水必须及时被服装吸收和释放到空气中。同时，为满足比赛中运动的敏捷性要求，比赛服需要便于运动员大幅度运动并能保证腋下、裆部甚至全身的舒适性。

2.款式色彩 比赛服设计必须从运动项目本身的性质特点出发，专业运动服基本可以分为宽松型（如摔跤）、适体型（如射击）和紧身型（如游泳）。根据具体项目的不同可以分为连体式（如体操）、分体式（如乒乓球）、层垫式（如赛车）。有些项目两者均可选用，如田径类项目。

从面料色彩上来讲，首先，比赛服必须易于辨识，以便于观赏、记录成绩、对抗区分、安全监护等。其次，比赛服的色彩搭配要活跃、富于动感，这样可以在很大程度上提高运动员的兴奋度，利于创造佳绩。所以，通常比赛服多选用补色或原色搭配以提高色彩的饱和度，或采用高明度对比色搭配提高服装的辨识度。

3.识别标志性和商业性 比赛服装通常具有标志性。常见的标志有运动员个人信息如姓名、所属队伍等。在当代，很多情况下，比赛服会由某一品牌服饰公司赞助，通常需要在服装上显示该品牌的信息（如 LOGO）以做宣传。在某些国际赛事中，也会运用比赛服为国家或民族文化宣传。

4.比赛服装的时尚元素 比赛服对运动服装时尚的影响是很大的，通常，在大的体育赛事如奥运会后，选手的比赛服会在相当长的一段时间内影响运动服装的时尚动向。然而，这并不意味着比赛服是时尚潮流的领导者。相反，比赛服是一定程度上的时尚潮流的追随者。

在设计比赛服时，顺应当时的流行趋势，适当、合理地将当时的流行元素，特别是服装时尚元素加入比赛服的设计，从而设计出符合时代潮流的款式是十分必要的。

图5-30　演艺服装

（八）演艺服装设计

演艺作为艺术表现的一种形式，不仅对表演者的演技提出了很高的要求，也对演艺服装的设计提出了很高的要求。演艺服装的独特设计通过视觉信号的传递，给观众带来了更加精妙的感受。设计师通过用多样的色彩与各种图案的拼接制成具有特殊意义的演艺服装，在舞台演员精湛的表演下，演艺服呈现出更加鲜明的艺术气息。演艺服装可以分为文艺表演服装和舞台戏剧服装，如图5-30所示。

演艺服装的设计原则是要注重设计的整体性与综合性。演出的创意设计是综合部门集体综合创意的结果，舞台效果、灯光、服装设计、音乐等部门都需要深入参与、相互配合，服装设计需要在充分考虑其他艺术因素的基础上进行设计。

第一，形象元素要夸张。由于表演场地比较大，观众观赏有一定的距离，这就决定了演出的服装设计特点，要能获取视觉上的平衡。第二，色彩对比要强烈。在距离较远的观赏环境下，演出服的色彩选择与搭配对于演出效果来说十分重要。服装设计师在设计演出服装色彩的过程中要选择色彩艳丽、对比强烈的搭配组合，通过舞台的灯光变化来升华主题。大型演出服装色彩更要多彩百变，这是演出服装设计中富有创新的表现形式。渐变或突变的色彩能够形成强烈的视觉冲击力，在演出灯光与音乐的配合下，色彩的变化能够起到让人惊叹的视觉效果。

四、系列服装的设计

服装的系列设计是指设计中由若干件服装形成的一个系列，系列是指表达一类产品中具有相同或相似的元素，并以一定的次序和内部关联性各自完整而相互有联系的产品或作品形式。服装系列设计即服装群的成组设计。在进行两套以上服装设计时，用形、色、质三方面去贯穿不同的设计，每一套服装中在三者之间寻找某种关联性，这就是服装系列设计，如图5-31所示。

图 5-31　系列服装

（一）服装系列的划分方法

1.**同一穿着对象的系列**　如婴儿系列、少女系列、中老年系列等。

2.**不同穿着对象的系列**　如母子装、父子装、情侣装等。

3.**同一系型的系列**　如裙子系列、裤子系列、T恤系列等。

4.**不同类型的系列**　如内外衣系列、上下装系列、三件套、四件套，多种类型衣物组成的七件套、八件套系列。

5.**同一季节的系列**　如春、夏、秋、冬等系列。

6.**同一面料的系列**　采用同一种或同类面料，但款式色彩不同形成的系列。

7.**不同面料的系列**　采用不同面料设计同一类型的服装形成的系列。

8.**同一色彩的系列**　采用同一色彩或同一色系由高级面料设计形成的系列。

（二）系列服装设计原则

1.**服装系列设计中的同一要素**　整体造型或细节、面料色彩或材质肌理、结构形态或披挂方式、图案纹样或文字标志、装饰附件或装饰工艺，以上要素单个或多个在系列中反复出现造成某系列某种内在逻辑联系，使系列具有整体感。

2.**同一要素在服装系列设计中的应用**　同一要素在系列中必须作大小、长短、疏密、强弱、位置等形式上的变化，使款式的单体相互不雷同，也就是每个单体有鲜明的个性，但是个性的介入应当适度，否则群体的共鸣就没有了。

3.服装系列设计中的统一与变化　服装的系列设计在统一、变化规律的应用方面，被赋予了更大范围的统一和更大范围的变化。为了使统一、变化这对矛盾在系列的内部完美结合，通常表现出群体的完整统一和单体的局部变化。依据统一变化的规律来协调好各个要素会产生出以统一为主旋律的服装系列，或以变化为基调的服装系列。

● 思考与练习

1.服装设计的方法有哪些？举例说明。

2.搜集国内知名成功服装品牌的相关资料，对其产品的市场定位、风格、营销方式等方面作出综合分析。

3.目前常用的服装分类方法有哪些？

4.设计一系列3～5款女性白领职业装，要求时尚与古典相结合。

第六章

服装结构与工艺

课题名称： 服装结构与工艺

课题内容： 1.人体特征与测量

2.服装制图符号与号型标准

3.服装结构设计

4.服装工艺制作

课题时间： 4课时

教学目的： 让学生了解服装结构设计和工艺制作所需知识和工作内容。

教学方式： 理论讲授。

教学要求： 1.了解人体特征和人体测量的方法。

2.认识服装制图常用符号和服装号型标准。

3.了解服装结构设计的基本方法和服装工艺制作流程。

课前准备： 预习相关内容，运用所学知识，进行人体测量练习。

第一节 人体特征与测量

一、人体特征

人体是服装形态的基础，是服装造型的依据。为了使服装能符合人的生理特点，让人在穿着时处于舒适的状态和适宜的环境之中，就必须要求服装设计人员充分了解人体的基本构造和基本体型，熟悉人体体型基本数据，并能将人体的运动规律、形态结构的分析与形式美法则结合起来，使自然属性的人体特征，通过合适的服装结构，达到外在美的理想标准。

（一）构成人体的主要部位（图6-1）

人体由头部、躯干部、上肢部、下肢部四大部位构成。

（1）躯干部包括颈、胸、背、腹、腰、（臀）等部位。

（2）上肢部包括肩、上肘、下臂、腕、手等部位。

（3）下肢部包括胯、大腿、膝、小腿、踝、脚等部位。

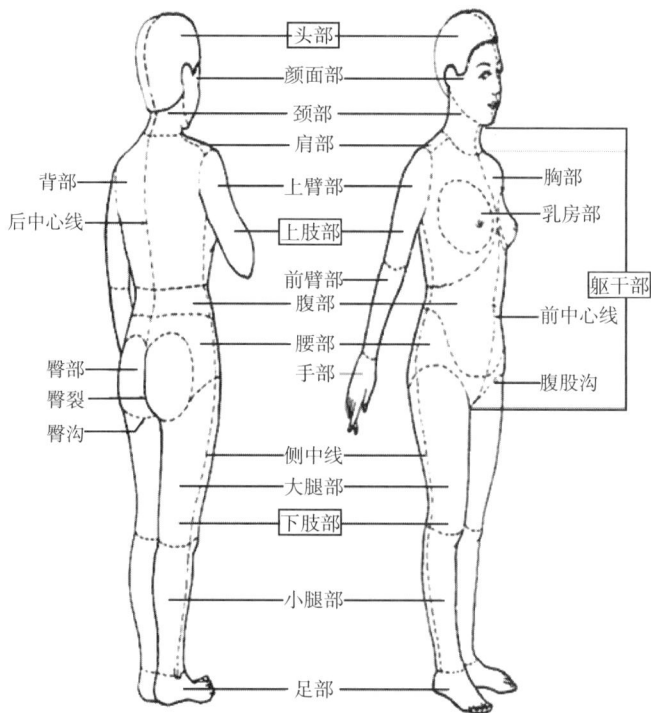

图6-1 人体主要部位

（二）男、女人体肌肉对比

（1）男性：男性肌肉发达，颈部竖直，胸部前倾宽阔而平坦，乳房不发达，收腹，腰部较宽，背部凹凸明显，臀部收缩而体积小，故整体特征显得平直，在服装造型中称为"筒型"。

（2）女性：女性肌肉没有男性发达，而且皮下脂肪较多。胸部较狭而短小，青年女性乳房隆起丰满，随着年龄增长和生育等因素的影响，乳房增大，并逐渐松弛下垂。腰部较窄，背部稍向后倾斜，使颈部前伸，造成肩胛骨突出。由于骨盆宽厚使臀大肌高耸，造成后腰凹陷，腹部前挺，故显出优美的"S"形曲线。

二、人体测量

（一）人体测量的注意事项

（1）量体时，要求被测量者站立正直，双臂下垂，姿态自然，不低头，要挺胸，以免影响所量尺寸的准确程度。

（2）在测量过程中，应认真观察被测量者的体型是否有挺胸、驼背、溜肩、腆腹、凸臀等特征，应作好记录，以便裁制时作相应调整。

（3）在测量胸围、腰围、臀围等围度尺寸时，软尺需前、后保持水平，不能过紧或过松，以平贴转动为宜，再加适量放松度即为成品尺寸。

（4）量体时要注意方法，要按顺序进行。一般是从前到后、由左向右、自上而下按部位顺序进行，以免漏量或重复。

（5）对一些不稳定的部位可以进行多次测量求平均值。

（6）要做好每一测量部位尺寸的记录、说明或简单画服装式样，注明体型特征及款式要求。

（二）人体测量项目

1.国家标准规定的测量项目　人体测量项目是根据测量目的确定的，测量目的不同，测量项目也有所不同。根据服装结构设计的需要，国家标准中要求测量的项目至少有10个。

（1）身高：从头顶至地面的垂直距离。

（2）颈椎点高：从第七颈椎点到地面的距离，是决定衣服长度的依据。例如，连衣裙、长大衣等，只要设定衣服到地面的距离，即可用颈椎点数据减去衣服距地面数据得到衣长。

（3）坐姿颈椎点高：从第七颈椎点到凳面的距离，它是决定中等长度衣服的依据。例如，西服、夹克，只要设定衣服超过或短于臀围的数据，即可用坐姿颈椎点高数据加上超过臀围的部分或减去短于臀围的部分，得到衣长。如果款式长度只到臀围，那么此款衣长就等于坐姿颈椎点高。

（4）全臂长：从肩端点到腕骨的距离，是袖长的依据。例如，西装袖的长度等于全臂长加上袖山高、垫肩厚度，再加袖长超过手腕的距离。

（5）腰围高：从腰围点到地面的垂直距离，是裤长的依据。

（6）胸围：从胸部最丰满处水平围量一周，是决定上衣胸围的依据。

（7）颈围：从喉结下或颈根围线向上3cm处围量一周，是领围的依据。

（8）总肩宽：从左肩端点到右肩端点的距离，它是成衣肩宽的依据。

（9）腰围：腰部最细处水平围量一周。它是成衣腰围的依据。

（10）臀围：人体臀部最丰满处水平围量一周。它是成衣臀围的依据。

2.基准点（图6-2）

（1）颈窝点：位于人体前中央颈与胸交界处，是领口深定位的参考依据。

（2）颈椎点：位于人体后中央颈与背交界处，即第七颈椎点，是测量背长和上衣长的起点。

（3）颈肩（侧）点：位于人体颈侧根部至肩部的转折点，是确定领宽的参考依据，也是测量小肩宽的依据。

（4）肩端点：位于人体肩关节峰点处，是肩线外端点和袖山顶点的对应点，也是测量人体总肩宽和臂长的参考点。

（5）乳点：位于人体胸部最高点，即胸高点，是确定胸围线和胸省省尖方向的参考点。

（6）背高点：位于人体背部最高点，即肩胛骨点，是确定后肩省省尖方向的参考点。

（7）前腋点：位于人体胸部与臂根的交点处，是测量胸宽的参考点。

（8）后腋点：位于人体背部与臂根的交点处，是测量背宽的参考点。

（9）肘点：手臂弯曲时肘部最凸出的点，是制订肘线及肘省省尖方向的参考点。

（10）手腕点：位于人体尺骨最下端处的明显凸点，是测量袖长的参考点。

（11）前腰节点：位于人体前腰部正中央处，是确定前腰节长的参考点。

（12）后腰节点：位于人体后腰部正中央处，是确定后腰节长，即背长的参考点。

（13）臀凸点：位于人体后臀最高处，是确定臀围线和臀省省尖方向的参考点。

（14）膝骨点：位于人体膝关节的中心处，是确定裤子的膝围线和测量裙长的参考点。

（15）踝骨点：位于人体的踝关节向外凸出的点，是测量裤长和裙长的参考点。

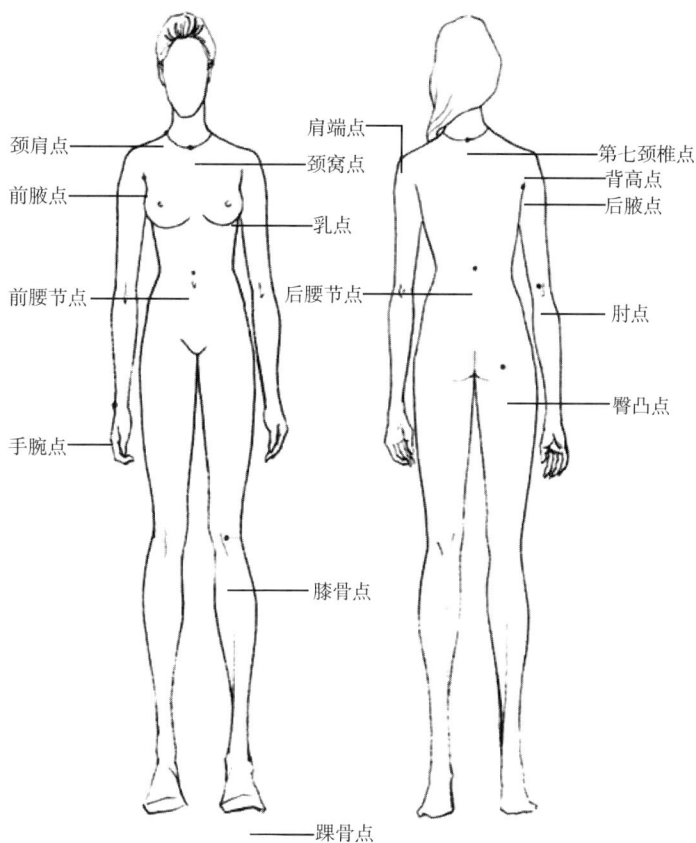

图6-2 量体基准点

3.基准线（图6-3）

（1）颈根围线：位于人体颈部与躯干的交接处，前面经过颈窝点，侧面经过颈肩点，后面经过第七颈椎点，是测量领围尺寸的参考线。

（2）肩斜线：颈肩点与肩端点的连线，是小肩宽的参考线。

（3）臂根围线：位于人体上肢与躯干的交接处，前面经过前腋点，上端经过肩端点，后面经过后腋点，是测量人体臂根围尺寸的参考依据。

（4）胸围线：通过乳点的水平围线，是测量人体胸围尺寸的参考线。

（5）腰围线：通过腰节点的水平围线，即人体腰部最细处，是测量人体腰围尺寸的参考线。

（6）臀围线：通过臀凸点的水平围线，是测量人体臀围尺寸的参考线。

（7）中臀围线：通过腰线与臀线中点处的水平围线，即腹围线，是测量人体中臀围尺寸的参考线。

（8）股上线：腰节点与臀下线的连接线，是测量上裆尺寸的参考线。

（9）前中心线：颈窝点与前腰节点的连线，即前身的对称轴线，是服装前中心线定位的参考线。

（10）后中心线：第七颈椎点与后腰节点的连线，即后身的对称轴线，是服装后中心线定位的参考线，也是背长尺寸的参考线。

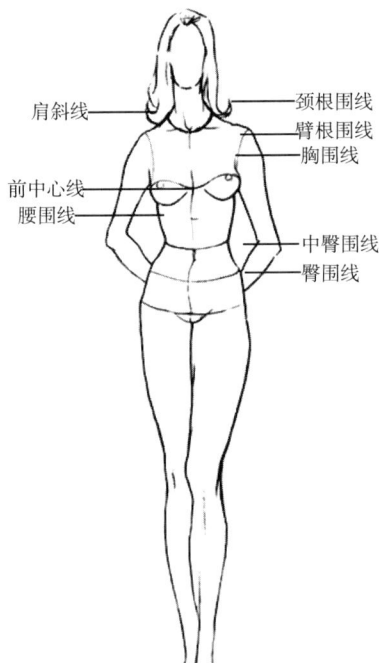

图6-3　量体基准线

第二节　服装制图符号与号型标准

一、服装制图符号

制图符号是构成图样的重要组成部分。每一种专用符号均表示一种专业语言或者技术要求。服装制图专用符号取代了以往服装技术中烦琐的文字说明。制图符号在图纸中的应用，便于国际技术交流，以及地域间同一专业企业的技术协作与生产的技术鉴定，如表6-1所示。

表6-1　制图符号

序号	名称	形式	用途
1	等分		表示该段距离平分等份
2	等长		表示两段长度相等
3	等量		表示两个以上部位等量
4	省缝		表示这个部位须缝去
5	裥位		表示这一部位有规则折叠
6	皱裥		表示用衣料直接收拢抽皱褶裥
7	直角		表示两线互为垂直
8	连接		表示两个部分在裁片中连在一起
9	归拢		表示这部位熨烫后收缩
10	拔伸		表示该部位经熨烫后伸展拔长
11	经向		两端箭头对准衣料经向
12	倒顺		表示各衣片相同取向
13	对折		表示该部位衣料对折裁剪

二、服装号型标准

服装号型标准是服装工业生产化中设计、制板、推板以及销售的主要规格尺寸依据，是建立在科学调查研究的基础上形成的数据标准，具有一定的准确性、普遍性与广泛性。

（一）服装号型标准的基础知识

服装号型时常使用的服装规格表示方法，一般选用人体的高度（身高）、围度（胸围或臀围）再加体型类别来表示服装规格，是专业人员设计制作服装时确定尺寸大小的参考依据。就如标示鞋子大小的鞋码一样，但由于衣服的尺寸相对来说比鞋子复杂，所以它的内容也相对较多。

我们现在使用的号型标准为GB/T1335—2008标准，它包括男子标准、女子标准以及儿童标准，它的制定依据为大量人体体型的测量和数据的统计分析结果，根据人群体型的变化每隔数年修订一次。服装号型标准的主要内容有以下几点。

1.号型定义　"号"指人体的身高，以cm为单位，是设计和选购服装长短的依据。

"型"指人体的上体胸围和下体腰围，以cm为单位，是设计和选购服装肥瘦的依据。

2.体型分类 以人体的胸围与腰围的差数为依据划分体型，并将人体体型分为四类，体型分类代号分别为Y、A、B、C。

3.号型标志 号型的表示方法为号与型之间用斜线分开，后接体型分类代号。例如：上装160/84A，其中160为身高，代表号，84为胸围，代表型，A为体型分类；下装160/68A，其中160为身高，代表号，68为腰围，代表型，A为体型分类。服装上必须标明号型。套装中的上、下装分别标明号型。

4.号型系列 号型系列是服装批量生产中规格制定和购买成衣的参考依据。号型系列以各体型中间体为中心，向两边依次递增或递减组成。服装规格亦以此系列为基础按需加放、减少松量进行设计。身高以5cm分档组成系列；胸围可以4cm分档组成系列；腰围可以4cm或2cm分档组成系列。身高与胸围、腰围搭配分别组成5·4或5·2号型系列。

国家分布的服装新型号是由身高、胸围、体型及分类代号组成。比如女装上标160/84A，意即此服装适合身高160cm左右，胸围84cm左右，胸围与腰围之差数为18～14cm的女性穿着。Y、A、B、C分别表示不同人的体型特征。Y指胸小腰细的体型，A表示一般体型，B表示微胖体型，C指胖型。区别体型的计算方法是：胸围减去腰围的数值并按男女不同型号。男装Y为22～17cm，A为16～12cm，B为11～7cm，C为6～2cm；女装Y为24～19cm，A为18～14cm，B为13～9cm，C为8～4cm。

（二）服装号型标准的应用

在实际的制板过程中，使用号型标准要注意以下几点。

1.中间体的规格确定 服装的设计和制板都必须要以中间体为中心，按一定的分档数值，向上下左右推档变化组成规格系列。中间体在人群中所占的比例最大，覆盖率最大，所以中间体的规格确定则显得较为重要，对中间体的规格确定要考虑地区人群的体型特征差异和产品销售方向的不同而确定。

2.控制部位的尺寸参考 服装号型标准是为设计、生产消费最大程度地适应人体要求而制定的，仅有身高、胸围、腰围三项数据是不够的，还需要其他部位的控制尺寸，长度有身高、领椎点高、坐姿颈椎点高、全臂长、袖长、裤长、腰围高，围度有胸围、腰围、肩宽、臀围等都根据号型标准中的控制部位加上不同加放量而制定的。要根据地区、面料、款式、季节、设计风格特点，流行趋势等参考号型标准的控制部位进行评定。

3.号型系列的应用 将人体的号和型进行有规律的分档排列称为号型系列，在号型标准中以5cm为身高分档，以4cm和3cm为上装的分档，以4cm、3cm、2cm为下装的分档，通常称为5·4系列、5·3系列、5·2系列；号型系列在推板过程中的应用较为广泛，上装一般采用5·4系列、5·3系列，下装为5·4系列、5·3系列、5·2系列。推板时，上装如果是四开身服装，则以4cm胸围跳档，三开身服装以3cm胸围跳档，这样在推板时每片衣身的跳档正好是1cm，便于计算。

在实际生产和销售中为了更多满足消费者的要求，号型的配置应用灵活配置，一般分为三种：

（1）号和型同步配置，如155／80、160／84、165／88、170／92等。

（2）一号多型配置，如165／80、165／84、165／88、165／92等。

（3）多号一型配置，如155／88、160／88、165／88、170／88等。

（三）贯彻服装号型标准的意义和作用

《服装号型系列》标准发布实施后，统一了我国服装规格的设计标准，有利于发展成衣化生产，增强企业管理，提高产品质量，便于商业营销。贯彻标准主要有以下几个作用：

1.方便消费者选购服装 用服装号型表示服装规格，实现全国服装标志统一，易懂易记，使用方便，消费者只要记住自己的总体高度和胸围（或腰围）净体尺寸，就能买到合体的服装。各种服装规格的配套关系，由服装设计生产时考虑，消费者不需要记住。

2.有利于企业安排生产 贯彻《服装号型系列》标准后，可以改变规格混乱的现象，使企业有的放矢地安排适合消费地区的服装号型规格的生产，做到适销对路。

3.有利于服装销售 服装的标志实行全国统一，有利于全国服装流通，营业员不必背记服装的规格，可以量体售衣，简便了销售。

4.有利于对外技术交流 用人体尺寸来表示穿着对象，科学、合理，与发达国家的做法相同，便于国际交流，有利于同国际标准接轨。

第三节　服装结构设计

一般来说，服装造型设计由款式设计、结构设计、工艺设计三大部分组成，其中作为中间环节的服装结构设计，承担承上启下的作用。一方面，结构设计是款式设计实现的必经之路，对服装的外轮廓、内造型进行解析，将其从三维造型转换为二维服装样片，实现服装造型的塑造；另一方面，结构设计又与工艺设计相接，为服装的裁剪、缝制提供样板，确保成衣的准确加工。

一、平面结构设计

平面结构设计也称平面裁剪，是最常用的结构构成方法。服装结构是指服装各部件和各层材料的几何形状以及相互结合的关系，包括服装各部位外部轮廓线之间的组合关系、部位内部的结构线以及各层服装材料之间的组合关系。分析设计图所表现的服装造型结构组成、形态吻合关系等，通过结构制图和某些直观的实验方法，将整体结构分解成基本部件的设计过程。结构制图也称"裁剪制图"，是对服装结构通过分析计算在纸张或布料上绘制出服装结构线的过程。

1.服装结构制图规则 结构制图的基本规则一般是先画衣身，后画部件；先画大衣片，后画小衣片；先画前衣片，后画后衣片。具体来说，是先画衣片基础线，后画外轮廓结构线，最后画内部结构线。在画基础线时一般是先定长度、后定宽度，自上而下、由左而右进行。画好基础线后，根据结构线的绘制要求，在有关部位标出若干工艺点，最后用直线、曲线和光滑的弧线准确地连接各部位定点和工艺点，画出结构线。

（1）制图比例。根据使用场合的需要，服装结构制图的比例可以有所不同。制图比例的规定，见表6-2。同一结构制图应采用相同的比例，应将比例填写在标题栏内；如需采用不同的比例，必须在每一部件的左上角标明比例，如：M1：1、M1：2等。

表6-2 制图比例

原值比例	1：1
缩小比例	1：2、1：3、1：4、1：5、1：6、1：10
放大比例	2：1、4：1

（2）制图线及画法。在结构制图中常用的制图线迹有粗实线、细实线、虚线、点画线、双点画线五种。裁剪图线形式及用途，见表6-3。同一结构制图中同类线迹的粗细应一致。虚线、点画线及双点画线的线段长短和间隔应各自相同，点画线和双点画线的两端应是线段而不是点。

表6-3 制图线

序号	制图线名称	制图线形式	制图线宽度	制图线用途
1	粗实线	———	0.9	衣片、部件或部位结构线
2	细实线	———	0.3	结构基础线、尺寸线和尺寸界线，引出线
3	粗虚线	– – – –	0.9	背面轮廓影示线
4	细虚线	········	0.3	缝纫明线
5	点画线	—·—·—	0.3	对折线
6	双点画线	—··—··—	0.3	折转线

2.省道的变化 衣身是覆盖于人体躯干部位的服装部件，由于人体躯干部分起伏变化明显，呈复杂不规则的立体形态，因此，要将平整的面料塑造成符合人体的服装，需要经过由二维到三维的转化过程。在结构设计中，通常采用收省、抽褶、褶裥、分割等结构处理方法，消除布料覆合在人体曲面上所形成的各种皱褶、斜裂、重叠等现象，塑造出各种美观、贴体的造型，衣身结构是最重要的服装结构部分。

从几何角度来看，省道闭合后往往可以使平面的面料形成圆锥面或圆台面等立体状，如上装对准BP点的胸省和腰省所形成的曲面就是圆锥面；裤腰前、后的省缝所形成的面就是圆台面，从而满足了胸部的隆起和腰臀围之差的关系。服装上很多部位结构都可以用省道的形式进行表现，其中应用最多、变化最丰富的是前衣身的省道，它是以人体BP点为中心，为满足人体胸部隆起、腰部纤细的体型需要而设置的，能够体现人体胸腰的曲线。

3.基础纸样构成方法 基础纸样是服装结构设计的基础图形，是结构最简单且能包含人体最基本尺寸信息的纸样。狭义地讲，基础纸样特指原型类结构图，是最简单的纸样；广义地讲，基础纸样还包括所要设计的服装品种中款式最简单的服装纸样。

基础纸样是服装结构构图的过渡形式，并非服装结构图的最终形式。通过对基础纸样的旋转、剪切、折叠、加放松量等变形方法，采用省道、褶裥、抽褶、分割、连省成缝等各种结构形式，便可形成所需的服装结构图。如图6-4所示，为裙装原型。

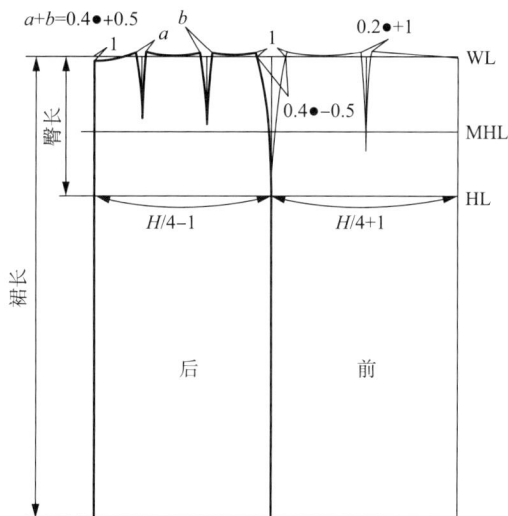

图6-4 裙装原型

学习服装设计平面制图，就必须要了解人体，因为服装必须满足人体两大功能要求，美化人体和满足人体运动性的功能。服装是为人体设计的，深入了解人体体型和人体活动特点是学习服装的重要入门课。服装不是对人体外形形状的简单复制，而是对人体复杂的外形轮廓进行简化、平整化及修饰等。服装要按照人体制作，而又不能完全等同于人体，人体和服装造型结合才是最完美的。

4.服装款式图的绘制 服装款式图，又被称为平面结构图或工艺图，是指一种单纯的服装平面展示图。款式图适合工业化生产的需要，可以作为服装生产的依据而独立存在，也可以作为对时装画的辅助和补充说明，时装画展示出服装的整体搭配和设计师的风格与艺术表现力，而款式图则按照正常的人体比例关系对服装进行说明，清晰地展示出时装画中被忽略的细节部分，打板师往往是依照它进行纸样设计。通常独立存在的款式图多以正面和背面为主，根据设计、生产与展示的不同需求，可以选择徒手画，用尺规作图或电脑绘图，如图6-5所示。

图6-5 服装款式图

款式图以严谨翔实的手法尽可能准确地展现出服装的款式、比例和细节，这就要求绘图者对服装结构有充分的了解，如服装的省道、结构线、褶皱、装饰线等，款式图中不显示人体，但是对服装的描绘要符合人体的比例关系，同时还要注意对服装各部位之间比例的把握，例如袖长与衣长、衣领与衣身、腰节线的高低、省道的宽度长度、扣位与口袋位等结构的比例。

二、立体结构设计

立体结构设计，也称立体裁剪，是将布料覆合在人体或人体模型上剪切，直接将整体结构分解成基本部件，进行服装样片解析，塑造服装造型，获取服装样片以及拓印获得纸样的服装结构设计方法。立体裁剪能形象地表现服装与人体间对应关系，随着服装造型的不断发展，在现代服装的造型设计中得到越来越广泛的运用。

1. 立体裁剪工具及准备

（1）人台。人台是立体剪裁的主要工具，其选择非常关键。首先，立体剪裁所选用的人台需具备可扎针的基本材料特征。其次，用于人台制造的体型数据来源于人体体型测量的数据，人台的体型基于人体体型，但不等同于人体体型，是以满足服装塑型为目的的人体体型模型。

标准体人台体型分类与国家的人体体型分类一致，如160/84A人台，即表示身高160cm、胸围84cm、A型体型的人台，简化表示为84号人台，如图6-6所示。

（2）坯布。立体裁剪一般采用坯布进行初步造型操作，选择坯布的原则是，坯布的面料特性与成衣面料的特性一致或尽量相似，一般以平纹的全棉坯布为宜。在进行弹性面料和面料斜裁等一些特别面料的服装立裁时，直接选用成衣面料操作。

（3）大头针。在立裁中大头针的选择比较重要，要选用针尖细、针身长、无塑料头的大头针，以针身直径标号为0.5mm和0.55mm。

（4）针插。针插是用来扎取大头针的，戴于左手手掌或手腕，可以购买亦可以自己制作。

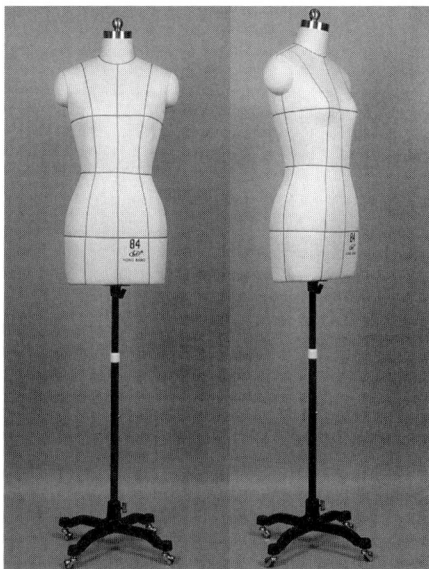

图6-6　人台

（5）贴带（标记带）。立裁用贴带的颜色需与人台颜色、坯布颜色有别，贴带的宽度0.3cm以下，以具有适当拉伸性的皱纹贴带为好。

（6）尺。立裁操作常用的服装制图尺有50cm方格直尺、30cm软质直尺、直角尺、袖窿弧线6字尺以及软尺。

（7）剪刀。立裁用的剪刀为西式裁剪剪刀，剪刀不宜过大，剪刀刀头以尖头且对齐为宜。

（8）铅笔、橡皮。2B铅笔用于坯布的画线，HB铅笔用于拓印纸样画线，橡皮要选用较软易擦的。

（9）复写纸。复写纸用于拓印纸样或拓印布样。

（10）手工针、线。针、线用于样衣的假缝。

（11）铅锤。用于协助贴置人台竖直标记线以及确认布纹是否竖直。

（12）镇纸。用于协助拓印纸样或布样。

（13）熨斗。用于整烫用布。

2.立体剪裁的技术手法　服装立体构成的技术手法主要有抽褶法、垂褶法、波浪法、堆积法、编织法、折叠法、绣缀法、缠绕法等，这些手法既可单独使用，也可组合使用。学习和掌握这些技术手法对于熟练构思艺术造型具有重要作用。

常规衣身立体构成法：立体裁剪中最基本、最常规的构成手法是将布料复合于人台上，注意丝缕取正，然后消除前后浮余量，作出前胸宽、后背宽处的松量，并按衣领、衣袖的造型进行立体构成，如图6-7所示。

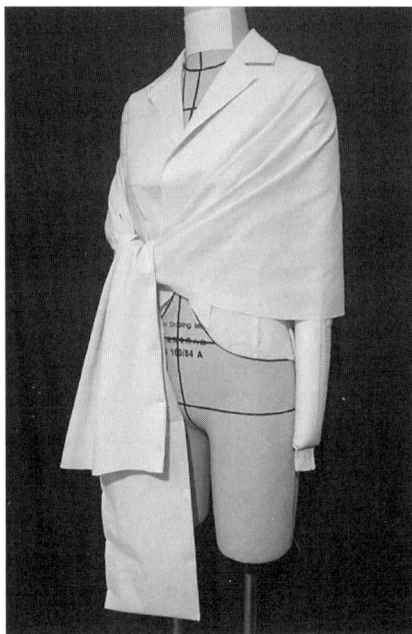

图6-7　立体剪裁

三、服装CAD制图

（一）服装CAD的概念

CAD是计算机辅助设计，即英文名字Computer Aided Design的缩写，是技术人员借助计算机对产品完成设计、制作过程的综合技术，以达到提高产品设计质量、缩短产品开发时间周期和降低成本的目的。不同的行业有不同的CAD软件。服装CAD是利用计算机绘图工具来进行服装纸样设计、放缝、放码、排料等方面的应用设计，它打破了传统的手工打板排料等，是服装企业实现现代自动化生产的主要环节。

（二）服装CAD的功能

CAD软件必须利用相应的工具，如智能笔、剪切、放大、弧线、圆等对图形进行编辑、修改、完善。不同行业所使用的CAD软件具有不同的操作功能。服装CAD系统的功能体现在如下两方面：

1.打板放码功能　打板和放码放在一个界面，用左右工作区分开，便于操作者合理地解决问题、发现问题；它能模拟手工打板，具有快速完成纸样的设计和修改，可以对样板进行随意地调整、复制、变形等处理，具有方便、快捷、精确、细致的特点，使样板更加完美。

2.排料功能　既可以分别采用自动排料和手工排料两种方式，也可以把两种方式结合起来运用，省时又省力，还能节约布料；可以随心所欲地进行调整，并能在每块裁片上进行文字说明，直接满足使用者各方面的需求。

第四节 服装工艺制作

一、服装常用设备与工具

（一）服装常用设备

服装缝纫设备主要分为家用和工业设备两大类。适合家庭用的缝纫机种类比较单一，适合工业用的缝纫机设备，按不同的工艺要求分为各种专用机，如工业用平缝机、包缝机、锁眼机、钉扣机、套结机、绣花机等。

1.工业用缝纫设备

（1）工业平缝机：因其功能不同又分为单针平缝机、双针平缝机、自动剪线平缝机、可修剪缝份平缝机等。通常由动力机构、操纵控制机构、针码密度调节机构、缝料输送机构等组成。

（2）包缝机：也称码边机，常用的有三线、四线、五线包缝机。主要是用一种特殊的线迹将裁剪的衣料边缘包锁住，避免脱散。

（3）绷缝机：也称为特种缝纫机，它缝制的线迹为链式缝纫线迹。

（4）锁链机：缝出来的线条从正面看与平缝一样，从背面看则呈链条状。

（5）锁眼机：主要用于加工各类服饰中的纽孔，分为平头锁眼机和圆头锁眼机。其中圆头锁眼机是专用于缝锁中厚料服装纽孔的工业缝纫机。圆头锁眼机是指缝锁的纽孔前端呈圆形，其特点是纽孔形状美观，线迹均匀结实。

（6）钉扣机：顾名思义，是专门用于钉扣子的缝纫设备。

（7）套结机：用于打套结，一般用于衣服口袋上下两个开口的底端、腰襻、裆部，目的是加固线迹，增加该部分的牢固度。还有用于打装饰线，最常用于箱包类产品。

（8）开袋机：用于开服装口袋，较为专业的工厂都会配备。开袋机的使用极大地提高了生产效率。

（9）熨斗：常用于服装面料的熨烫。

2.家用缝纫机 分为脚踏式和电动式两种。脚踏式缝纫机主要由机头、机架、脚踏板、传送皮带等组成。机头主要由针杆、线钩、挑线、梭子、梭摆等成线器件以及压脚、送布牙等输送器件组成。开始缝纫时，踩动脚踏板，传送皮带带动机头转轮、机头的成缝器、缝料输送器同时开始缝纫工作。电动缝纫机主要由小电动机、机头、脚踏板、电源插头等组成。

开始缝纫时，踩动脚踏板，缝纫机就通电开始缝纫工作。

（二）服装制作常用工具

1.尺子 尺子常用于服装的制图和测量，服装制作中常用的尺有以下几类（图6-8、图6-9）：

（1）直尺：以cm为计算单位，主要用于绘制直线和尺寸量取。

（2）放码尺：用于样板的放缝。

（3）弧形尺：用于弧线的绘制。

（4）软卷尺：用于身体尺寸、成衣尺寸和纸样弧度的测量。

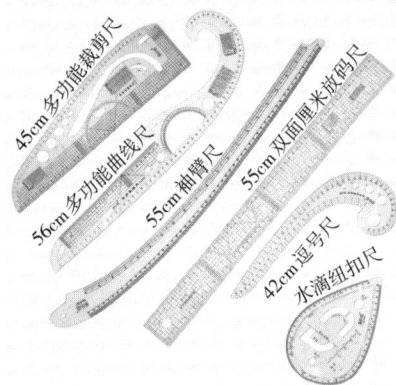

图6-8 尺子

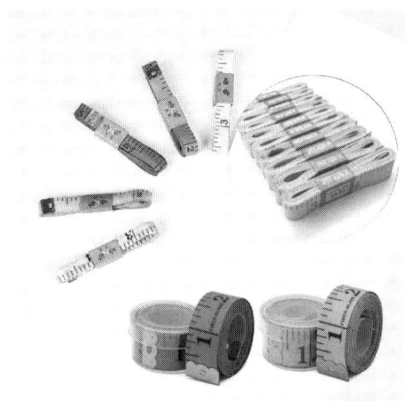

图6-9 软尺

2.剪刀

（1）裁剪剪刀：用于裁剪面料和剪纸样，裁剪面料和剪纸样的剪刀最好分开，有12#、11#、10#、9#之分，如图6-10所示。

（2）锯齿剪刀：用于面料边缘防脱散处理和边缘装饰，如图6-11所示。

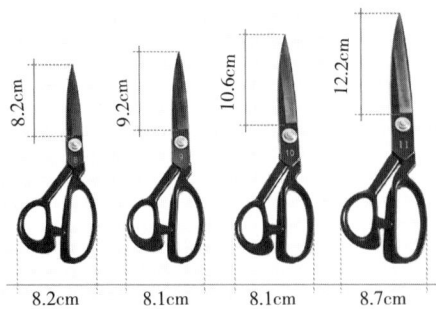

图6-10 剪刀

图6-11 锯齿剪刀

（3）线剪：用于剪断线和线头，如图6-12所示。

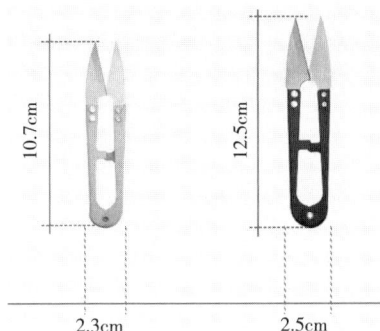

图6-12 线剪

3.针

（1）缝纫机针：分为工业缝纫机针和家用缝纫机针。

（2）手缝针：也叫手针，手工缝纫时使用。

（3）珠针：用于裁片的临时定位，宜选用细而长的针型，如图6-13所示。

机针粗细的选择与面料的厚薄有关，机针的号数越大，针杆就越粗，而手针则相反，针号越大，针杆越细。

4.线 缝纫线是缝制服装的基本材料，有涤纶线、涤棉线、丝线等。

5.梭芯、梭壳 梭芯、梭壳如图6-14所示。缝纫机在缝纫的过程中，需要经常更换底线，底线装在梭芯中，梭芯装在梭壳中，一般梭芯安装在梭壳中后，可以将梭芯、梭壳看成是一体式结构，更换梭壳、梭芯即是更换底线，但由于装有底线的梭芯、梭壳是在机器面板底下，梭芯、梭壳更换起来比较麻烦，尤其是缝纫机需要多种颜色的底线时，更换频繁，每次更换都需要花费大量时间和人工，而且常见的梭壳为铁质结构，频繁的更换、触摸和使用易生锈腐蚀，影响使用寿命。

图6-13 珠针

图6-14 梭芯、梭壳

6.压脚　压脚有普通压脚和专用压脚，根据需要配置适当的压脚可有效提高缝纫的效率和缝制质量。

（1）单边压脚：有左右之分，主要用来安装普通拉链和绲边条。

（2）隐形拉链压脚：主要用于安装隐形拉链，缝合部位平服。

（3）卷边压脚：适用于薄面料的卷边缝。

（4）塑料压脚：用于皮革、塑料等制品的缝制。

（5）高低压脚：用于高低不平的缝制。

（6）起皱压脚：用于木耳边的抽褶和衣片细褶的制作。

7.其他缝制辅助工具

（1）针插：用于插手缝针和珠针。

（2）划粉：划粉画线要细，浅色面料宜选用颜色相近的划粉。

（3）镊子：用于翻尖角和直角。

（4）锥子：用于裁片省位、袋位的定位。

（5）点线器：主要用于复制样板。

（6）螺丝刀：用于拆装压脚和简单的机器螺丝调节。

（7）人体模型：有男模和女模之分，用于衣服的试样。

二、服装工艺术语

服装工艺术语是指服装专用语，比如某一个品种，服装上的某个部位，服装制作每一种操作过程和服装成品质量要求等，都有专用语，它有利于指导生产，有利于传授和交流技术知识，也有利于管理，在服装生产中起着十分重要的作用。

（一）检验工艺名词

1.验色差　检查原料、辅料色差，按色泽归类。

2.查疵点　检查原料、辅料疵点。

3.查污渍　检查原料、辅料污渍。

4.查衬布色泽　检查衬布颜色。

5.查纬斜　检查原料纬纱斜度。

6.复米　复查原料每匹的长度。

7.理化试验　包括原辅料的伸缩率、耐热度、色牢度等试验。

（二）裁剪工艺名词

1.**烫面辅料** 将面料、辅料上的折皱熨烫平整。

2.**排料** 按所制作款式样板排出用料的定额。

3.**画样** 用样板按不同规格在面料、辅料上画出衣片的裁剪线条。

4.**铺料** 按画样的要求对面料、辅料进行铺层。

5.**表层画样** 按不同规格，用样板在铺好的最上一层面料、铺料上排画出衣片的裁剪线条。

6.**复查画样** 复查衣料表层所画的裁片数量和质量。

7.**开剪** 按衣料表层上所画的衣片轮廓线进行裁剪。

8.**钻眼** 用锥子或打孔机在裁片上做出缝制标记，应做在衣片可缝去的部位上。

9.**编号** 将裁好的衣片和部件按顺序编上号码。

10.**打粉印** 用划粉或铅笔在裁片上做出缝制标记。

11.**查裁片刀口** 检查裁剪好的裁片刀口的质量。

12.**配零料** 将每一件衣服的零部件用料配齐全。

13.**钉标签** 将每片衣片的顺序号标签钉上。

14.**验片** 逐片检查裁片的质量和数量。

15.**织补** 对检查出的裁片中有织造瑕疵的部位进行修补。

16.**换片** 对检查出的不符合质量的裁片进行调换。

17.**合片** 按流水生产安排的数量，将裁片按序号、部件种类捆扎起来。

（三）缝制操作技术用语

1.**缝合、合、缉** 缝合、合、缉都指用缝纫机缝合两层或两层以上的裁片，俗称缉缝、缉线。一般将缝合、合称为暗缝（裁片正面无线迹）；缉称为明缝，即裁片正面有整齐的线迹，如图6-15所示。

2.**缝份（子口、止口）** 缝份指两层裁片缝合后被缝住的余份。

3.**绱（装）** 绱指部件安装到主件上的缝合过程。

4.**打剪口** 打剪口即剪切口，如在绱袖等工艺中，为使袖子与衣片吻合准确，在规定的裁片边缘剪一个缺口作为定位标记。

5.**包缝** 包缝亦称锁边、拷边、码边，指用包缝线迹将裁片毛边包光，使织物纱线不脱散。

6.**缉明线** 机缉或手工缉缝服装表面线迹。

7.**缝迹密度** 缝迹密度指在规定单位长度内的针迹数，一般单位长度为2cm或3cm。

8.**打套结** 衣衩口等用手工或机器进行加固缝，称打套结，如图6-16所示。

9.**封小裆**　将小裆开口机缉或手工封口，增加前门襟开口牢度。

10.**线迹**　缝制物上两个相邻针眼之间的缝线迹。

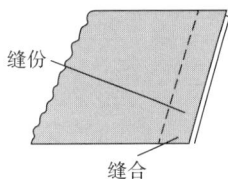

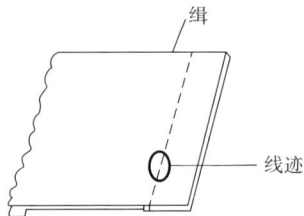

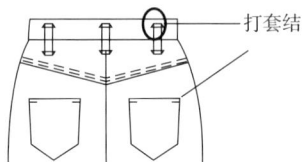

图6-15　缝合、合、缉

图6-16　打套结

11.**缝型**　缝型是指一定数量的布片和缝制过程中的配置形态。

12.**吃势（层势）**　吃指缝合时使衣片缩短，吃势指缩短的程度。分两种情况，一是两片长度一致的衣片，缝合时因操作不当导致一长一短；二是将两片长短略有差异的衣片有意地将一片某个部位缩进一定尺寸，如装袖时的袖山、袋盖圆角等。

13.**归**　归拢，指用熨斗将衣片长度缩短的工艺。

14.**拔**　拔长，指用熨斗将平面拉长或拉宽的工艺，如图6-17所示。

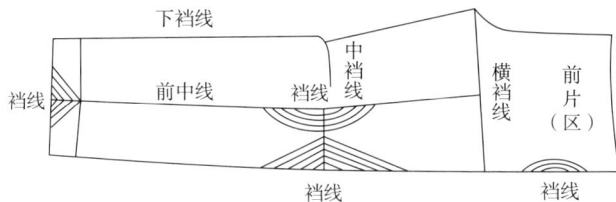

图6-17　归、拔

15.**极光**　熨烫衣片时，由于垫布太硬或无垫布熨烫而产生的亮光。

16.**止口反吐**　指将两层裁片缝合并翻出后，里层止口超过面层止口。

（四）服装成品部件名词术语

1.上装部位（衣服）

（1）前身：门襟、里襟、小肩、驳头、串口、驳口、底边止口、止口圆角、省位。

（2）后身：背缝、背衩、后肩省、过肩。

（3）领子：倒挂领、领上口、领下口、领里、立领。

（4）袖子：一片袖、两片袖、圆装袖、中缝圆袖、连袖。

（5）口袋：袋盖、贴袋、风琴袋、暗褶袋、明褶袋。

2.下装部（裤子）　烫迹线、侧缝、腰头、腰里、后袋、门襟、里襟、侧缝直袋、侧缝

斜袋、串带襻。

三、缝制工艺

(一)服装缝制工艺

服装缝制时首先要注意服装款式图与外形。其次，要注意服装规格、服装质量要求、工艺流程、操作技术及服装缝制设备。

(二)服装缝制的组合方式

1. 裁片的组合方式 裁片的组合方式有部件自身的组合、主要部件的组合、零部件与主要部件的组合、衬与部件的组合、里与面的组合。

2. 缝纫的组合方式 缝纫的组合方式有平缝组合、吃势的组合、里外匀组合、归拔组合、省裥组合。

● 思考与练习

1. 标准和标准化的定义是什么？我国标准分为哪几级？

2. 服装号型定义和服装号型系列标准的内容是什么？

3. 服装结构、结构制图、结构平面构成、结构立体构成的概念。

4. 服装CAD的主要功能有哪些？

第七章

服装品牌与服装业发展概况

课题名称： 服装品牌与服装业发展概况

课题内容： 1. 外国服装品牌发展历史与现状分析

2. 中国服装品牌发展历史与现状分析

3. 中国服装业的现状

4. 中国服装如何走向国际市场

课题时间： 2课时

教学目的： 通过学习认识和了解一些国内外知名品牌的发展概况，了解我国服装产业的发展现状，为服装设计学习积累专业知识基础。

教学方式： 理论讲授。

教学要求： 1. 了解中外服装品牌概况。

2. 了解服装产业发展现状，以及服装市场未来发展趋势。

课前准备： 课前查阅国内外几个知名服装品牌的概况。

第一节　外国服装品牌发展历史与现状分析

一、外国服装品牌的发展

服装品牌的出现源自西方高级女装的出现。服装品牌的发展依托于高级成衣的发展和成衣业的发展。外国服装品牌的发展历程恰恰是现代服装工业的缩影。

1858 年，英国人查尔斯·弗雷德里克·沃斯(charles Frederik Worth)在巴黎德拉佩斯大街 7 号开设欧洲第一家高级女时装屋，成为西方服装历史上第一个敢于向宫廷服装提出挑战的人。他大胆地把时装的意识引入到广大市民当中，让时装走出宫廷。沃斯是高级女装的开山鼻祖，开创了高级女装时代。而服装品牌的概念，则来自著名大师克里斯汀·迪奥。他是第一个注册商标、确立品牌概念，并把法国高级女装从传统的家庭式作业引向现代企业化操作的服装设计师。他以品牌为旗帜，以法国式的高雅品位为准则，坚持华贵、优质的品牌路线。

服装品牌的发展是随着成衣的出现而发展的。成衣是机器大规模生产活动的、规格化的服装，它起始于美国，直到 20 世纪初，它还被认为是低劣服装的代名词，20 世纪 60 年代后期，成衣才得以登堂入室，这一结果归功于高级女装与成衣之间的中间产品——高级成衣的出现。当时，法国著名设计师皮尔·卡丹和伊夫·圣·洛朗等人认为，成衣中同样可以融入艺术创造性，他们将这种高级女装的设计特征和成衣的生产特性合成为高级成衣，并成立了高级成衣创造者协会，与高级女装协会同道竞争，由此带动成衣业的迅猛发展。这样一来，服装的品牌分类也以此为依据，即按照服装产品的档次，将服装品牌分为高级女装(高级时装)品牌、高级成衣品牌和成衣品牌，这一做法首创于法国并得到世界的认同。

（一）高级女装品牌(haute couture brand)

高级女装被公认为是服装中的极品，是原创、唯美的设计，有着卓越的裁剪技术和高超的缝纫技艺。在法国，高级女装品牌因受到法律保护而不能任意采用，且不是任意一件量身定做的衣服都能称为高级女装，某一品牌要成为高级女装品牌必须向法国工业部下属的高级女装协会递交正式申请并符合如下条件：

（1）在巴黎有工作室。

（2）参加高级女装协会于每年的 1 月、7 月最后一个星期举办的两次女装展示。

（3）每次展示要有 75 件以上，有首席设计师完成的作品。

（4）至少雇用20名专职人员。

（5）常年雇用3名专职模特。

（6）每个服装款式件数极少且具有专利性。

（7）服装要量体制作，99％以上为立体裁剪和手工缝制。

（8）每年至少要为客户组织45次不对外的新装展示。

经过这样复杂的流程，审定合格后才能获得高级女装称号，并且还不是终身制，每两年申报一次，否则取消资格。目前，世界上只有18家法国服装品牌享受此殊荣。

（二）高级时装品牌

意大利等其他服装国家类似法国高级女装的服装称为高级时装。

（三）高级成衣品牌

高级成衣是工业化的、按标准号型生产的成衣时装，是对高级时装做适量简化后的、小批量多品种的高档成衣，是高级女装的副业。高级成衣品牌是面对的是中产阶层的。

（四）成衣品牌

成衣是近代出现的、按标准号型批量生产的成品衣服，相对于高级成衣而言，成衣品牌具有品质规格化、生产机械化、产量速度化、价格合理化、款式大众化的特点。例如，贝纳通(Benetton)、爱斯普瑞特(Esprit)等品牌，都是成衣范围内的较高级的服装品牌。

二、外国服装品牌现状分析

在当今全球化的背景下，外国服装品牌市场呈现多元化的定位与分布特点。从高端奢侈品牌如香奈儿、迪奥，到中端时尚品牌，再到快时尚品牌，各类型品牌满足了不同消费者的需求。这些品牌在全球范围内都有广泛的分布，不仅在大中城市设有专卖店，还通过线上平台覆盖更多地区。外国服装品牌在设计上注重创新与个性，不断推出符合潮流的新品。同时，品牌也注重传承与经典的融合，使得产品既有时代感又不失品牌特色。从设计风格上看，外国品牌善于捕捉全球各地的时尚元素，将其融入产品中，呈现出多样化的风格特点。外国服装品牌的消费群体涵盖了各个年龄段和社会阶层。高端品牌主要面向富裕阶层，注重品质与奢华感；中端品牌则面向具有一定购买力的消费者，注重时尚与实用性；快时尚品牌则更加关注年轻消费者的需求，提供价格亲民、款式多样的产品。目标市场上，外国品牌除了关注发达国家市场外，也在积极拓展新兴市场，尤其是亚洲地区。外国服装品牌在供应链和生产工艺上积累了丰富的经验。通过与全球优质的供应商合作，品牌能够确保原材料的品质和供应的稳定性。同时，采用先进的生产工艺和技术，可以提高产品的品质和降低成本。一些品牌还注重环保和可持续发展，采用环保材料和生产方式，减少对环境的影响。

随着互联网技术的发展，外国服装品牌在线上、线下融合方面取得了显著进展。他们通过官方网站、社交媒体、电商平台等多种渠道，实现线上、线下销售的无缝对接。同时，一些品牌还利用大数据分析技术，精准推送个性化产品信息和优惠活动，提升消费者购物体验。在激烈的市场竞争中，外国服装品牌既面临来自同行的竞争压力，也积极寻求合作机会。在竞争方面，品牌需要不断提升自身的设计水平、品质和服务，以吸引更多消费者。在合作方面，品牌之间可以通过联名设计、共同开发等方式实现资源共享和优势互补，提高市场竞争力。

随着全球经济的发展和消费者需求的不断变化，外国服装品牌市场呈现出一些新的趋势。未来，品牌将更加注重个性化和定制化服务，以满足消费者日益多样化的需求。同时，环保和可持续发展也将成为品牌发展的重要方向之一。在技术方面，数字化和智能化技术的应用也将为品牌带来更多的创新和机遇。未来外国服装品牌市场将继续保持活跃和竞争激烈的态势，品牌需要不断创新和提升自身实力，以应对市场变化和挑战。

第二节　中国服装品牌发展历史与现状分析

一、中国服装品牌的发展历史

随着改革开放的春风拂过大地，中国服装业如同破土而出的嫩芽，开始逐渐展现出勃勃生机。改革开放初期，中国引进了大量国外的先进技术和设备，国内的企业也开始学习并模仿国外的服装风格和生产模式。虽然最初主要集中在低端、大批量的生产上，缺乏自主设计和品牌意识，但这为后续的品牌发展奠定了坚实的基础。20世纪80年代，随着经济的发展和消费者需求的升级，中国服装品牌开始崭露头角。一些具有前瞻性的企业开始注重品牌建设，通过提升产品质量和设计水平，逐渐在市场中获得了一定的知名度和美誉度。这些品牌虽然起步艰难，但凭借着对市场的敏锐洞察和对品质的坚守，逐渐在竞争激烈的市场中站稳脚跟。20世纪90年代，中国服装品牌的发展进入了一个新的阶段。随着国内外市场的竞争加剧和消费者需求的多样化，品牌整合成为必然趋势。许多企业通过兼并、重组等方式整合资源，提升品牌实力和市场竞争力。同时，随着中国经济的崛起和国际地位的提升，越来越多的中国服装品牌开始走向国际市场，展现出中国制造的魅力和实力。

近年来，随着中国中产阶级的崛起和消费升级的推动，高端服装品牌在中国市场上异军突起。这些品牌不仅在设计上追求创新、独特，而且在材质选择、工艺制作等方面也力求精益求精。它们凭借着高品质、高附加值的产品和服务，赢得了越来越多消费者的青睐和追捧。在全球环保意识日益增强的大背景下，中国服装品牌也开始积极探索可持续发展的道路。越来越多的品牌开始采用环保材料、推行绿色生产、开展循环经济等举措，以减少对环境的污染和破坏。这种环保理念不仅符合了当代消费者的需求，也为企业的长远发展奠定了坚实的基础。

回顾历史，有几个重要的节点事件对中国服装品牌的发展产生了深远影响。2008年北京奥运会的成功举办为中国服装品牌走向世界提供了千载难逢的契机。许多品牌借助奥运会的舞台，向全球展示了中国制造的魅力和创意，提升了品牌的国际知名度和影响力。此外，2017年国务院批准设立的"中国品牌日"也为推动中国品牌建设提供了强大的政策支持。这一举措进一步激发了中国服装品牌的发展活力，推动了一批优秀品牌在国内外市场上取得显著成就。从而激发国人对本土品牌的支持，也促使中国服装品牌更加注重自身形象的塑造和文化内涵的挖掘。

随着互联网的深入发展，特别是电商平台的崛起，私域流量的概念逐渐进入人们的视野。对于服装品牌而言，私域流量的运营成为一种新的商业模式和竞争优势。品牌商家开始通过社交媒体、内容营销等方式构建自己的私域流量池，实现与消费者的直接连接和个性化服务。这种模式的出现不仅提升了品牌的营销效果和用户黏性，也为品牌的长远发展奠定了坚实的基础。

二、中国服装品牌发展现状

中国服装品牌的发展现状呈现多元而复杂的态势。以下是一些主要的发展特点和趋势：

首先，中国服装市场规模庞大，年产量占全球一半以上，内销市场规模也相当可观，占全球销量的相当大比例。这得益于中国强大的制造能力和配套优势，使中国制造的服装品质和数量在全球具有重要地位。其次，虽然中国服装企业数量众多，但具有国际影响力的品牌相对较少。在过去，中国在国际市场上的服装出口大多以代工贴牌生产为主，利润率较低。然而，近年来，一些具有过硬质量、潮流设计和高性价比的自主品牌开始崭露头角，不仅在国内市场上获得认可，也在国际市场上展现出了竞争力。安踏等品牌的成功就是这一趋势的明显例证。最后，中国服装行业正在经历数字化转型和创新升级。3D数字技术的应用正在推动制造业的数智化转型，从设计、生产到营销、物流等各个环节都在实现全面的创新。此外，电子商务的快速发展也为服装品牌提供了更广阔的营销渠道，直播带货、私域电商、跨境电商等新型销售模式不断涌现，为服装行业的稳步增长提供了有力支持。同时，中国服装品牌也在积极打造物美价廉的产品，提供优质到位的服务，并追求时尚潮流设计。这些变革使国产品牌在市场上的表现越来越好，甚至在一些领域开始与国际品牌展开竞争。然而，中国服装行业仍然面临一些挑战。例如，产业链上下游之间缺乏有效的协同和整合，导致生产效率低下和成本上升等问题。此外，虽然国潮品牌正在崛起，但与国际知名品牌相比，其在品牌影响力和市场份额方面仍有较大差距。

　　总体来看，中国服装品牌发展现状呈现积极向好的趋势，但也需要面对一些挑战和问题。未来，随着国内市场的不断扩大和消费者需求的不断升级，中国服装品牌有望在全球市场上发挥更加重要的作用。

第三节　中国服装业的现状

一、国内市场饱和与竞争激烈

　　当前，中国服装行业面临着国内市场饱和与竞争激烈的双重挑战。统计数据显示，近年来，国内服装市场增长放缓，市场份额逐渐趋于稳定，而行业内企业数量众多，导致市场竞争异常激烈。在这种背景下，许多服装企业为了争夺市场份额，纷纷采取价格战、促销战等，导致行业利润不断下滑。以某知名服装品牌为例，该品牌在国内市场拥有较高的知名度和市场份额，但近年来随着市场竞争的加剧，其销售额和利润增长均出现了放缓的趋势。为了应对这一挑战，该品牌开始注重提升产品品质和设计水平，同时加强品牌宣传和推广，以吸引更多消费者。然而，在激烈的市场竞争中，这些举措的实施效果并不尽如人意，品牌仍然面临着较大的市场压力。

　　针对国内市场饱和与竞争激烈的问题，中国服装行业需要采取一系列措施来应对。首先，企业应加强市场调研和消费者需求分析，了解消费者的需求和偏好，以便制定更加精准的市场定位和营销策略。其次，企业应注重提升产品品质和设计水平，通过不断创新和差异化竞争来赢得市场份额。此外，企业还应加强品牌建设和宣传，提升品牌知名度和美誉度，以吸引更多消费者。同时，政府也应加大对服装行业的支持力度，通过政策扶持和资金扶持等方式，鼓励企业加大技术创新和品牌建设力度，推动行业向高质量发展。此外，行业内部也应加强合作与交流，共同推动资源整合和协同发展，以应对激烈的市场竞争。

二、国际贸易壁垒与限制

中国服装行业在国际化进程中面临着诸多国际贸易壁垒与限制，这些壁垒不仅影响了中国服装产品的出口，也制约了行业的进一步发展。以欧盟为例，其对中国服装产品设置了严格的进口配额和关税壁垒，导致中国服装在欧盟市场的竞争力遭到严重削弱。据统计，由于这些壁垒的存在，中国服装在欧盟市场的份额长期无法得到有效提升。

除了关税壁垒，技术性贸易壁垒也是中国服装行业国际化道路上的另一大难题。一些发达国家制定了严格的服装质量标准和环保要求，中国服装产品往往因为无法达到这些标准而被拒之门外。这不仅影响了中国服装的出口量，也损害了中国服装的国际形象。为了应对这些壁垒，中国服装行业需要加大技术创新和研发投入，提升产品的质量和环保性能。

此外，非关税壁垒也是不可忽视的因素。例如，一些国家通过设立烦琐的进口程序、加强知识产权保护等措施来限制中国服装产品的进口。这些壁垒不仅增加了中国服装企业的运营成本，也降低了产品的市场竞争力。因此，中国服装行业需要加强与国际贸易组织的合作，推动贸易自由化进程，减少非关税壁垒对中国服装出口的影响。

面对国际贸易壁垒与限制，中国服装行业需要采取积极的应对措施。一方面，要加强与国际市场的沟通与合作，了解并适应各国的贸易规则和市场需求；另一方面，要不断提升自身的技术水平和创新能力，打造具有竞争力的服装产品。只有这样，中国服装行业才能在激烈的国际竞争中脱颖而出，实现真正的国际化发展。

三、品质与设计水平待提升

当前，中国服装行业在品质与设计水平方面仍有待提升。统计数据显示，尽管中国服装产量位居全球前列，但在高端市场中的份额却相对较低，这主要源于品质和设计方面的不足。以某知名国际品牌为例，其在中国市场的销售额持续增长，而国内品牌却难以与之抗衡，这在一定程度上反映了国内品牌在品质和设计上的短板。

为了提升品质与设计水平，中国服装行业需要引入先进的质量管理体系和标准化生产流程。通过加强质量控制和标准化制定，可以确保产品质量的稳定性和可靠性，提升消费者对国内品牌的信任度。同时，引入国际先进的生产技术和设备，可以进一步提高生产效率和产品品质，满足消费者对高品质服装的需求。在设计方面，中国服装行业需要注重挖掘传统文化元素，并结合国际流行趋势进行创新。通过深入研究中国传统文化，可以发掘出丰富的设计灵感和元素，为服装设计注入独特的文化内涵。同时，关注国际流行趋势，结合国内市场需求，可以设计出更具时尚感和竞争力的产品。此外，中国服装行业还应加强与国际同行的交流与合作，学习借鉴其先进的设计理念和品质管理经验。通过与国际品牌的合作，可以引进先进的技术和管理模式，提升国内品牌的竞争力和影响力。同时，加强行业内的资源整合和协同发展，可以形成合力，共同推动中国服装行业的品质与设计水平提升。

第四节　中国服装如何走向国际市场

一、国际化战略与定位

（一）明确目标市场与消费群体

在推进中国服装的国际化进程中，明确目标市场与消费群体是至关重要的一步。通过深入的市场调研和数据分析，我们发现欧洲年轻消费者群体对中国传统与现代融合的服装风格有着浓厚的兴趣。这一群体注重个性表达，追求时尚与文化的双重满足。因此，我们将欧洲年轻消费者作为主要的目标市场，并围绕他们的需求和喜好进行产品设计和市场推广。为了更精准地把握目标市场的脉搏，采用SWOT分析模型，对欧洲年轻消费者的消费习惯、审美偏好及购买能力进行全面评估。同时，借鉴国际知名服装品牌的成功经验，结合中国文化的独特魅力，打造一系列符合目标市场需求的服装产品。这些产品不仅在设计上独具匠心，更在品质上追求卓越，赢得目标消费者的广泛认可。

在具体实施中，通过与欧洲当地的时尚博主、意见领袖进行合作，借助他们的影响力将中国服装品牌和产品推荐给目标消费者。同时，积极参加国际时装周、时尚展览等活动，提升品牌知名度和影响力。通过这些努力，中国服装品牌在欧洲市场逐渐树立起了良好的口碑和形象。此外，中国服装品牌还注重与目标消费者建立长期的互动关系。通过社交媒体平台、线上店铺等渠道，及时收集消费者的反馈和建议，不断优化产品和服务。同时，定期举办线上线下活动，与消费者进行面对面的交流和互动，增强品牌与消费者之间的情感联系。

明确目标市场与消费群体是中国服装国际化之路的关键一步。通过深入的市场调研和精准的定位策略，能够更好地满足目标消费者的需求和期望，提升品牌竞争力和市场份额。未来，中国服装品牌将继续深化对目标市场的了解和研究，不断创新和优化产品和服务，推动中国服装在国际市场上取得更大的成功。

（二）制定差异化竞争策略

在制定差异化竞争策略时，中国服装行业需要深入分析目标市场的需求和特点，以及竞争对手的优劣势。例如，针对欧洲市场，中国服装企业可以推出融合中国传统元素与现代设计的服装系列，以独特的文化内涵和设计风格吸引欧洲消费者的关注。同时，企业还可以利用大数据分析，精准定位目标消费群体，制定个性化的营销策略，提高市场占有率和品牌知名度。

差异化竞争策略的成功实施离不开技术创新和产品质量的提升。中国服装企业应加大研发投入，引入先进的生产技术和设备，提高产品的科技含量和附加值。同时，企业还应加强质量控制，确保产品符合国际标准和消费者需求。通过技术创新和品质提升，中国服装企业可以在国际市场上形成独特的竞争优势。此外，制定差异化竞争策略还需要注重品牌建设和文化融合。中国服装企业应深入挖掘中国传统文化元素，将其与现代设计相结合，打造具有中国特色的服装品牌。同时，企业还应加强与国际服装行业的交流与合作，学习借鉴国际先进经验和技术，推动中国服装行业的国际化发展。

（三）打造国际化品牌形象

在打造国际化品牌形象的过程中，中国服装行业需要注重品牌形象的塑造与传播。首先，要明确品牌的定位和价值观，确保品牌形象与国际化战略相契合。例如，某知名服装品牌通过深入研究国际市场需求和消费者喜好，成功将品牌定位为高端、时尚、品质的代表，从而在国际市场上树立了良好的品牌形象。其次，要注重品牌形象的传播与推广。通过参加国际时装周、举办品牌发布会等活动，提高品牌在国际舞台上的曝光度和知名度。同时，利用社交媒体、电商平台等线上渠道，加强与消费者的互动和沟通，提升品牌影响力和美誉度。此外，还可以借助国际知名设计师、明星等合作伙伴的力量，共同推广品牌形象，提升品牌在国际市场上的竞争力。

在打造国际品牌形象的过程中，中国服装行业还需要注重品牌文化的传承与创新。中国传统文化博大精深，为服装品牌提供了丰富的设计灵感和文化底蕴。通过深入挖掘中国传统文化元素，结合现代设计理念和国际流行趋势，可以打造出具有中国特色的国际化服装品牌。例如，某品牌将中国传统刺绣技艺与现代服装设计相结合，推出了一系列独具特色的服装产品，深受国际消费者的喜爱。这种将传统文化与现代设计相融合的方式，不仅提升了品牌的文化内涵，也增强了品牌在国际市场上的竞争力。

同时，中国服装行业在打造国际化品牌形象时，还应注重品质与服务的提升。品质是品牌的基石，只有确保产品质量和服务水平达到国际标准，才能赢得国际消费者的信任和认可。因此，中国服装企业需要加强质量控制和标准化管理，提高产品的可靠性和稳定性。同时，还要注重提升客户服务水平，提供个性化的购物体验和优质的售后服务，增强消费者对品牌的忠诚度和满意度。

二、品质提升与技术创新

（一）加强质量控制与标准制定

在中国服装行业迈向国际化的进程中，加强质量控制与标准制定显得尤为重要。当前，国内服装市场面临着品质参差不齐、标准不一的困境，这严重制约了行业的健康发展。因此，必须从源头上抓起，通过加强质量控制与标准制定，提升中国服装的整体品质。

在质量控制方面，可以借鉴国际先进经验，引入先进的生产设备和工艺，确保每一件产品都符合高标准的质量要求。同时，建立严格的质量检测体系，对生产过程中的每一个环节严格把关，确保产品质量的稳定性和可靠性。此外，加强员工培训，提高员工的质量意识和技能水平，也是提升产品质量的关键。

在标准制定方面，我们需要结合国际标准和国内实际情况，制定出一套既符合国际标准又具有中国特色的服装标准体系。这不仅可以规范行业秩序，提升行业整体水平，还可以为中国服装品牌在国际市场上树立良好形象。同时，加强与国际服装行业的交流与合作，学习借鉴国际先进标准和技术，也是推动中国服装行业标准化进程的重要途径。

以某知名服装品牌为例，该品牌通过引入国际先进的生产设备和工艺，建立了严格的质量检测体系，并加强员工培训，使其产品质量得到了显著提升。同时，该品牌还积极参与国际服装行业的交流与合作，学习借鉴国际先进标准和技术，不断提升自身的标准化水平。这些举措不仅提升了该品牌的国际竞争力，也为中国服装行业的国际化之路提供了有益的探索和借鉴。

（二）引入先进技术与设备

在中国服装行业的国际化进程中，引入先进技术与设备是提升品质与竞争力的关键一环。近年来，随着科技的不断进步，越来越多的服装企业开始注重技术创新和设备升级。例如，某知名服装品牌通过引进智能生产线和自动化设备，实现了生产流程的自动化和智能化，大大提高了生产效率和产品质量。数据显示，该品牌引入先进技术后，生产效率提升了30%，产品不良率降低了20%。先进技术与设备的引入不仅提高了生产效率，还促进了产品创新。一些企业利用3D打印技术、虚拟现实技术等前沿科技，设计出更具创意和个性化的服装产品，满足了消费者日益多样化的需求。同时，这些技术也为企业带来了更多的商业机会和市场份额。正如乔布斯所言："创新是区别领导者和追随者的唯一标准。"通过引入先进技术与设备，中国服装企业正逐步从追随者转变为领导者。此外，先进技术与设备的引入还有助于提升中国服装行业的国际形象。通过展示先进的生产技术和高品质的产品，中国服装企业能够赢得更多国际消费者的认可和信任。同时，这也为中国服装企业拓展国际市场提供了有力支持。例如，某服装企业在国际时装周上展示了其利用先进技术和设备生产的服装产品，受到了众多国际买家的关注和好评。

（三）研发具有竞争力的新产品

在研发具有竞争力的新产品方面，中国服装行业正积极寻求突破。以某知名服装品牌为例，该品牌通过深入市场调研，发现消费者对环保、可持续时尚的需求日益增长。于是，品牌研发团队结合这一趋势，利用先进的环保材料和技术，成功推出了一系列环保时尚新品。这些新品不仅在设计上独具匠心，更在材质和工艺上实现了绿色、低碳的目标，赢得了消费者的广泛好评。

除了环保时尚新品外，中国服装行业还在智能穿戴领域取得了显著进展。一些品牌通过引入智能芯片、传感器等先进技术，将服装与智能设备相结合，推出了具有健康监测、运动记录等功能的智能服装。这些产品不仅满足了消费者对健康生活的追求，也为中国服装行业带来了新的增长点。

在研发过程中，中国服装行业还注重运用数据分析、用户画像等现代科技手段，精准把握消费者需求和市场趋势。通过收集和分析大量用户数据，企业能够更准确地了解消费者的喜好和购买习惯，从而有针对性地研发新产品。这种以数据为驱动的研发模式，不仅提高了研发效率，也降低了市场风险。中国服装行业在研发具有竞争力的新产品方面，正不断追求创新，努力成为行业的领导者。通过加强品质提升、技术创新、设计创新等，中国服装行业将不断推出更多符合市场需求、具有竞争力的新产品，为行业的国际化之路奠定坚实基础。

三、设计创新与文化融合

（一）挖掘中国传统文化元素

在探索中国服装的国际化之路上，挖掘中国传统文化元素成为一项至关重要的任务。中国传统文化博大精深，蕴含着丰富的艺术内涵和独特的美学价值，为服装设计师提供了无尽的灵感来源。例如，在近年来的国际时装周上，越来越多的中国设计师开始将中国传统元素融入现代服装设计中，如旗袍的改良、刺绣的点缀及传统色彩的运用等，这些作品不仅赢得了国际时尚界的认可，也为中国服装品牌在国际市场上树立了独特的形象。具体而言，挖掘中国传统文化元素需要深入研究历史文献和民间艺术，从中汲取灵感并提炼出具有现代审美价值的元素。例如，中国古代的丝绸文化、陶瓷艺术及传统绘画等，都可以为现代服装设计提供丰富的素材。同时，结合现代科技手段，如数字化技术和 3D 打印技术等，可以将传统元素以更加生动、立体的方式呈现在服装上，增强服装的艺术性和文化内涵。此外，挖掘中国传统文化元素还需要注重与现代时尚趋势的结合。设计师需要关注国际时尚潮流，了解消费者的审美需求，将传统元素与现代设计手法相结合，创造出既具有中国特色又符合国际潮流的服装作品。这样不仅可以提升中国服装品牌的国际竞争力，也可以推动中国传统文化在国际上的传播和交流。

（二）结合国际流行趋势进行设计创新

在设计创新方面，中国服装行业正积极结合国际流行趋势，打造更具竞争力的产品。近年来，随着全球时尚文化的交融，中国设计师开始更多地借鉴国际元素，同时融入本土文化特色，形成独特的设计风格。例如，某知名服装品牌在设计新款服装时，巧妙地将中国传统刺绣技艺与国际流行的简约风格相结合，既展现了东方文化的韵味，又符合现代消费者的审美需求。这种设计创新不仅提升了产品的附加值，也增强了品牌的市场竞争力。

此外，中国服装行业还注重与国际时尚界的交流与合作。通过参加国际时装周、举办设计师交流活动等方式，中国设计师得以更直接地了解国际流行趋势，学习先进的设计理念和技术。同时，这也为中国服装品牌提供了展示自身实力、拓展国际市场的机会。据统计，近年来中国服装品牌在国际时装周上的亮相频率和影响力逐年提升，为中国服装行业的国际化发展奠定了坚实基础。当然，结合国际流行趋势进行设计创新并非一蹴而就的过程。中国服装行业需要不断提升自身的设计水平和创新能力，加强与国际时尚界的交流与合作，同时保持对本土文化的传承与发扬。只有这样，才能在全球服装市场中占据一席之地，实现真正的国际化发展。

（三）打造具有中国特色的服装品牌

在打造具有中国特色的服装品牌过程中，我们不仅要注重传统文化的挖掘与传承，还要结合现代设计理念和国际流行趋势，形成独特的品牌风格。以知名服装品牌东北虎为例，该品牌深入挖掘中国传统文化元素，将传统图案、色彩和工艺与现代剪裁、面料相结合，打造出既具有传统韵味又符合现代审美需求的服装产品。同时，该品牌还注重与国际设计师合作，引入国际流行元素，使产品更具国际竞争力。据统计，该品牌在国内外市场的销售额逐年攀升，品牌影响力不断扩大。

在打造具有中国特色的服装品牌时，还应注重品牌文化的塑造和传播。品牌文化不仅是品牌形象的体现，更是品牌价值的传递。通过举办时装秀、参加国际展览、开展文化交流活动等方式，可以将品牌文化传递给更多消费者，提升品牌的知名度和美誉度。同时，还可以借助社交媒体等新媒体平台，与消费者进行互动，加强品牌与消费者之间的情感联系。此外，在打造具有中国特色的服装品牌时，我们还应注重品质和创新。品质是品牌的生命线，只有不断提升产品品质，才能赢得消费者的信任和忠诚。同时，创新也是品牌发展的重要动力。我们可以通过研发新材料、新工艺、新技术等方式，不断提升产品的科技含量和附加值，使品牌更具竞争力。

四、营销渠道拓展与品牌建设

（一）拓展线上、线下销售渠道

在拓展线上、线下销售渠道方面，中国服装行业正积极拥抱数字化时代，实现多渠道、全方位的营销布局。线上渠道方面，众多服装品牌纷纷入驻电商平台，利用大数据和人工智能技术精准定位目标客户，实现个性化推荐和精准营销。在拓展销售渠道的过程中，中国服装行业还注重线上、线下的融合与互补。通过线上、线下渠道的协同作战，品牌可以实现资源共享、优势互补，提高整体运营效率。例如，某服装品牌通过线上平台收集消费者数据，分析消费习惯和偏好，为线下门店提供精准的商品推荐和陈列建议。同时，线下门店也为线上平台提供实体展示和体验服务，增强消费者对品牌的认知和信任。此外，中国服装行业还积极探索新的销售渠道和模式。例如，社交电商、直播电商等新型电商模式的兴起为服装品牌提供了新的销售渠道。通过直播等形式展示产品、与消费者互动，品牌可以更加直观地展示产品特点和优势，提高消费者的购买意愿。同时，社交电商的裂变式传播也为品牌带来了更多的曝光度和流量。

在拓展销售渠道的过程中，中国服装行业还需注重渠道管理和优化。通过定期分析各渠道的销售数据、客户反馈等信息，品牌可以及时调整渠道策略，优化渠道布局。同时，加强渠道间的协同合作和信息共享也是提高整体运营效率的关键。通过不断拓展和优化线上、线下销售渠道，中国服装行业将更好地实现国际化战略，提升品牌影响力和市场竞争力。

（二）加强品牌宣传与推广

在推动中国服装的国际化进程中，加强品牌宣传与推广是至关重要的一环。近年来，随着数字化营销的兴起，中国服装品牌纷纷加大在社交媒体、电商平台等渠道的宣传力度。以某知名服装品牌为例，其在微博、抖音等平台上积极发布时尚资讯、新品发布会等内容，吸引了大量年轻消费者的关注。同时，该品牌还通过与知名博主、网红合作，进行直播带货，有效提升了品牌曝光度和销售额。据统计，该品牌通过数字化营销手段，实现了销售额的快速增长，品牌知名度也得到了显著提升。除了数字化营销，中国服装品牌还积极参加国际时装周、展览会等活动，通过展示品牌特色和设计理念，吸引国际买家的关注。这些活动不仅为品牌提供了展示平台，也为品牌与国际同行交流合作提供了机会。此外，一些品牌还通过赞助国际体育赛事、文化活动等方式，提升品牌在国际市场的知名度和影响力。

在加强品牌宣传与推广的过程中，中国服装品牌还需要注重品牌形象的塑造和维护。品牌形象是消费者对品牌的整体认知和印象，是品牌价值的体现。因此，品牌需要注重在宣传中传递品牌的核心价值观和文化内涵，同时保持品牌形象的稳定性和一致性。只有这样，才能在激烈的市场竞争中脱颖而出，赢得消费者的信任和忠诚。

（三）建立良好的客户关系与口碑

在服装行业，建立良好的客户关系与口碑是品牌持续发展的关键。为了提升客户满意度和口碑，积极运用社交媒体等线上渠道，与消费者进行互动和沟通。同时还应注重收集和分析客户反馈，不断优化产品和服务，以满足消费者的需求和期望。注重与合作伙伴的协同合作。通过与知名电商平台、时尚博主等合作，扩大品牌市场影响力，提升品牌知名度和美誉度。积极参与行业交流和合作，与国内外同行分享经验、探讨趋势，共同推动中国服装行业的国际化发展。

● 思考与练习

1. 在国际上，服装品牌按照不同档次可以分为哪几类？
2. 简析我国服装如何走向国际市场？

第八章

服装商品企划

课题名称：服装商品企划

课题内容：1.服装商品企划的概念

2.服装商品企划开发流程

3.服装商品企划的财务规划管理

课题时间：2课时

教学目的：培养学生服装商品企划能力，了解服装商品企划的工作内容和开发流程，了解服装的促销和财务预算规划管理方法。

教学方式：理论讲授。

教学要求：1.了解什么是服装商品企划。

2.了解服装商品企划的工作流程和内容。

3.了解服装的促销方式和财务管理方法。

课前准备：课后搜集不同风格的服装图片，加强对服装风格的理解。

第一节　服装商品企划的概念

一、服装商品企划的概念

服装商品企划是服装企业为了实现其营销目标，采取一系列计划和管理方案，将每一季节的服装商品推向市场的活动。它涵盖了从市场调研、品牌定位、流行分析、季节主题确定，到商品理念设定、商品构成、视觉策划及生产安排等多个方面。

具体来说，服装商品企划首先需要对目标消费者进行深入研究，了解他们的需求和偏好。基于这些市场洞察，企业会进行品牌定位，确定商品的市场定位和目标消费群体。同时，流行分析和季节主题确定也是非常重要的环节，它们可以帮助企业把握市场趋势，设计出符合消费者喜好的服装款式。在商品理念设定和商品构成阶段，企业会考虑如何将消费者的需求转化为具体的商品设计，包括款式、颜色、面料等方面的选择。视觉策划则涉及商品的展示和陈列方式，旨在吸引消费者的注意力并提升购买欲望。最后，生产安排是确保商品企划得以顺利实现的关键环节。企业需要根据市场需求和销售预测，合理安排生产计划，确保商品能够按时上市并满足消费者的需求。

二、服装商品企划在服装产业中的地位

服装商品企划在服装产业中占据着举足轻重的地位。它是服装企业实现经营目标、提升品牌竞争力、满足消费者需求的关键环节。具体来说，服装商品企划的地位体现在以下几个方面：

首先，服装商品企划是服装企业制定营销策略、规划产品组合和市场定位的重要依据。通过对目标市场进行深入的分析，企业能够明确自身的市场定位和产品定位，从而制订出更加精准的营销策略。同时，商品企划还能帮助企业规划出合理的产品组合，以满足不同消费者的需求，提升企业的市场竞争力。

其次，服装商品企划有助于提升品牌形象和品牌价值。通过精心策划和设计，企业能够打造出具有独特风格和特色的服装产品，从而吸引更多的消费者关注。同时，商品企划还能够强调品牌理念和文化内涵，使品牌在市场中脱颖而出，形成强大的品牌影响力。

此外，服装商品企划还有助于企业控制成本、优化生产和提高效率。通过对供应链、原材料和生产过程进行有效管理，企业能够降低生产成本，提高生产效率，进而提升盈利能

力。同时，商品企划还能够优化库存管理，避免库存积压和浪费，提高企业的运营水平。

最后，服装商品企划也是企业与消费者之间建立紧密关系的重要桥梁。通过对消费者的需求进行深入的了解和分析，企业能够提供更加符合消费者需求的产品和服务，从而提升消费者的满意度和忠诚度。同时，商品企划还能够通过举办各种营销活动、推广活动等方式，增强与消费者的互动和沟通，进一步巩固企业与消费者之间的关系。

综上所述，服装商品企划在服装产业中具有不可或缺的地位。它不仅能够提升企业的市场竞争力和品牌价值，还能够优化企业的生产和运营，与消费者建立更加紧密的关系，从而推动整个产业的健康发展。

三、服装商品企划的原则

1. **目标消费群定位原则**　服装商品企划的首要原则是明确并精准地定位目标消费群。这需要对市场进行深入分析，了解消费者的年龄、性别、地域、职业、收入、审美偏好及生活方式等关键信息。基于这些信息，企业可以设计出符合目标消费群需求的服装产品，并在后续的营销活动中有效地传达品牌价值。

2. **产品差异化原则**　在竞争激烈的服装市场中，产品差异化是提升竞争力的关键。企业需要在设计、面料、款式、色彩等方面创造出独特的卖点，以吸引消费者的注意力并激发他们的购买欲望。同时，还需要关注产品的质量和舒适度，确保消费者在购买后能够获得良好的穿着体验。

3. **市场适应性原则**　服装商品企划需要紧密关注市场动态和趋势，及时调整产品策略以适应市场的变化。这包括对流行趋势的敏锐洞察、对消费者需求的持续关注以及对竞争对手的分析。通过不断调整和优化产品策略，企业可以确保产品在市场上的竞争力。

4. **成本控制与利润最大化原则**　在进行服装商品企划时，企业需要充分考虑成本控制和利润最大化的问题。通过合理的定价策略、有效的供应链管理和成本控制措施，企业可以确保产品在保持竞争力的同时实现利润最大化。

5. **品牌塑造与传播原则**　服装商品企划不仅是关于产品的设计和生产，还涉及品牌的塑造和传播。企业需要通过统一的品牌形象、独特的品牌故事，以及有效的传播渠道来塑造和提升品牌价值。同时，还需要关注与消费者的互动和沟通，以建立和维护良好的品牌形象和口碑。

四、服装商品企划的原点

服装商品企划的原点可以概括为以下三个核心要素：

首先，在于深入理解目标消费者的生活方式和需求。这包括消费者的穿着习惯、消费能力、审美观念、购买偏好等多个方面。通过对消费者的深度洞察，企业可以更加精准地把握市场动态，为商品企划提供有力的数据支持。

其次，在于对服装商品本身的深刻认识。服装商品不仅具有遮风挡雨、保暖舒适等物性价值，更承载了消费者的心理和社会特征。因此，企划人员需要充分考虑服装商品的社会属性，如传达出的社会地位、职业、角色、价值观念及个性特征等。同时，还需要关注服装商品的流行趋势、设计元素、面料选择等方面，以确保商品能够符合消费者的期望和需求。

最后，在于对市场竞争的敏锐洞察。企业需要了解竞争对手的产品特点、市场定位、营销策略等，以便在商品企划中制定更具竞争力的策略。同时，还需要关注行业的发展趋势和新兴技术，以便及时调整商品企划的方向和重点。

五、服装商品企划的范畴

服装商品企划是服装企业为了实现营销目标而制定的一系列计划和管理方案。它主要涵盖了以下六个方面的范畴：

（1）市场调研与分析：对目标消费者、市场需求、竞争态势等进行深入研究，为后续的企划工作提供数据支持和市场洞察。

（2）品牌策划：包括品牌命名、标识设计、品牌故事塑造等，以建立和提升品牌形象和价值。

（3）设计企划：涉及服装的款式、面料、色彩、廓型等方面的设计，以及整体风格的确定，旨在满足目标消费者的审美和穿着需求。

（4）商品投放组合：根据市场调研结果，制定商品投放策略，包括商品的选择、搭配、定价等，以优化商品结构和提升销售效果。

（5）生产计划：根据市场需求和商品投放计划，制订合理的生产计划，确保产品的供应和质量。

（6）销售企划：制订销售策略和推广计划，包括销售渠道的选择、促销活动的安排等，以扩大销售量和市场份额。

此外，服装商品企划还需要考虑与供应商、生产商、销售渠道等相关方面的合作与协调，以确保企划的顺利实施和达成预期目标。

第二节 服装商品企划开发流程

一、服装商品企划开发流程框架

服装商品企划开发流程是一个复杂而系统的过程，它涵盖了从市场调研到后期评估的多个关键环节，如表8-1所示。在这个流程中，每一个环节都至关重要，它们相互关联、相互影响，共同构成了服装商品企划开发的完整框架。

表8-1 服装商品企划开发流程表

阶段	主要任务
市场调研	分析市场趋势，了解消费者需求
产品定位	确定产品风格、目标人群、价格区间
设计开发	设计服装款式、颜色、面料等
样品制作	制作样品，进行质量检测
生产计划	制订生产计划，安排生产进度
产品上市	进行市场推广，产品上市销售
销售反馈	收集销售数据，分析市场反馈
产品改进	根据销售反馈，进行产品改进

二、服装商品企划开发流程分析

（一）市场调研与需求分析

服装商品企划的市场调研与需求分析是服装企业制定有效商业策略的关键步骤。

市场调研是指系统地收集、整理和分析与目标市场相关的信息，以了解市场的现状、趋势及潜在机会。在服装行业，市场调研尤为重要，因为服装市场的变化和消费者需求的多样性要求企业必须时刻关注市场动态。首先，确定调研目的和范围。在进行市场调研之前，企业需要明确调研的目的，如了解目标市场的消费者需求、竞争对手情况、市场规模等。同时，确定调研的范围，如特定的地域、消费者群体或产品类型。其次，选择合适的调研方法。市场调研方法包括问卷调查、访谈、观察法等。企业可以根据调研目的和预算选择合适的调研方法。例如，通过问卷调查可以快速收集大量消费者的意见和反馈；而访谈法则可以更深入地了解消费者的需求和偏好。在实施市场调研的过程中，还需要注意以下几点：一是确保调研数据的真实性和可靠性；二是合理安排调研时间和人员，确保调研的顺利进行；三是及时整理和分析调研数据，提取有价值的信息。

需求分析则是基于市场调研的结果，对消费者的需求进行深入挖掘和分析。在服装行业，消费者需求是多样化的，包括款式、颜色、面料、价格等方面。因此，企业需要对消费者需求进行细分，并根据不同需求制定相应的产品策略。首先，识别消费者需求。通过市场调研，企业可以了解到消费者的基本需求、潜在需求和期望需求。这些需求可能涉及款式、面料、颜色等方面，企业需要对其进行整理和分类。其次，分析需求特点和趋势。企业需要对消费者的需求进行深入分析，了解需求的特点和变化趋势。例如，某些款式或颜色可能受到特定年龄段或地域消费者的喜爱；某些季节或节日可能导致特定类型服装的需求增加。最后，制定产品策略。基于需求分析的结果，企业需要制定相应的产品策略，包括产品定位、设计风格、面料选择、价格制定等。这些策略应旨在满足消费者的需求，提高产品的市场竞争力。

（二）创意设计与概念构思

服装商品企划的创意设计与概念构思是品牌发展和市场营销的关键环节，旨在创造出既符合品牌形象又能吸引消费者的服装系列。

创意设计的核心在于独特性和创新性。设计师需要深入了解品牌的历史、文化和价值观，从中汲取灵感，并结合当前的市场趋势和消费者需求，提出具有创意的设计方案。在创意构思阶段，设计师可以运用各种设计元素，如色彩、面料、廓型等，来创造出独特的视觉效果，使服装系列在市场中脱颖而出。

概念构思是创意设计的灵魂。它涉及对品牌理念、市场定位和目标消费者的深入理解。设计师需要通过市场调研和消费者分析，明确品牌的目标市场和消费者需求，从而确定设计的主题和风格。概念构思还需要考虑服装的功能性和舒适性，确保设计不仅美观，而且实用。

在创意设计与概念构思的过程中，设计师需要关注时尚趋势和流行元素。时尚是不断变化的，设计师需要敏锐地捕捉时尚潮流，将其融入设计中，使服装系列保持新鲜感和吸引力。同时，设计师也要保持对传统文化的尊重和传承，将传统元素与现代设计相结合，创造出具有文化内涵的服装作品。

创意设计与概念构思还需要考虑可持续发展和环保理念。随着消费者对环保意识的提高，越来越多的品牌开始关注可持续发展。设计师可以通过选择环保面料、优化生产流程等方式，将环保理念融入设计中，使服装系列既美观又环保。

（三）样品制作与评估

1. 样品制作

（1）设计转化与初板制作：设计团队首先会将创意转化为具体的样品制作方案。根据设计草图或3D效果图，技术团队开始制作初板样品。这个阶段的样品主要用于检验设计方案的可行性和市场接受度。

（2）面料与辅料筛选：在样品制作过程中，选择合适的面料和辅料至关重要。设计团队会与供应商紧密合作，挑选符合设计风格和性能要求的面料和辅料，确保样品的品质与预期相符。

（3）工艺与板型优化：样品制作过程中，技术团队会针对板型、裁剪、缝纫等工艺细节进行反复调整和优化，确保样品能够展现出最佳的穿着效果和品质感。

（4）多版本与组合样品制作：为了测试不同款式、颜色或面料组合的市场反应，团队会制作多个版本的样品，以便进行后续的评估和选择。

2. 样品评估

（1）内部评审会议：样品制作完成后，团队会组织内部评审会议，邀请设计师、市场部门、技术部门等相关人员共同对样品进行评估。评审内容包括设计创意、面料选择、工艺细节及市场潜力等方面。

（2）市场测试与反馈收集：经过内部评审后，团队会选择部分样品进行市场测试。通过线上预售、线下试穿活动等方式，收集消费者对样品的反馈意见。这些反馈将作为后续产品调整的重要依据。

（3）数据分析与调整决策：团队会对市场测试的数据进行深入分析，了解样品的销售表现、消费者喜好等信息。根据分析结果，团队会制定相应的调整决策，如修改设计、调整面料或优化工艺等。

（4）最终样品确定与量产准备：经过多次的样品制作与评估后，团队会确定最终的样品版本，并准备进行量产。在量产前，团队还需确保生产流程、质量控制等方面的准备工作充分到位。

通过样品制作与评估的循环过程，服装商品企划团队能够不断优化产品，确保最终推向市场的产品符合市场需求和消费者期望。

（四）成本核算与定价策略

服装商品企划的成本核算与定价策略是确保企业盈利和市场竞争力的关键环节。服装商品的成本核算需要精确而全面，涉及的主要内容包括原材料成本、加工成本、人工成本，以及运输、税费等其他附加成本。在核算过程中，应确保各项成本数据真实可靠，以便为定价策略提供有力支持。具体来说，原材料成本是服装商品成本的主要组成部分，包括面料、辅料、纽扣、拉链等。加工成本则涉及生产过程中的机器折旧、能源消耗及工艺制作费用等。人工成本是生产工人的工资、社保等相关费用。此外，运输成本、税费、销售成本等其他附加成本也不能忽视。

在成本核算的基础上，可以制定合适的定价策略。定价策略的制定应综合考虑成本、市场需求、竞争状况及品牌定位等因素。以下是一些常见的定价策略：

（1）成本加成定价法：在成本的基础上加上一定的利润加成来确定售价。这种方法简单易行，但可能无法充分反映市场需求和竞争状况。

（2）市场导向定价法：根据市场调查和竞争分析，以市场价格为基础进行定价。这种方法能更好地适应市场需求和竞争状况，但需要对市场有深入的了解和准确的判断。

（3）竞争定价法：根据竞争对手的定价来确定自己的售价。这种方法可以保持与竞争对手的价格水平一致，但可能忽略了自己的成本结构和品牌价值。

（4）价值定价法：根据产品的独特价值和消费者对产品价值的认知来定价。这种方法可以更好地体现产品的价值，提高消费者的购买意愿，但需要企业具备较高的品牌影响力和市场认可度。

在制定定价策略时，企业还应考虑动态调整价格的可能性。随着市场需求、成本结构及竞争状况的变化，企业可能需要适时调整价格以保持市场竞争力。

总之，服装商品企划的成本核算与定价策略是相互关联、相互影响的两个环节。企业需要根据自身实际情况和市场环境制定合适的成本核算方法和定价策略，以确保企业的盈利和市场竞争力。

（五）营销推广与渠道拓展

服装商品企划的营销推广与渠道拓展是确保品牌和产品成功进入市场并实现销售增长的重要环节。以下是一些关于营销推广与渠道拓展的建议：

1. 营销推广

（1）定位目标客户群体：首先，要明确服装商品的目标客户是谁。这有助于制定更具针对性的营销策略，提高营销效果。

（2）品牌故事与传播：创建一个引人入胜的品牌故事，并通过各种渠道传播，如社交媒体、博客、线下活动等，以增强品牌的认知度和吸引力。

（3）利用社交媒体营销：通过微博、微信、抖音等社交媒体平台，发布产品动态、时尚搭配、品牌故事等内容，吸引粉丝互动，提高品牌曝光度。

（4）合作与联名：与其他品牌或知名人士进行合作与联名，通过共享资源和粉丝基础，实现互利共赢，扩大品牌影响力。

（5）举办活动：举办线上线下活动，如时尚秀、折扣促销、新品发布会等，吸引目标客户群体的关注，提高产品销量。

2. 渠道拓展

（1）线下渠道：

①自营店：在繁华商圈或购物中心设立自营店，展示品牌形象和产品特色，提供优质的购物体验。

②加盟店：通过加盟模式，吸引有实力的合作伙伴共同开拓市场，扩大品牌覆盖面。

③多品牌集合店：与其他品牌合作，共同入驻多品牌集合店，共享客流资源，提高品牌曝光度。

（2）线上渠道：

①电商平台：入驻淘宝、天猫、京东等电商平台，利用平台的流量优势，扩大线上销售渠道。

②自建官网：建立品牌官网，展示产品信息和品牌形象，提供线上购买服务，增强客户黏性。

③直播带货：借助直播带货等新型电商形式，通过主播的推荐和展示，吸引更多潜在客户关注和购买。

总之，服装商品企划的营销推广与渠道拓展需要综合运用多种策略和手段，不断创新和优化，以适应市场变化和满足客户需求。同时，要关注行业趋势和竞争对手动态，及时调整策略，保持竞争优势。

（六）后期评估与持续改进

服装商品企划的后期评估与持续改进是确保企业保持市场竞争力、提升品牌形象及实现可持续发展的关键环节。以下是对这两个方面的详细探讨：

1. 后期评估

后期评估主要是对服装商品企划的执行效果进行全面、客观的分析和评价，包括以下三个方面：

（1）销售数据分析：通过分析销售数据，了解服装商品在市场中的实际表现，包括销售额、销售量、库存周转率等指标，从而判断企划方案是否有效促进销售增长。

（2）消费者反馈收集：通过调查问卷、线上评价等方式收集消费者对服装商品的反馈。了解消费者对商品的满意度、需求变化及潜在的市场机会，为后续的企划改进提供依据。

（3）品牌形象评估：评估服装商品在市场上的品牌形象，包括品牌知名度、美誉度及忠诚度等方面。通过与其他竞争品牌的对比，发现自身品牌的优势和不足。

2. 持续改进

在后期评估的基础上，针对存在的问题和不足，制定具体的改进措施，并付诸实施。持续改进主要包括以下几个方面：

（1）产品优化：根据消费者反馈和销售数据，对服装商品进行针对性的优化。例如，调整款式、面料、颜色等设计元素，以满足消费者的需求和提高市场竞争力。

（2）营销策略调整：根据市场变化和消费者需求，灵活调整营销策略。例如，加大线上、线下推广力度，开展促销活动，拓展销售渠道等，以提高品牌知名度和市场份额。

（3）供应链优化：优化供应链管理，确保原材料采购、生产加工、物流配送等环节的顺畅和高效。通过降低生产成本、提高生产效率，提升企业的盈利能力。

（4）团队建设与培训：加强企划团队的建设和培训，提高团队成员的专业素质和创新能力。通过引进优秀人才、开展内部培训等方式，打造一支高效、专业的企划团队。

第三节　服装商品企划的财务规划管理

服装商品企划的财务规划管理是一个涉及多个层面的综合性过程，旨在确保企划活动的财务稳健性和效益最大化。以下是关于服装商品企划财务规划管理的一些关键要点：

一、预算制定与成本控制

首先，需要根据服装商品企划的目标和规模，制定详细的预算计划，包括预计的收入、成本及预期的利润。在预算制订过程中，需要考虑到各种可能的因素，如原材料价格、生产成本、运输费用、市场营销费用等。同时，要设定合理的成本控制目标，通过优化生产流程、降低采购成本、提高生产效率等方式，实现成本的有效控制。

二、资金筹措与运用

为了确保服装商品企划的顺利实施，需要提前做好资金筹措工作。这包括确定资金来源、筹集资金及制订资金运用计划。在资金运用方面，要确保资金的有效利用，避免资金的闲置和浪费。同时，要根据企划的实际进展，及时调整资金运用计划，确保资金与企划的匹配。

三、风险管理与应对

服装商品企划面临着多种风险，如市场风险、供应链风险、财务风险等。因此，需要做好风险管理工作，包括风险识别、评估、监控和应对。通过制订风险应对策略，如建立风险预警机制、制订应急预案等，确保在风险发生时能够及时应对，降低损失。

四、财务分析与报告

在服装商品企划实施过程中，需要定期进行财务分析，以了解企划的财务状况和经营成果。财务分析包括收入分析、成本分析、利润分析等，有助于发现潜在的问题和改进空间。同时，要编制财务报告，及时向管理层和相关利益方报告企划的财务状况和经营情况，以便做出正确的决策。

五、财务团队建设与培训

一个专业的财务团队是服装商品企划财务规划管理的重要保障。因此，需要注重财务团队的建设和培训。通过选拔具有丰富经验和专业技能的财务人才，组建高效、专业的财务团队。同时，要加强财务人员的培训和学习，提高他们的专业素养和技能水平，以更好地服务于服装商品企划的财务规划管理工作。

● 思考与练习

1. 简述服装商品企划的意义。

2. 分析市场营销与商品企划的关联。

3. 简述国内服装商品企划的实施形式。

第九章

服装商品
生产管理

课题名称： 服装商品生产管理

课题内容： 1.服装生产管理概述

2.生产过程的组织与管理

3.服装质量管理

4.服装生产成本管理

5.销售计划与生产计划

课题时间： 2课时

教学目的： 让学生了解服装商品生产管理的知识，培养学生生产管理和解决问题的
能力。

教学方式： 理论讲授。

教学要求： 1.了解服装生产流程，服装生产管理的体系和原则。

2.服装生产的组织管理和质量管理。

课前准备： 课后组织学生参观服装企业生产线或者观看服装企业生产线的视频，加强
学生对服装生产管理的认识。

第一节 服装生产管理概述

一、服装生产概述

（一）服装生产企业的特点

一般来说服装生产企业有如下几个特点：

1.服装生产企业是劳动者密集型企业 常常需要在有限的厂房面积，安排更多的劳动力。

2.投资少、见效快 服装厂的建设性投资相对其他行业投资少、见效快，投资回收期短。

3、产品品种多、更新快 服装产品是一种消费品，随着经济的发展和社会的进步，人们审美不断提高、爱好逐渐增多、追求时尚的愿望越来越强，使服装产品的款式、面料、色彩、图案变化万千，从而服装流行周期不断缩短，产品品种多样化。

4.服装企业生产的产品是技艺结合的半手工产品 在生产过程中除了生产技术以外还考虑到技艺的结合。生产产品所需要的面料、辅料、工人、机械设备等相互之间必须适当配合，才能保质、保量、按时完成美观、适体、耐用的服装。

（二）服装生产方式

由于服装是历史、文化、艺术、科技等方面知识的综合产物，不同消费水平不同类别的人对衣着有着不同的要求，所以服装生产通常采用以下几种方式：

1.成衣化 采用工业化标准方法生产，其特点是能有效地利用人、财、物，进行流水线生产、机械化生产和自动化生产，服装质量稳定，价格合适。

2.半成衣化 以工业化标准生产为基础，由客户对某些部位提出特殊要求，结合工业化生产的方法，投入工厂生产线完成。

3.定制 以个人体型为标准，量体裁衣，单件制作。由于服装是按个体客户的体型和尺码单独缝制，因此穿起来更合体。

4.家庭制作 穿着者自己购料，根据自己的体型、款式、要求，在家缝制成服装。随着经济的发展，目前这种方式逐步被定制方式取代。

通常，将前两种方式生产的服装称为"成衣"。成衣一般按规定的款式和统一的服装号型进行缝制。这类服装由于是大批量生产，因此也促进了服装在零售、制造和供销方面的现代化，且生产成本远比定制服装低，消费者在市场上也可以买到物美价廉的服装。但成衣生产也受很多因素的影响，如服装款式随潮流、季节的变化、经济的增长与衰减、国际贸易的配额限制等因素的影响。

（三）国内外成衣生产状况

1.国外的成衣化率 国外的成衣化率普遍比较高，尤其是经济化较发达的国家，如美国的成衣化率为99%，德国为95%，日本为92%，英国为32%。美国定制服装的价格是成衣化服装的4倍，德国为3倍，日本为2倍。成衣化率高的国家服装的生产技术有以下几个特点：

（1）具有先进的设备，成熟的工艺，新型面料，且不断采用新技术，适应新产品的生产。

（2）服装加工技术向自动化、立体方面发展。

（3）注重产品的流行性，用工业化的生产手段进行小批量、高档化服装加工。

（4）重视服装品牌的发展，有好的商业信誉和企业形象。

（5）形成并具有手工高档的时装概念。

（6）服装设计、裁剪电脑化，服装CAD、CAM、服装款式设计的三维系统等已用于实际，可随时进行设计，可在计算机上直接修改，并显示最终产品的试样，供客户选择。

（7）缝制设备专业化、高速化，黏合整烫设备自动化，使缝制工艺简化，效率高。

（8）服装生产管理科学化。

2.我国的成衣化率 我国的成衣化率经过二十多年的发展，有了很大提高，我国服装的产量和利润额相对集中，并已形成集团化规模经营。目前，乡镇企业、合资企业、私营企业占全国服装企业的80%左右，是我国服装生产的主力军。但与发达国家相比，总体水平不高。我国成衣化服装生产的特点主要表现在以下几个方面：

（1）服装工业已处于变革时代，生产类型由大批量、少品种、长周期向小批量、多品种、短周期方向发展。

（2）服装生产采用的面料、辅料多样化，新技术、新材料广泛应用。

（3）重视服装品牌发展，企业向集团化规模经营过渡。

（4）生产中机械化、专业化作业程度逐步提高。

（5）生产管理主要靠经验，生产工序多，工艺编排较为复杂。

（6）逐步建立服装信息网，采集国际服装流行信息。

一些进入市场并早已有自主品牌的企业，正在全方位地提高企业的应变能力和竞争能力，以提高市场的占有率，并开始从有形资产经营向无形资产经营转变，从经验管理向现代化科学管理转变。

3.国内服装市场存在的不足 从总体来讲，我国服装企业的发展历史比较短，各方面基础比较薄弱。中国加入 WTO 后，随着国外服装品牌和资金的引入，我国服装工业面临着严峻的挑战。目前，国内服装市场仍存在以下不足：

（1）交货期不能保证。中国的纺织品和服装，从包装、定船到运输、交货的时间较长，影响外商订货。

（2）服装的标准性能不清。在服装上标明服装衣料的成分、洗涤、熨烫、保存方法等，是否褪色等标识不全、不清，我国的服装生产还缺少这些意识。

（3）在国际贸易中，绿色壁垒成为服装贸易中的新阻碍，而我国的服装企业对服装绿色环保意识不强。

（4）服装质量不稳定，同一批货，由不同地区、不同厂家生产，质量不统一。但随着我国经济的发展和改革的深入，服装工业技术改革的力度加大，同时也引进了许多先进的技术和设备；随着高科技的发展，电子技术、信息管理等已经进入服装生产领域各种电气技术、计算机集成技术等被广泛应用。展望未来，一个知识技术密集型的服装生产形式将逐步建立，我国的服装工业必将步入一个从设计到成衣制作高速化、自动化、高效率的新时代。

（四）服装生产流程简介

不同的服装企业有不同的组织结构、生产形态和目标管理，但其生产过程及工序是基本一致的。服装生产大体上由以下八道主要生产单元和环节组成。

1.服装设计 大部分大、中型服装厂都由自己的设计师设计服装款式系列。服装企业的服装设计大致分为两类：第一类是成衣设计，根据大多数人的号型比例，制订一套有规律性的尺码，进行大规模生产。设计时，不仅要选择面料、辅料，还要了解服装厂的设备和工人的技术；第二类是时装设计，根据市场流行趋势和时装潮流设计各款服装。

2.纸样设计 当服装的设计样品为客户确认后，下一步就是按照客户的要求绘制不同尺码的纸样。将标准纸样进行放大或缩小的绘图，称为"纸样放码"，又称"推档"。目前，大型的服装厂多采用计算机完成纸样的放码工作，在不同尺码纸样的基础上，还要制作生产用纸样，并画出排料图。

3.生产准备 生产前的准备工作很多，例如对生产所需的面料、辅料、缝纫线等材料进行必要的检验与测试，材料的预缩和整理，样品、样衣的缝制加工等。

4.裁剪工艺 裁剪是服装生产的第一道工序，是把面料、里料及其他材料按排料、划样要求剪切成衣片，还包括排料、辅料、算料、坯布疵点的借裁、套裁、裁剪、验片、编号、捆扎等。

5.**缝制工艺** 缝制是整个服装加工过程中技术性较强，也较为重要的成衣加工工序。它是按不同的款式要求，通过合理的缝合，把各衣片组合成服装的一个工艺处理过程。所以，如何合理地组织缝制工序，选择缝迹、缝型、机器设备和工具等都十分重要。

6.**熨烫工艺** 成衣制成后，经过熨烫处理，达到理想的外形，使其造型美观。熨烫一般可分为生产中的熨烫（中烫）和成衣熨烫（大烫）两类。

7.**成衣品质控制** 成衣品质控制是使产品质量在整个加工过程中得到保证的一项十分必要的措施，是研究产品在加工过程中产生和可能产生的质量问题，并且制订必要的质量检验标准。

8.**后处理** 后处理包括包装、储运等，是整个生产过程中的最后一道工序。操作工按包装工艺要求将每一件整烫好的服装整理、折叠好，放在胶袋里，然后按装箱单上的数量分配装箱。有时成衣也会吊装发运，将服装吊装在货架上，送到交货地点。

二、服装生产管理体系

（一）服装生产管理体系的构成

服装生产管理是一项广泛的管理技术，包括服装生产技术、管理技术、质量管理、服装生产过程组织与管理、材料管理、产品制造和成本管理。从整体上看，服装生产管理的任务是利用规划、组织、控制等职能，将各种生产要素有效地融入生产过程，形成有机的服装生产管理体系。

生产管理体系的功能由生产系统的构成部分及其组合关系决定。生产系统有许多要素，根据其性质和功能可分为结构化和非结构化元素。

1.**生产管理系统的结构化要素** 是指构成生产系统物质形式的硬件及其组合关系，主要包括：生产设施、生产技术、生产能力、企业内外协作关系等。结构化要素是以生产工艺和生产设备为核心的。

（1）生产设施就是指生产设备、生产装置的构成及规模、设施的布局和布置。

（2）生产技术是指工艺过程的特点、工艺技术水平和生产设备的技术性能等。它是通过生产设备的构成及技术性能反映生产系统的工艺特征和技术水平。

（3）生产能力是反映生产系统功能的重要指标，它是由生产设备的技术性能、种类和数量的组合关系决定的。

（4）为建立企业的生产系统，配置结构化要素一般需要较大的投资，并且一旦建立起来形成一定的组合关系后，要改变或进行调整是比较困难的，这是结构化要素的一个重要特点。

2.生产管理系统的非结构化要素　生产系统的非结构化要素是指在一定结构要素的框架结构基础上，起支撑和控制系统运行作用的要素，大部分以软件形式出现，主要包含人员组织、生产计划、库存控制、质量管理等要素。

（1）人员组织：人是支持和控制系统运行的主要力量和决定因素，这一要素包含人员的素质特点、人事管理制度和组织机构等内容。

（2）生产计划：正确的计划是科学组织生产系统有效运行的依据。计划要素包含计划的类型、计划编制方法和计划实施的监控方式等内容。

（3）库存控制：正确控制库存是保证生产系统正常运行和提高经济效益的有效手段。库存控制要素包含库存系统类型、库存控制方式等内容。

（4）质量管理：保证产品质量是生产系统运行有效性的保证。质量管理要素包含质量检验、质量控制和建立质量保证体系等内容。

由于非结构化要素比较复杂，特别是受人的因素影响比较大，同样一套制度和方法，由于贯彻实施掌握得不一样，产生的效果可以有很大差别。

（二）服装生产管理的要求和目的

服装生产管理的目的就是按照最经济的方式，生产出满足消费者需要的服装产品。

1.生产管理应满足下列三项要求

（1）品种多样，产品质量高。

（2）产品成本低，价格合适。

（3）按期按量交货。

2.科学的生产管理就要达到以下目的

（1）降低成本。

（2）减轻职工劳动强度，提高生产率。

（3）增加产量和销售额。

（4）缩短生产周期，减少半成品的库存量。

（5）减少成品的库存量。

3.生产管理者的职责　以上简单介绍了服装生产管理体系的各项活动，作为服装生产管理人员要考虑的是四个方面的问题，即生产管理、服装产品、生产过程和市场需要。从生产能力、质量标准、库存量、进度安排和生产控制五个因素协调管理。

（1）生产能力：主要指协调管理人、机械、材料、资金等的能力。

（2）标准管理：主要指质量标准、时间标准和产量标准的协调管理。质量标准是在服装生产前制订的。时间标准即时间定额，不能定得太高，也不能定得太低，合适即可。产量标准是数量的标准，规定每个月生产多少量等。

（3）库存管理：通常包括原材料库存、半成品库存和成品库存等。

（4）进度安排：安排生产进度时要处理好几个关系，即库存与进度安排、库存与生产能力、生产能力与产量标准、进度安排与时间定额等的关系。

（5）控制管理：是根据计划要求，采取一定的措施以保证计划的实现，一般包括检查、比较、修正三个过程。

对于纯生产过程的管理者来说，通常根据质量、交货时间和成本进行评估。这三方面的要求，实际上不可能同时都做好，必须有所侧重，有所取舍。例如，一些服装厂是生产优质精品工艺的时装，当工厂的主导思想是追求高品质，而成本和交货时间可以放在次要位置，订单的三个要求应该是质量、交货时间、成本。而中档服装厂的生产，其注重的是降低材料、配件的成本，工人的技术水平不必很高，其产品只需要保证一定的质量，当然，对于这些服装厂来说，最终的三个要求是成本、交货时间、质量。结果表明，各服装生产企业要分析自己的具体情况，研究、确定自己的重点。同样，对同一服装公司或公司内生产和销售人员有不同的关注点。例如，生产经理考虑质量、交货时间和成本的顺序，而销售人员则考虑成本、交货时间和质量。

三、服装生产管理的原则

（一）讲求经济效益

服装生产管理传统观点和做法是把降低成本重点放在服装面、辅料节省和工时节约上，而现代管理观点和做法是把降低成本重点放在提高生产能力降低库存上。

（二）坚持以销定产

防止盲目生产，提高服装产品对市场快速适应能力，开发新产品，确保交货期，缩短生产周期。

（三）实行科学管理

建立适宜的服装生产指挥系统，做好基础性工作，如数据完整、准确，制度完善，管理工作程序化、制度化以及运用现代管理思想和方法。

（四）组织均衡生产

组织均衡生产不仅是科学管理的要求，也是建立正常生产秩序和管理秩序的前提，保证了质量、降低消耗。在服装产品品种少、变化少的情况下，更容易实现均衡生产，但在服装产品品种繁多的情况下，快速变化的情况是非常困难的。这是技术和服装生产管理面临的一个挑战。灵活（即应力、快速适应性）是解决这一问题最重要的方法。灵活性包括产品设计、员工素质结构、组织结构和生产设备的灵活性等。灵活性也是适应变化的能力。

（五）实施可持续发展战略

生产转化为有用的产品，还是转化为污染，这是生产管理中要考虑的一个至关重要的原则。必须积极落实"清洁生产"的概念。"清洁生产"是指在生产过程和产品中不断实施综合预防环境战略，以减少人和环境的风险。清洁生产包括节约原料和能源，淘汰有毒原材料并在全部排放物和废料离开生产过程以前减少它们的数量和毒性。对产品而言，清洁生产策略旨在减少产品在整个生产周期过程中对人类和环境的有害影响。

四、服装生产管理方法和特点

服装生产管理作为一门科学，其研究对象是合理组织生产力，即如何有效地将生产中的不同因素结合起来，形成一个有机的整体，在企业内外条件下，用最小的投入获得最大的产出。因此，在服装生产管理中要进行计划、实施、检查和改进四个阶段，对成功的经验进行确认，使其标准化。形成 PDCA 周期的管理模式。随着现代管理科学的发展，计算机支持的生产管理技术得到了广泛的应用。我国服装 CIMS 项目也处于开发应用阶段，将从根本上改变我国服装生产管理方式和手段，赶上发达国家的先进管理水平。

第二节 生产过程的组织与管理

一、服装生产的组织

（一）生产过程的构成

1.生产技术的准备过程 生产技术的准备过程是指产品在正式投入生产前所进行的各种生产技术的准备工作。主要包括服装款式设计、工艺设计、工艺设备的准备、服装样板的制作、服装材料的准备和工时定额的制订、修改等。

2.基本生产过程 基本生产过程是指直接为完成某种服装成品所进行的生产活动，包括服装面料和辅料的排料、划样、裁剪，衣片的缝制、熨烫、包装等生产活动。

3.辅助生产过程　辅助生产过程是指为保证基本生产过程正常进行所必须的各种辅助生产活动，如设备的维修、包装材料加工等工作。

4.生产服务过程　生产服务过程是指为基本生产和辅助生产所进行的各种生产服务活动。如服装面料和辅料的采购与供应，原材料、半成品、生产工具的保管与收发，厂内外的运输等。

5.产品在生产过程中有各种不同类型的工序　各种工序在性质上是不完全相同的，一般可分为下列四类：

（1）工艺工序：即直接改变加工对象的性质、形状、大小等的过程。它是生产过程中最基本的部分，如服装生产的裁剪工序、缝纫工序、整烫工序等阶段，每个阶段还可划分为若干道工序，如男装上衣的缝纫工序可分为缝领工序、缝袖工序、衣身缝合工序等，这些工序还可再细分为若干细小的工序。

（2）检验工序：即对加工的原材料、零部件、半成品、成品等进行检查的过程。

（3）运输工序：车间与车间之间、车间内部的工艺工序之间或在工艺工序与检验工序之间运输原材料、零部件、半成品和成品的过程。

（4）储存等待工序：由于组织管理等原因而安排的储存、等待过程。

把工序进行划分，目的是做好生产过程的组织、制订劳动定额、配备工人、检查产品质量和编制生产计划及作业计划等工作，但工序划分要有一定的依据，一般从三个因素考虑：第一，生产技术要求，按照采用的工艺方法、不同机器设备来划分，把不同的工艺方法、不同机器设备的生产活动划分为同一道工序；第二，考虑劳动分工的要求；第三，提高劳动生产率的要求。

（二）生产的组织原则

为了做好生产过程的组织工作，必须努力遵循以下原则：

1.生产过程的连续性　产品在各工艺阶段、各工序之间的流动，在时间上紧密衔接，即产品在生产过程中始终处于运动状态，不发生或少发生不必要的停顿和等待时间。提高生产过程的连续性，需采取许多措施，如按工艺顺序合理布置各车间和车间内的生产设备、采用先进的技术和生产组织形式等。

2.比例性　生产过程各阶段、各工序之间，要保持工人人数、机器设备和生产面积等生产能力有适当的比例关系，即互相协调。保持生产过程的比例性，便于充分利用企业的人力和机器设备。

随着产品品种、产量和原材料、工艺方法的改变，生产过程的比例会不断发生变化。因此，要及时采取措施，建立新的协调比例关系，保证生产的正常进行。

3.均衡性 企业及其各生产环节的生产进度均匀，负荷充分，不出现时紧时松、先松后紧的现象。

4.平行性 生产过程中各阶段、各工序的生产活动，在时间上实行平行作业，这是生产过程连续性的必然要求。平行性不仅表现为组织产品生产的各个零部件的平行生产，如衣袖、衣领、口袋、前后片的缝纫生产，而且还表现为产品生产过程中各工艺阶段，如裁剪、缝纫、整烫、包装等的平行生产，这样可以大大缩短产品的生产周期。

5.适应性 适应性是指生产组织形式对市场需求的适应能力。服装产品随潮流、季节变化快，因此，生产车间的布置应灵活多样，以适应这种需求的变化。

二、企业类型按生产产品的数量和品种划分

服装企业的生产类型按企业生产产品的数量和品种数，一般可分为三种。

1.大量生产 大量生产的特点是产品品种少，但每种产品的产量大，工作场地专业化程度高。生产过程采用高效率的专用设备、半自动化或自动化设备、专用工艺装备，工人操作熟练程度高。采用流水生产线的组织形式，计划编制也较细致、精确，计划的执行情况也易于检查、控制。

2.成批生产 成批生产的品种有多种，每种产品有一定的产量，工作场地的专业化程度随产量的大小而变化。在成批生产条件下，工作场地固定为若干道工序，每批产品更换时，只需将部分设备和工艺装备作适当调整，但不可能全部和多数采用半自动化、自动化设备、专用设备。根据产品的产量和生产重复程度，成批生产又可分为大批、中批和小批量生产。

3.单件和少量生产 产品品种较多，每种产品的产量又很少，工作场地专业化程度较低，生产不稳定，款式基本不重复，每种产品只生产一次就不再生产或短期内不再生产。因此，生产多采用通用的设备和工艺装备。

三、流水生产线

流水作业是指企业中的同一种产品，在生产过程中按工艺规定的速度和路线流水般地通过所有工序而完成生产过程。

第三节　服装质量管理

一、过程质量控制

生产过程的质量控制是不断提高产品质量的重要环节，是建立质量体系的基础。生产过程质量控制是指在生产进程中以确保产品质量进行的各种活动，在质量控制过程中非常重要。工艺是产品及零部件制造过程的基本环节，是企业生产现场质量管理工作的综合反映。工艺条件决定产品质量，工艺质量的稳定性涉及人、机、料、方法、环境等因素，尤其是主导因素的变化，将直接影响产品质量的稳定性。产品质量的稳步提高取决于工艺质量的稳步提高，只有迅速消除工艺的异常，保持工艺的稳定性，才能不断提高制造质量，实现制造质量控制计划的目标价值。

在生产过程中，产品质量是不可避免的，从现场质量管理的角度来看，制造过程的质量控制是加强生产过程的质量保证。

二、设计和生产工艺性文件的质量控制

服装生产企业的设计和生产文件，通常指客户的合同、款式方案、规格以及企业制订的工艺要求，这些文件在服装生产质量中起规范的引领和监督作用。规划和技术部门负责这些技术性较强的信息和文件的汇集工作，在确保信息与文件充分、正确后，必须及时完成登记程序，并完成复制、归档、分发和使用的工作，以确保这些材料在质量控制中发挥的主导作用。当客户对服装风格、规格或缝纫工艺进行技术变更时，确保在批量生产开始前，完成调整，及时满足客户提出的变更要求，客户变更时必须与原始合同、工艺单据等原材料、文件等进行意见处理，可追溯性查询。

三、服装成品检验和出厂检验的质量控制

最终服装产品的检验和出厂检验属于企业的终端检验形式，也是一个非常重要的质量控制点。实行最终产品检验质量控制，通过对不合格产品进行分类，有的可以退回生产线进行改造，有的实行变质处理，可以同时保证质量，有效利用生产资源，减少浪费。工厂检验是样品检验，由厂级检验员或客户指定的检验员对出厂服装成品质量状况进行检验，并根据检

验结果确定整批最终产品的质量是否合格。工厂检验是维护产品生产过程质量控制的最后一线，它不仅起到了良好的质量控制、维护企业声誉的作用，而且是以往生产过程质量控制节点效果的评价。

四、服装实施生产过程质量控制应注意的问题

（一）企业的经营者应当对生产过程质量控制的重要性有足够的认识

因为生产过程质量控制贯穿于从原辅材料进厂到产成品出厂的整个生产过程，涉及计划、供销、技术、生产质检等诸多部门，没有企业经营者的支持、协调、统筹，光靠一两个职能部门是难以落实的。企业经营者要视产品质量为企业生命，树立起质量要"从头抓起，一抓到底"的信念，并从制度上、组织上和措施上为生产过程质量控制的实施提供有力的保证。当生产进度与产品质量发生矛盾时，企业经营者一定要以产品质量为重，维护质检部门绝对的权威，并授予质检部门行使"一票否决"的权力，及时阻止质量问题的蔓延，消除影响产品质量的因素，防止不符合质量要求的产品出厂，使生产过程质量控制真正发挥好把关的作用。

（二）要强化有关人员的质量责任意识

通过宣传、培训等方式，使生产过程质量控制的相关措施和要求能够融入每个岗位和每位员工的日常工作中。服装生产过程质量控制需要有关的人员都能主动参与。不管是企业经营、生产管理人员、技术质量管理人员还是生产流水线上的操作工人，都要自觉地将质量控制的具体要求与本岗位工作结合起来，努力克服或消除各种影响产品质量的因素。要做到这一点，就需要每位员工有较强的质量责任意识支配自己的行动。

（三）健全与生产过程质量控制有关的各项岗位责任和质量目标

通过制订岗位责任制，明确每个工作岗位在质量控制方面应该做些什么，应该承担哪些责任，相关责任细分为领导责任、技术质量等管理责任及生产操作责任，以便在制度落实时能够提高针对性，从而使相关人员平时工作都能有章可循，工作质量好否都能有据可查。

（四）检查和考核生产过程质量控制的实施情况

企业的质量工作管理权威部门要负责检查和考核生产过程质量控制的实施情况，并及时将有关信息反馈给企业经营者。定期检查的目的，一是，了解生产过程质量控制目前是否行之有效，哪些环节需要进一步加强管理与调整。二是，通过处理新出现的问题，及时总结经

验拟定对应措施，促使生产过程质量控制环节更加细致与完善，以利于进一步发挥其保证和提高产品质量的积极作用。

第四节　服装生产成本管理

　　我国是全球服装生产第一大国，同时也是服装消费大国。我国服装产业从竞争程度的角度分析，市场已经逐步进入完全竞争的状态，服装产业是我国最早进入市场经济的行业，此行业的发展基本不被政府列入管辖范围，任由市场调控。近几年，服装企业作为劳动力密集型的传统产业，在全球金融危机之下，倍受融资困难、原料涨价、人工提升、税负偏重、外销动荡、内销不旺等多重压力。无论是品牌公司，还是制造工厂，都面临着生存和发展的巨大压力。外部环境越是恶劣，就越凸显出加强企业内部管理的重要，作为集中体现利益平衡的成本，更是成为供求双方博弈的焦点。从企业价值链角度分析，企业的生产经营过程是产品或服务价值的形成过程，同时也是成本费用的形成过程。现今，很多企业在成本控制中，一味强调降低成本，而没有考虑到产品的竞争力，没有进行成本效益分析，没有将成本控制与企业的战略相结合。随着市场透明化程度越来越高，可供企业在原材料采购上讨价还价的空间越来越小，如果企业片面地为了降低成本而忽视产品品质，或为了追求短期效益偷工减料、扣人员薪酬，终将会断送自己重新发展的契机。要获得比同行更高的利润，解决的方法之一就是从内部做起，发动全员加强成本管理和控制，从管理的每个细节消除浪费、降低成本，以提高企业经济效益。

一、成本控制在服装生产管理中的作用

　　服装企业作为社会经济的一部分，其成本管理制度与整个社会的经济管理密切相关，也是企业能在保证产品质量和功能前提下，以小成本获得更好收益的有效途径。成本管理是管理者在满足客户需求的前提下，在控制成本与降低成本的过程中所采取的一切手段，具有非常重要的作用。

（一）成本管理是企业抵抗内外压力的主要保障

　　企业在经营活动中，会不断受到同业竞争、政府课税和经济环境压力等威胁，也受到内部职工改善待遇和股东要求分红的压力夹击。降低成本可以提供企业价格竞争力，可以提高

企业的安全率，使企业在经济萎缩时能继续保持活力，同时，也可以更有力量去提高产品质量、产品创新或者提高职工待遇和增加股利，也可以削减售价以扩大销量。

（二）加强成本管理是企业增加盈利的根本途径

企业的产品成本和经济效益是紧密联系的，成本工作管理的好坏，直接左右着企业的经济效益。成本指标是一项综合性指标，反映企业生产经营活动的经济效益，也反映生产总消耗水平、生产水平、技术水平和管理水平。

（三）成本管理是企业内部管理的本质表征和核心内容

企业管理行为本质就是运用科学管理的方法来降低企业成本，提高经济效益。成本管理蕴含在企业管理的方方面面之中，企业管理的一切活动实际上也是成本活动。经营层面成本内部控制的重点在于有效地防范企业经营风险。通过对企业产品的有效评估，不断加强对薄弱环节控制，把成本风险消灭在萌芽之中。因此，成本管理反映了企业内部管理的核心内容。

（四）成本是企业经营决策的重要依据

产品价格的制订，要体现价值规律的要求，符合产品的价值以及国家相关的价格政策和产品供求关系。商品的价值是以该产品的生产社会必要劳动时间为基础的，经营差的企业个人劳动成本高于社会平均成本，产品销售中，由于不能获得社会平均利润率而逐渐丧失竞争力。因此，在某种程度上，成本最低起到鼓励先进，带动后进的作用，只有提高物料利用率和劳动生产率，改进经营管理，才能降低成本，从而获得更多的利润，最终提高企业的经济效益。企业必须按照成本这个尺度从产品销售中得到补偿，才能维持简单再生产，否则，企业生产就会中断。由此可见，成本管理是企业经营决策的重要依据。

（五）加强成本管理是控制各种劳动耗资的手段

成本是综合反映企业生产耗费和工作质量的一项经济指标，生产中的各种劳动耗费，都能在成本中得到直接或间接的反映。成本管理可以起到控制各种劳动、物资消耗的作用。企业发生的一切损失和浪费都可以在成本中得到反映，也可以通过相应的措施加以防范和纠正。在服装完全无序竞争的情况下，企业产品唯有物美价廉，才能在市场竞争中求得发展。成本管理是企业生产发展和增加利润的决定性因素，企业只有重视成本，运用成本管理，严格控制，才能真正保证企业高效有序运转。

二、服装成本分析与计算

（一）服装产品的成本分析

在服装产品的成本分析与计算时，会出现各种费用的名称，对此，应全部列出，划分到所属区域，应明确到使用的是哪一种成本，属材料费还是劳务费，还是间接加工费（制造经费），要写明确使用的部门，具体产品的成本数值。下面简单介绍材料费、劳务费等的计算方法。

材料费的计算方法：直接材料费＝材料的消耗量×实际价格。

服装材料进厂的渠道有两种：一是，面料、辅料均由工厂自行采购；二是，由订货客户供给生产厂，后者在计算直接材料费时，有时只含缝纫线费用一项，有时连缝纫线费用都没有。

劳务费：直接劳务费＝产品作业时间×标准工资率。

制造经费计算方法可根据某一时期内使用的费用来统计。

（二）服装加工报价中常见的问题

服装加工报价中常见的问题主要有服装用料的计算，利税计算，包装运输等费用的计算等。

1.服装用料的计算 面料用料多少与款式结构变化、排料方式、面料幅宽大小等因素有关。

2.利税计算 注意"总体报价"与"分离报价"的区别。

3.包装、运输等费用的计算 分摊到每件衣服上，可以用匡算的形式来计算。

（三）服装成本控制

在传统渠道下，服装多品牌、同质化的程度非常明显，行业内外的恶性竞争使得服装行业利润空间被急剧压缩和扁平化。企业在生产过程中进行成本控制和管理更多需要考虑的是从管理、设计、采购、制造到物流等环节的流程优化和物料控制。消除生产经营成本的常用手段，是从生产流程中减少非增值作业入手，可通过对作业与最终产品的联系，判断作业的增值性。一般企业的购货加工、装配等均为增值作业，而大部分的仓储、搬运、检验，以及供、产、销环节的等待与延误等，由于并未增加产出价值，为非增值作业，应减少直至消除。非增值作业的减少意味着无用劳资消耗的降低，以及增值作业效益的增加。

消除生产成本的另一个手段，是减少生产作业过程中耗费的资源，如减少购货作业耗费的人力物力。在确定作业效率高低时，可将本企业的作业与同行业类似作业进行比较，然后对其耗费的资源进行分析与控制，寻求提高作业效率的有效途径。可通过减少作业人数、降低作业时间、提高设备利用率等措施来减少资源消耗，提高作业效率，降低产品成本。企业的整体成本与生产成本是相互作用的，有可能相互加强或相互对抗。服装企业还可从软、硬件两方面进行成本控制，利用 CAD、CAM、ERP 等技术提高工效、节省面辅料；设备更新可提高工效与产品质量；合理的高工艺编制效率可提高工效和产品质量、节约人工；创新面辅料和创意时尚文化设计可提高品牌知名度，提高附加值；企业提高管理水平可进一步提高产品质量和降低成本；企业实行非专业业务外包或租赁也可降低成本。服装属于升级换代快捷的产品，产品的设计也就成为成本控制的关键点。对服装企业来说，研发技术部门对其他部门产生的成本具有重要影响，具有长期性和战略性。研发设计环节发生的成本费用虽然仅占全部成本的5%～10%，但是产品80%的成本却在设计环节就已经被确定了。设计师能够严控产前技术准备前期的价格控制成本，这一源头把控好，就能够以现有的产品市场价格倒推原始成本核算来达到控制执行的目的。比如，研发技术部门中制板和排料两项工作与成本控制的关系最为密切，制板的周期直接决定出样衣的速度，也直接考验企业的盈利水平和接单能力。而排料则直接影响到面料的消耗和裁片的精确性，进而影响到缝制的质量。裁剪刀的余位根据排料图上各块纸样之间的空位和裁剪刀的宽度而定，如果裁剪刀活动的空间不足，则会影响裁剪的准确性，但余位太多会导致布料的浪费。

第五节　销售计划与生产计划

一、年销售计划

不论是存货生产，还是订货生产，销售部门每年均应做市场调查，并进行预估，编制以月为单位的年度销售计划。考虑的项目应包括客户名称、订单编号，产品名称与编号，订货数量，交货时间（日期）。

许多服装厂会出现混乱现象，如停工待料、日日加班、生产计划频频变更、交货期经常延迟、企业主管和生产部门产生矛盾等，其混乱的根本原因是没有一个可靠的销售计划。缺乏良好的销售计划会产生的不良后果主要表现为：

（1）材料、配件的购置时间延长，使交货期拉长。

（2）机器设备未能有充分的时间准备，导致生产产量提高缓慢。

（3）销售淡季未能事先把握，人员招聘及裁减处于无序状态。旺季时新人多或淡季时大量裁员,影响生产效率和产品的品质。

年度销售计划的准确程度,销售部应控制在90%以上,生产管理和生产部门可依此进行生产规划,做好生产前的人员、机器、物料、车间等方面的准备。

也有不少的工厂,由于没有年度销售计划,或有年度计划,但销售部门每月接受的订单数量落差太大,不是巨额地超过计划量,就是与原计划相差甚远,造成整个工厂包括生产管理、品质管理、物料、生产部门或人事部门等无所适从,生产紊乱。所以,只有好的销售计划,才可能有好的生产计划及顺畅的生产,也才可能按进度组织生产,按期交货。

计划是为了充足的时间来准备,便于计划执行与控制。当然,销售计划在实际执行过程中,多少也要作些修正,包括产品、产量和配合生产的各类负荷及进度上的调整。

二、生产计划体系

生产计划可以按企业生产经营活动中所处的地位和影响时间的长度,划分为长期生产计划、中期生产计划和短期生产计划等层次。这三个层次的计划紧密相关、相互依存,构成了一个完整的生产计划体系。

(一)长期生产计划

这种计划的时间长度为一年以上至五年,以至十年,是根据企业经营战略中有关产品开发、市场开发、技术改造、设备投资和成本财务等方面的要求,对企业生产能力的增长、生产线的设置和调整、厂区布局的调整、生产职工结构的调整以及环境保护等方面作出安排的。显然,这个计划是企业长期经营的一个主要组成部分,又是指导年度计划的一个重要文件。

(二)中期计划

这种计划时间长度为一年或一季,故也称为年(季)度生产计划。这种计划的编制,应以长期供产销的实际条件为出发点,确定企业生产规模的总产量指标。

(三)短期生产计划

这种计划的时间长度是月度以内,是年度生产计划的具体执行计划,也称生产作业计划,用以指导各个生产环节日常的生产活动,同时也作为供产销等所有与生产有关的环节进行衔接平衡的基本依据。

以上三种生产计划虽在计划内容、编制方法等方面有不少相似之处,但其侧重点却有明显区别。年（季）度生产计划和月度生产作业计划更加重视现有销售机会、现有生产资料的充分有效利用和经济效益的提高，而长期生产计划则侧重于超越近期的主客观条件，开发新的生产能力，为企业开创新局面作出贡献。

● 思考与练习

1. 服装生产制作方法及成衣化的特点。

2. 管理和生产管理的定义。

3. 服装产品成本的三要素及其内容。

第十章

服装商品营销

CHAPTER 10

课题名称：服装商品营销

课题内容：1.服装市场

2.服装营销策略

课题时间：2课时

教学目的：让学生了解服装营销策略的制订和执行方法，培养学生在市场营销中的创
新能力和团队合作意识。

教学方式：理论讲授。

教学要求：1.知晓全球服装市场。

2.了解服装营销策略。

课前准备：课前准备一些时尚品牌的广告，导入课堂教学，引起学生对市场营销的关
注和兴趣。

第一节　服装市场

一、服装市场细分

"了解顾客"对于任何商业经营来说都是一条最重要的法则，这一点尤其适用于服装行业。为此不论是服装生产商还是零售商都是在想方设法去选择和确定产品的目标市场，所谓的目标市场是指潜在的能成为长期顾客的特定消费群体。服装公司总要设法确定他们的顾客都是哪些人，这些人需要什么样的服装。他们愿意在购买服装方面花费多少钱，这些潜在的顾客都住什么样的地方，还有，到底有多少这样的目标顾客。

大多数生产商和设计师在设计生产服装时都会关注服装流行趋势，而作为服装零售商，在考虑全国范围内的统计数字的同时，也必须考虑流行对其所在地区的影响问题。市场细化是将整个消费市场划分成一些较小的顾客群体，这些群体就是市场单元。在区别和研究每一个市场单元之后，生产商和零售商便可以将他们的商品和服务瞄准特定的市场了。市场细化通常依照四大方面进行：人口统计学、地理学、心理学和行为学。

服装销售商通过分析不同市场单元，研究影响服装的地理、人口统计、心理和行为方面的因素，了解顾客想要的东西和需求。例如，将中老年和退休年龄的消费者作为目标顾客的服装商，了解到他们的顾客的数量正在增多，这一年龄段群体的平均收入也在增多。青少年和年轻人的市场虽然只占总人口市场很少的比例，但却是很有影响力的市场单元，他们经常在服装用品方面大把大把地消费，可自由支配收入。此外，人们现在比以前更加注重休闲时间，各种各样的休闲活动越来越多，同时带动了休闲装和运动类服饰的进一步发展。

二、全球服装市场

"市场"一词有很多不同含义。前面讨论过的市场是指对某种特定产品的需求，比如，运动鞋市场、休闲裤市场或配套服装市场。市场一词还有另一种含义，当一季服装系列设计生产出来之后，就像服装业内人士常说的，可以"走向市场了"。这里市场是指生产商将服装产品销售给零售商，零售商再销售给最终销售的地方。

国内市场指的是自己国家的市场。例如，在中国，它指的是全中国那些将产品出售给零售商的地方。相对，国外市场就是指中国之外的地方。一个市场中心就是一座城市，服装在那里生产出来并批发销售，全球主要的时装之都包括纽约、巴黎、米兰、伦敦。

三、中国服装市场

中国庞大的人口，本身就组成了一个庞大的服装消费市场。同时，随着中国城乡居民收入继续保持较快增长，对服装市场的销售增长起了很大的带动作用。

从整个行业来看，中国的服装品牌因为市场消费结构的改变，形成新的两大不同阵营。第一大阵营就是走高端路线的服装品牌，近些年这部分品牌获得了巨大成功。另外，走低端路线的服装销售阵营也收获颇丰。

1. 女装市场 女装市场细分程度高，是服装中时尚和色彩表现最充分的品类。中国的女装品牌，已经逐步形成了由高端到低端的市场格局，但是中国的女装尚未形成一个领导型的品牌。市场上女装品牌最多，但国内本土的女装品牌多集中在中、低端市场。

2. 男装市场 男装产品消费市场正处于一个变化过渡期，消费周期日益缩短，各地新品牌不断出现，行业竞争相当激烈。

3. 童装市场 目前中国16岁以下的儿童超过3亿。国内城镇居民对各式童装的消费近年一直呈上升趋势，目前已形成约400亿元人民币的童装市场。随着中国生活水平的提高，中国童装市场的消费需要从实用型转向追求美观的时尚型。采用舒适、环保的面料，款式设计宽松、适宜的童装和休闲运动童装成为童装市场需求的发展趋势。

4. 职业装（制服）市场 随着职业装概念的普及，中国职业装产业近年快速发展，成为一个庞大的产业群体。从长远来看，职业装有望成为未来一个时期中国服装工业新的经济增长点，而科技含量将成为划分职业装档次的重要依据之一。职业装的科技含量包含两个方面，一方面是指设计符合人体工学的合理性，符合行业的特点，穿着舒适、实用；另一方面是指功能性，主要表现在面料原材料、染料的无害应用以及防辐射等方面。

5. 休闲服装市场 20世纪80～90年代迅速崛起的休闲装品牌经过这些年激烈的竞争，市场需求出现疲软，产能超过实际需求能力。一部分老的休闲品牌开始衰退，逐渐被国内优秀品牌替代。产业进入了发展的调整期和战略机遇期，休闲服的种类也在不断改变和"进化"：大众休闲时尚化、时尚休闲风格化、运动休闲主题化、商务休闲年轻化、户外休闲生活化、牛仔休闲个性化。

6. 运动装市场 从彪马、李宁、安踏再到乔丹、361°、特步，运动装市场这几年高速发展。在运动装市场中，国内品牌主要集中在二线以下城市，国际品牌主要集中在一、二线城市。随着某些国际知名运动装品牌调整市场战略，开始关注二、三线市场，预计今后运动装在各个市场层次均会掀起激烈的竞争。

四、国际服装市场

（一）纽约服装市场

提到美国的市场中心，我们首先想到就是纽约市。对许多服装业内或业外人士来说，纽约将时装世界的那种迷人的魅力和令人兴奋的激情集于一身。的确，纽约是美国最悠久的市场中心，无论从哪个角度都是最具挑战的地方。虽然纽约市场常年开放，但还是给时装周留下了特定的时间。纽约最近形成的传统是在T台上举办"第七对第六"时装展，这是纽约特有的一项时装表演，也是美国针对巴黎高级时装展做出的响应。在美国服装设计师协会的赞助下，设计师们将他们新款服装在勃兰特公园的帐篷里进行展示。

（二）法国服装市场

作为欧洲时装之都——巴黎，引领时装业已达一个多世纪之久。法国时装分为两类：一类是款式经典、非常昂贵的高级女装；另一类是款式新潮、价格不太高的成衣。

巴黎高级时装发布会一年举办两次：1月底是春、夏季服装展，7月底是秋、冬季服装展，这些发布会已经发展成促销高级时装的地方。法国成衣生产商一年有两次展销会来展示其产品，第一个展销会是在3月举办的秋、冬季服装展销会，第二个是在9月或10月举办的春、夏季服装展销会。实际上，有两个大型展销会在同一时间举行，其中一个是由高级成衣设计师举办的展销会，另一个是由成衣协会为批量生产的成衣举办的展销会。有三千多买家参加这两个展销会，这两个展销会的竞争对手是米兰和伦敦的成衣展销会。

（三）意大利服装市场

在服装业，意大利是法国最强劲的对手。在某些方面，如针织品和服饰方面，意大利的款式设计往往优于法国的设计。意大利长期以来在男装、针织品、皮革装饰品和纺织品方面一直处于领先地位。意大利和法国的时装之都极为依赖意大利的面料和纺织品的创新及设计。

意大利的高级时装半年一次在米兰和罗马进行展出。展出时间比巴黎的展会早一个星期，这样，外国买家就可以到欧洲来一次，便把两个重要的展览会都参观了。

直到20世纪60年代末期，意大利最重要的成衣制品展销会才在佛罗伦萨富丽堂皇的皮提宫和斯特拉西宫登台亮相。米兰发展成为时装中心是在20世纪70年代，这样，许多设计师除了在佛罗伦萨，还在米兰展示了他们自己的设计作品，或者只在米兰展示自己的作品。除了女式高级服装展览会和成衣制品展销会外，意大利还主办许多各种类型的商品展销会，如服装展销会、服饰展销会和纺织品展销会。在这些方面，意大利的设计师和生产商在国际上享有盛誉。

（四）英国服装市场

多少年来，伦敦撒韦尔罗地区的男装就像巴黎的女装一样，一直是服装设计灵感的源泉。20世纪80年代，意大利成为具有欧洲风格的男士服装的主要供货源，而英国的时装声望主要集中在手工缝制的服装以及质地精良的花呢和毛纺织品上，而不在设计方面引领时尚。20世纪90年代末，英国服装工业重返20世纪60年代末70年代初的那种大胆朋克式风格，这才开始凭借其现代而新颖的设计重整旗鼓。经过20世纪80年代末到90年代初的这一段销声匿迹之后，英国的时装表演和展销会重新让欧洲的时装界刮目相看。

（五）其他国家服装市场

在加拿大，时装周活动和贸易展销会举办的非常频繁。魁北克是时装业规模最大的一个省，但是所有的省都有服装生产商，全国各个主要城市都举行时装周活动和贸易展销会。墨西哥和中南美洲正在发展羊毛、羊毛产品、皮制服装、化妆品、珠宝的生产中心。日本的服装设计师和生产商正在以国际规模，在国内外经营服装表演、服装精品店、生产设施等。亚洲最大的服装国际市场是我国香港，我国香港的服装业利用生产技术和营销技能在发展丝绸、皮衣和毛皮业。新加坡也正在成为一个重要的服装市场中心，服装业正在全球经济中运转起来。

五、服装零售种类

服装零售是将服装产品从设计师和生产商那里传递到消费者手中的过程。从很多方面看，零售是服装业的心脏，它是服装经营流程中最具有挑战的终端环节，而且总是处在千变万化的格局之中。零售商必须能最先察觉到流行变化的趋势并迅速做出反应。他们必须与消费者的需要和愿望步调一致，很少有其他行业有如此高的要求，在经营多变的经济环境中，零售商必须善于应变。

根据所经营的商品，零售商通常可以分为两大类：综合性或是专门性。每一类中又有许多不同的零售形式，如百货店、专卖店、折扣店、连锁经营店和租赁专柜等。几乎所有的零售商店都提供某种形式的邮购，或是电话、传真订购服务，还有一些零售商专门经营邮购业务。许多零售店还建立了自己的网站，一些商店已经发展成大型服务业务，但也有不少商店仍旧小型独立并独自经营。

（一）百货店

在零售界，占主导地位的是百货店，如JC.潘尼、希尔斯等。百货公司是消费者最熟悉的一种综合性零售店。这些零售商一般是除了销售服装外，还经营许多种类的商品，他们试图吸引更大范围的消费者。百货公司通常被划分为不同的区域或部门，如运动装、女装、男装、家具等。一般来说，即使在一个大的百货公司顾客也只是在他们需要的区域购买商品。在超大型的百货公司，甚至连各个部门也被细化了，但顾客也只光顾一个区域中一小部分的货物。例如，在一些运动装区，一个顾客需要买上衣，而另一个顾客可能需要买下装。

（二）专卖店

相对来说，专卖店零售商则是针对特定的消费群而提供有限种类的相关商品。专卖店包括鞋店、珠宝店、孕妇服装店和服装精品店。正如前面所提到的，专门经销商比起综合经销商倾向于面对一类特定顾客。他们可能提供单一种类的商品，例如，只卖鞋子，或者他们可能只提供有限种类的相关商品，如童装、童鞋和其他配饰，或者他们可能提供一种更细化的商品，如运动鞋或仅仅是短袜。

专卖店的另一种变化形式是自有品牌零售店，它只出售自己生产的产品，盖普、安泰勒和布鲁克斯兄弟都是典型的例子。

（三）折扣店

打折店以低于零售价的价格出售品牌商品。折扣店靠减少经费和提供最低限度服务来获取利润，许多折扣店都集中收银并让顾客自助购物，商店的货物数量和规模可以抵偿较低的毛利。

第二节　服装营销策略

为了更好地锁定自己的客户目标，零售商们都会制订销售策略。在商店销售策略的众多要素中，有六个是极为重要的，它们全面综合地表明了商场的目标。

一、流行周期的某个阶段

作为树立形象的一个方法，每个零售商都会首先确定突出流行周期中的某一个阶段，然后选择相应的服装商品与这一阶段相配套。如果一个零售商选择在某些款式正处于导入阶段的时候引进它们，那他就选择成为一个时尚引领者；如果一个零售商在某些款式的服装处于顶峰期时引进的话，这就使他自己变成了一个服装潮流的追随者。

二、定质量水平

零售商可以从三个通常的质量水平中进行选择，需要确定是选择采用最好的材料和工艺的顶级水平；还是采用关心质量和工艺，但也一直注意维持一定的价位的中等水平；或者是采用材料和工艺水平都较低，不过与之相对应的是低廉价格的耐用水平。一个商场一旦确定了自己的质量策略，就必须做出更多特定的决策，诸如是否接受任何不是精品的商品，或者是否允许提供次品及二流的商品。

三、提供价格范围

一个商场的价格策略对于能吸引哪类顾客起着很主要的作用。一个商场的策略如果是只进顶级质量的商品，那么设定的价格范围就会很高；如果一个商场定位于中等质量，则通常会设定一个底线，其价格不会低于这个底线；对于只强调耐用质量水平的商场，通常会强调低价位。

四、确定商品分类的深度和广度

有声望的商场倾向于提供多种款式，每种款式的进货量都较少，而且限制号型和颜色；对于那些迎合流行周期中间阶段和中等质量要求的商场，在每一季的初期，当新款尚处于上市阶段时，它们的分类是宽泛而粗略的；一旦明确了对某种款式的需求情况，商场就会开始将精力集中到那些已得到肯定的款式，进行精细而深入的分类。

五、建立商品策略

品牌有助于将自己的产品与竞争者的产品区分开来。一些设计师品牌具有特殊的地位，允许他们以高价销售。不过，地位和价格并不是帮助品牌销售成功的唯一条件，全国性品牌和自有品牌也已经变得非常重要了。另外，零售商还通过推广自己的自有商品或店标而跃上品牌流行的浪尖，而店标已被证明是既能满足价格又能达到独特目的的极好方法。例如，

JC.潘尼已经看到他的自有商标亚利桑那牛仔服装公司取得了轰动性的成功。

六、具有独特性

独特性是许多商场奋力追求却少有几家能够达到的目标。以下策略能够帮助零售商建立起具有独特性的声望：说服供货商在一段时间内，或者在其贸易区内限制一种或者多种款式进入商场；从那些能够按照他们的规范制作商品的生产商手中进货；在贸易区内成为那些崭露头角的年轻设计师的独家代理；从国内外的资源中挑选或购入其他人尚未发现的商品。

第十一章

服装组织与表演

课题名称： 服装组织与表演

课题内容： 1.服装表演类型及选择

2.挑选与训练模特

3.舞台、音乐及表演设计

课题时间： 2课时

教学目的： 通过对本章的学习，使学生了解服装表演的编排和导演的基本方法，培养学生对服装表演整体方案的构思、组织、排练能力，以及指挥各部门把控综合舞台效果的能力。

教学方式： 理论讲授。

教学要求： 了解服装编导的职能、组织机构的职能，以及服装表演策划方案的制订，并使服装表演的主题与音乐、服装风格一致，表演序列结构安排合理。

课前准备： 请学生选择一组服装表演视频片段，并为这组服装表演确定主题、音乐。

服装表演是对服装流行的一种权威性的视觉展示，同时也是一种最令人兴奋和最具戏剧性的促销方式。伦敦、巴黎、纽约和米兰这些主要城市是国际性发布、分析和购买流行趋势信息的地方。有超过50000名的时尚专家和流行追随者每年两次光顾这些城市，观赏那些令人眼花缭乱的服装表演。在2~3月发布本年度秋、冬流行趋势，而春、夏流行趋势则是在上一年9~10月发布。

组织服装表演另一个目的是至少能给两类人提供培训，一类是服装专业的学生，另一类是服装行业从业人员。几乎每一个服装院校都会举办毕业服装表演，给学生们提供一个展示创意的机会。模特专业的学生们借此机会可以应用一下他们的表演才能，服装营销专业的学生借此可以锻炼幕后的组织、挑选服装及模特、宣传推广和表演组织以及对演出进行效果评估等职责。

第一节　服装表演类型及选择

一、服装表演类型

考虑服装表演的类型非常有必要，因为一场小型非正式的表演，只需稍作准备就可以进行，而若是一场盛大的表演，则需投入大量人力，准备好几个月。根据不同的特点，服装表演可以分为三种类型：作品展示表演、正式走台表演和非正式表演。

（一）作品展示表演

最费精力、最耗资的表演就是作品展示表演。这种表演非常具有戏剧效果，又可称为戏剧化的或盛大的表演。通过使用专业的设备、舞台背景、灯光、音乐（现场或特意创作的）来突出流行主题，这种类型的服装表演通常至少时长一个小时，取决于主办单位的需要，模特数量少则15名，多则50名。

（二）正式走台表演

正式的走台表演是一种传统的服装表演方式，有点像游行，所以也可称为时装游行。表演的时间通常为30min到1h，由一连串的模特在长长的台子上行走，模特可以单独或结伴走下长台。这种表演类型的主要特征就是伸展台的运用和模特的依次出场，这种类型的服装表演需要有专业人士提前组织策划，内容包括主题、表演场地、舞台及灯光、模特和音乐。

（三）非正式表演

一种轻松随意形式的服饰表演称为非正式表演。在这种类型的表演中，没有音乐、灯光及T台等舞台因素。既然没有特殊的舞台设备，提供给非正式表演，因此常使用道具来强调服装的效果。模特在商店的卖场，生产商的展厅或宴会厅来回走动，相较于作品展示表演和正式走台表演而言，这种类型的表演不需要大量的准备工作。

二、服装表演的选择

（一）服装数量

计划表演服装时，每一分钟至少准备一套衣服。设计师专场服装表演往往采用这种最少服装数量的服装表演方式，而很多服装表演为抓住观众的注意力，多采用每30s换一套服装的计划。一场45min的表演，至少展示45套服装，最多达到90套，通常取这两者之间的数量。

（二）服装分组

服装的挑选也包括对服装进行分类协调，组成时装发布的系列，在分组的时候每组应该有一个主题。服装应以适当的方式分组，比如根据颜色、款式细节、设计的复杂性、流行的趋势或者其他容易辨认的主题。一般分为便装、职业装、商务装、休闲装、活动装、运动装、鸡尾酒会装、晚装、特殊场合装、新娘装。很多表演根据主题要求，上述分类通常会有所调整。

服装归类应时刻考虑到观众。第一组和最后一组服装都必须要有强烈的时尚感，第一个出现的服装要抓住观众的注意力，最后出现的服装要使观众对这场时装表演能抱以积极的态度，并热切希望去试穿表演中看到的各种时尚款式。模特可以在台上穿脱外衣，以展示给观众怎样把单件服装搭配组合到一起。

服装表演往往从最休闲的服装开始，以最戏剧化的服装结束，整场表演都应始终营造一种令人兴奋的气氛。

（三）服装排序

服装分组后，就要进行表演排序。"排序"指模特们的上场顺序以及他们穿哪套服装上场。初排序指试衣前排列的服装和模特的出场顺序，在试衣和着装彩排的过程中要完成排序的调整，确定最终排序，即完成的服装和模特的出场顺序清单，在着装彩排后分发给每一个人。

最终排序表在整场表演中有着多重作用。后台组织人员可以根据排序清单安置模特在特定的区域以避免混乱，同时最终排序表让穿衣助理、试衣师、后台管理人员、提示人员都有了一个可以依照的顺序，舞台指导、灯光、音乐人员也可以在最终排序单上记录提示。

第二节　挑选与训练模特

一、挑选模特

模特应以一种令人信服的方式有效增进观众对服装的印象，模特对整体服装表演的形象和成功起到重要的作用。模特必须能够传达出可以让人模仿的时尚标准，人们要通过观看和模仿模特，来获得穿戴和搭配服饰的灵感。模特应富有吸引力，而不必非得"漂亮"；模特应具备服装鉴赏能力以及对服饰穿戴方式的良好直觉；模特常常要在服装意识方面加强练习，以便能够最完美地展示服装；模特应经过精心修饰而完美无瑕，良好的发质和皮肤是必备的素质；模特的身材必须比例适当，并与服装样衣的尺寸尽可能相符，因为剪裁的改动既费资又耗时。

（一）时装模特的基本骨骼条件

一般来说，模特有三条主要标准，达到这三条主要标准者即具备了成为一名时装模特的基本骨骼条件。

1.**身高**　目前国际时装模特参加表演的统一身高是1.78m（意大利有时要求1.80m），如果达不到预定的演出人数，在身高上可上、下浮动2～3cm，因此身高为1.75～1.81m的女孩都在标准之内。

2.**三围尺寸**　三围尺寸指的是胸围、腰围、臀围。最理想的尺寸是胸围90cm，腰围60cm，臀围90cm，但即使是在欧洲，也不是都能达到这个标准。针对我国人种特点，三围尺寸的标准一般为胸围84cm，腰围61cm，臀围90cm，有的模特较胖，但臀围不超过标准2cm也还可以录用。

3.**相貌**　时装模特的相貌标准不单纯是看漂亮不漂亮，主要是看有没有立体感或有没有个性特点。行家在挑选模特的时候不是单纯看长相，还要琢磨其妆后产生的效果，同时根据言谈举止和相貌特征观察其个性是否能够胜任模特工作，而在我国相貌条件有优势的女孩机会要多一些。

（二）时装模特条件的基本要素

模特除去骨骼要求以外还有五条标准，达到这五条标准的就具备了成为一名专职模特的基本条件。

1.比例 第一个是头与全身的比例。一般人身体和头部的正常比例是头为全身的七分之一，模特头的比例应比正常比例再小一点为佳。第二个是上身与下身长度的比例。上、下身的分界线以骶骨为界，上身从头顶至骶骨，下身从骶骨至脚底。根据我国人种特点，上、下身长度相等即可录取，下身长于上身者为佳，腿越长条件越好。还有第二种量法，上身从大椎穴量至臀围线，下身从臀围线量至脚踝骨。两种量法都需要，只是在比例的名称上给予区别。

2.腿型 腿型对于时装模特非常重要，在面试中常会有人因腿型不好而落选。模特的腿型要粗细均匀，中线笔直，小腿富于力度。大腿过粗，小腿肚较大，或腿部中线外弧、内弧都是不理想的。

3.脸型 模特的脸型以瓜子脸、鹅蛋型脸、长方型脸为佳，其他脸型要根据其他条件酌情选用，并在妆容和发型上给予弥补。

4.皮肤 模特的皮肤粗糙与细腻及颜色直接关系到使用的机会。皮肤好，机会就会多一些，适应范围更大一些，影响美感的青春痘或皮肤粗糙都会影响机会。

5.手型 利用手做手饰、计算机等广告较普遍。好手型的要求是手指纤细、修长，关节不能粗大，指甲修剪精细，皮肤细腻而富有弹性。

无论是聘用的职业模特还是业余模特，所有模特都应该表现出专业态度。这种专业态度包括与服装表演的工作人员和其他模特的合作精神，在表演忙碌的场景后面，任何情绪不稳与自我放纵都是不行的。在每场演出过程中，模特必须保持新鲜、热情及充满活力的态度，富有经验的职业模特能够在任何情况下应付自如。

二、模特训练

步伐、节奏、造型、转体，这些都是模特在台上要重点表现的方面，模特要以轻盈流畅的步幅走台。身体的重心要向前，身体要直而不僵，手臂下垂至衣缝一侧，手掌向里。模特要保持放松和随意，但不能摇摆不稳，手臂要能展示服装设计的特色部位，如衣袋等。

手臂的优雅姿态对模特非常重要。手应该放松，手腕的轻微弯曲比又直又硬的胳膊更有吸引力，手臂弯曲或保持芭蕾姿势更为合适。肩部要下沉，后收、松弛、收腹提臀，步幅要大到正好能保持身体的直立。走台时，假想地板上有条直线，前后脚都要落在同一条直线上。在走台过程中停下、摆造型，这种技巧可以帮助把握步伐和节奏。如有摄影师要拍照，模特要在舞台尽头摆放姿势，给摄影师时间来完成工作。

三、模特的数量

模特的数量取决于服装的数量、演出的类型、场地设施、模特的经验等，一场30~40min 的表演要用5~20个模特。每场时装秀演出一般30min，在这段时间内展示75~100件服装。根据这个估计一下，一般每次有2~10个模特同时上场。如果后台和舞台的距离很远，模特的数量就要相应增加，如果更衣室和舞台不在同一层楼，就要增加4个或更多模特。

制订出一个模特循环上场的时间表有助于演出的顺利进行。例如，在一个15人出场的演出中，将模特依次排序。在这样的安排下，1号模特总是在2号模特之前，在15号之后。观众并不能察觉模特总是以相同的顺序上下场，但是模特就有了足够的换服装时间，这也有助于记住安排好的序号。

第三节　舞台、音乐及表演设计

一、舞台

（一）舞台布局

服装表演需要气氛烘托，由此涉及舞台布局，即各种舞台设备的整体规划问题。舞台总体构造及舞台背景取决于演出类型和地点的选择。

大型的时装作品展示需要对舞台的布置和背景效果做充分的考虑。创意独特的服装设计师往往希望通过舞台效果强调某种具有特殊含义或者营造引人联想的空间，巴黎时装表演向来以戏剧性的舞台装饰及背景而著名。例如，在一场香奈儿时装展示中，模特从一个4m多宽面料的手提包造型的通道上场。这样，通过舞台背景的结构强化了香奈儿服装服饰的整体形象。

（二）舞台设计

舞台设计中很重要的一个细节是现场观众的可视度问题。观众无论在哪个角度的位置都应该看得到模特的表演，这一点非常重要。伸展台高度应该恰好能使观众轻松观看表演，要避免过高以致观看吃力，在较小空间里进行的时装作品发布，一般舞台高度在20～25cm。在剧院进行服装发布时，一般伸展台增高到90cm或120cm，较为理想的伸展台高度为45～90cm。

由于通常伸展台采用120cm×240cm的拼块组成，所以其尺寸一般是拼块尺寸的倍数。典型的商业性服装表演伸展台长度是 10～12m，这让模特有足够的空间展示衣服，也让观众有足够的时间观看整个伸展台上的表演。

伸展台宽度可以决定在给定的时间同时并排出现在台上的模特数量。如果宽度是120cm，那么只能允许有两个模特并排行走。把两个拼块并排，那么伸展台的宽度也会增加。当伸展台的宽度增加到180cm或240cm时，三四个模特可以并排行进，由此可增强视觉效果。

现实中使用的伸展台可以设计成各种各样的形状，但是最普通的包括下列几种，如T型、I型、X型、H型、Y型、U型、Z型，其中最常见的伸展台形状是T型台，这也是一种最简单的伸展台形状。

二、音乐

音乐是指在服装表演中用来烘托表演气氛的音响环境。音乐可以录制播放，也可以现场演奏，可以带有歌词也可以乐器伴奏。模特是根据音乐决定走台节奏，他们一边听音乐，一边就能更容易以有节奏的动作进行，而不是在舞台上直挺挺地往前走。如果音乐节拍很快，模特就会走得快一些，这样就要更多的服装来填补演出时间，因此选择音乐与服装时应考虑这一因素。

开始的音乐应当有力度，这样才能抓住观众的注意力，最后以一首能给观众留下印象的终曲结束。表演过程中音乐应当很自然地播放，让观众仿佛感觉不到音乐的存在，要想让音乐更富有成效，就必须认真将音乐与表演相协调。理想的情况下，每一场表演都应该有特别能与服装相搭配的音乐。运动装需要快节奏、有生气的音乐，而晚礼服则需要缓慢，不落俗套且优美的音乐。青春装表演需要一种观众能马上认同并融入气氛的音乐，在位表演准备音乐时，需要事先研究大量的乐曲以配合不同的服装系列。

不同场次之间要做到平衡过渡，在演出时要设置两个音响系统供播放多个光碟。每场表演的音乐要有选择地录制在两光碟上，这样音乐可以在恰当的时候渐强减弱。

音乐比其他任何要素都更能影响一场时装表演的效果，能引起观众的回响和热情。音乐是把观众与时装表演的参与者融合起来的通用语言，音乐能营造出气氛，进一步突出时装所要表达的内容。

三、表演设计

（一）开场

　　服装表演设计最重要的一部分就是开场。能否使观众从一开始就融入表演是一场表演获得成功的关键，整个表演厅灯光熄灭，追光灯打在舞台入口处的一个模特身上，随着灯光慢慢转亮，这位模特或者多个模特进入伸展台，服装、音乐、灯光和表演设计都要融合到一起。

（二）步伐、转体、与造型

　　要激起观众的兴趣，表情模式及模特动作应当具有多样性。最好是事先设计大约4~8种服装路线，同时允许一些发挥。舞蹈动作会给表演增添许多色彩。展示一件带有花边的裙装可以配上简单的查尔斯顿舞，晚礼服也许可以用华尔兹或探戈来强调一下。

　　采用不同模式将模特分组便会增加时装表演的趣味性与多样性。两位模特穿着相同的或者互补的服装走在伸展台上能够产生更大的影响力，并且这样的重复可以帮助观众记住服装的款式。

（三）退场

　　离开伸展台或者舞台时，模特可以停下来、转身、停顿，然后摆个造型，让观众最后看一眼展示的服装。模特的个人魅力可以通过一些特别的造型或者特殊的退出方式体现出来，这也给了摄影师再拍一张照片的时间，整个方案应包括如何安排同时进出舞台区域的模特。第二个模特入场时，第一个模特是否要停留在伸展台上也必须确定下来。

（四）终场

　　每场表演的结尾应当经过很好的统筹安排，要有一定的力度，要让观众感到愉快并为之鼓掌，因为这是留给观众最后的印象。通常终场展示的服装本身就是相当引人注目的，最不费力的结尾就是让所有的模特穿着他们最后上场的服装回到舞台。

　　安排终场演出的一个基本想法就是最好的东西留到最后，因此在选择服装时就应当牢记这一点。终场表演的服装种类要么能表现主题要么能引发出创意性的结尾，如拿着气球、抛掷彩带或五彩纸屑体现一个欢庆或节日的主题。

　　模特穿着最后一套服装走回舞台，然后把设计师带到伸展台上。模特为设计师鼓掌，设计师也通过鼓掌感谢模特、工作人员和观众，而观众也会为演出进行鼓掌。

第十二章

服装展示与陈列

课题名称：服装展示与陈列

课题内容：1.服装的视觉营销

2.服装商店设计

3.橱窗展示设计

课题时间：2课时

教学目的：服装陈列与展示设计融合了艺术、设计、市场营销等多个领域的知识，通过本章的学习，培养学生的创新思维和审美能力。

教学方式：理论讲授。

教学要求：1.掌握基本的陈列和展示技巧。

2理解消费者的心理和市场趋势。

3.创造既美观又符合市场需求的陈列方案。

课前准备：去商场调研，研究分析时尚品牌的优秀展示陈列案例。

第一节　服装的视觉营销

如果你曾在一家商铺外，对它的橱窗陈列之美欣羡不已，如果你曾经过一家百货店时为它的热销商品而心猿意马，如果你曾为关注商店的指南信息而驻足，那么你已经被视觉营销所吸引了。如果你沿着步行街行走或经过一家店铺时停下来，还购买了东西，说明你已经抵挡不住视觉营销的控制了。

最初想把顾客吸引进店内的店主，要么很夸耀地把店名展示出来，要么把商品陈列在橱窗里或者在街上布置展台，以显示自己在营业中或者对自己的商品很满意。就像如今，花商不但要在橱窗里布置最美丽的花，还要一直摆放到商店外面的人行道上，用色彩和花香诱惑顾客踏入店中。

一、视觉陈列的发展史

自 19 世纪 40 年代，随着新技术的出现，大规格玻璃的生产成为可能。国外的百货商店索性将大橱窗当成了舞台，有些甚至夸张得像百老汇的演出，这对于橱窗陈列艺术更上一个新台阶无疑起到了推波助澜的作用。百货商店以其琳琅满目的商品布置和超大橱窗空间成为橱窗陈列的先锋，最先开这种百货店的是阿里斯蒂德·布西科（Aristide Boucicaut）。

20 世纪 20 年代见证了艺术和时装业创造力的蓬勃迸发，这也波及橱窗陈列艺术，巴黎再一次成为领路先锋。20 世纪 30 年代的美国，超现实主义艺术家萨尔瓦多·达利（Salvador Dali）在橱窗陈列方面确立了创造性的标准。20 世纪 50 年代，贾斯珀·约翰斯（Jasper Johns）、詹姆斯·罗森奎斯特（James Rosenquist）和罗伯特·劳申伯格（Robert Rauschenberg）都曾做过橱窗造型师。跟随橱窗装饰新风格的绝不仅限于大型百货商店，从时装设计师工作室到商业街以及社会潮流、时尚都在变化，全球的时装设计师开始重视橱窗。20 世纪 90 年代技术的发展和古驰（Gucci）、普拉达（Prada）等超级品牌的诞生，见证了橱窗陈列发展成商品宣传营销工具的历程。

说不上究竟哪一个零售商或百货店是率先推出引人关注的场景式橱窗陈列的功臣，但我们可以很清晰地看到，他们为今天的视觉陈列建立了标准。现在很多橱窗的色彩、道具和照明夺目得令商品失色，而视觉营销的角色远不止充当商品的陪衬，已经成为一种艺术形式，它在用自己的表达方式引起人们的注意，并在无形中极大地促进了商品的销售。

21 世纪，互联网对传统商店的至上权威构成了新的挑战。网络购物不仅更方便，还有价格优势。商店要保住回头客必须承担更大的压力，只有吸人眼球的视觉陈列才能抓住顾客的目光并保持他们的注意力。顾客闲逛时是否能发现意想不到的便宜商品，或找到心仪已久的商品，或者遇到朋友，零售商的工作就是要保证顾客除了购物，还能有实实在在的消费体验。有良好的视觉营销的帮助，这一点更容易做到。

二、视觉陈列师的产生

（一）服装行业的陈列师

20世纪80年代，因为全球性的经济萧条和互联网电子商务模式的威胁，商店老板转而开始怀疑这些非营利部门的分量和能力了。结果，陈列艺术家开始转向店内，把创作才能集中到销售商品的货架和挂衣杆上，视觉陈列师就这样诞生了。

一开始，没人重视这个新职业，但没多久，视觉陈列师开始在整个商店里安排"视线轨迹""焦点""热铺"，随后，服装行业一个新的零售用语诞生了——视觉陈列师，使服装商店室内也和橱窗一样熠熠生辉。

多年以来，他们为全世界的零售商、服装连锁店和他们忠实的顾客打造着一个又一个美丽的"购物天堂"。在商店里，陈列展示团队扮演着独一无二且备受羡嫉的角色，偶尔的大笔预算资金，持续不断的无尽才干，他们总是神秘地把自己锁在工作室里，或躲在橱窗的幕后，创作着惊艳无比、魅力无穷的艺术作品，令购物一族咂舌。

如今，视觉陈列师（Visual Merchandiser，简称VM）是服装品牌的幕后推手，一流的陈列师成就了众多的奢侈品牌，随着世界各地更多的高级品牌急速占领中国市场，紧缺的高级人才商品陈列师将会成为新世纪最潮流的时尚职业。不仅在服装行业，陈列还主要应用在时尚零售行业，应用最为广泛的有服装、箱包、鞋类、配饰、珠宝、百货公司、商场、超市等。

（二）服装陈列师的职责

服装陈列主要指服装卖场及橱窗的陈列设计，目的是提升品牌形象，吸引顾客，提高销售。陈列是商品无声的推销员，是品牌魅力的灵魂之体现，也是商品价值的二次创造。陈列是一种视觉表现手法，它运用各种道具，结合时尚文化及产品定位，运用各种展示技巧将商品的特性表现出来。陈列要随展示目的、展示方法以及购物方式的不同而变化，合理的商品陈列可以起到展示商品、提升品牌形象、营造品牌氛围、提高品牌销售的作用。

服装陈列师的职责就是扩大销售，其通过对服装商品的理解，有效运用空间结构的布置，体现一系列相关时尚服饰商品的价值定位、品牌文化以及销售战略；用橱窗展示把顾客吸引至店内，然后通过店内陈列和布局促使他们留在店中、购买商品并获得切实的购物体验，继而成为回头客。

服装陈列师素养一般由两部分组成，即陈列基础和陈列经验。只有将两者结合，才可以称为服装陈列师。陈列基础主要是对美学素养、服装知识等基础知识的掌握，若有平面设计、室内设计、服装设计方面的相关知识就更加大有裨益，但关键在于陈列师个人在陈列方面的感悟及审美能力。陈列经验则更多来自实践操作方面，既有曾经的工作经验，也包括个人在平时生活中的动手能力。此外，作为一名合格的服装陈列师，还要对商品和市场营销方面的知识有所了解。

（三）服装陈列师的日常任务

服装陈列师的日常任务，取决于其是为大型百货商店工作，还是为连锁零售商工作，或是为独立的小店工作，他们应该管理并广泛监督橱窗和店内陈列的视觉呈现。这涉及同进货部门保持联系，了解购进的货品，确定如何最好地推销商品以及新季节商品在整个卖场的布局，他们还应该为商店确定总体零售标准。每天的具体任务包括：确保货柜补充合适的服装商品，相应的标识要到位，检查橱窗和店内陈列物的状态并使其保持良好、整洁且照明齐备。

第二节　服装商店设计

随着20世纪80年代视觉营销的出现，服装零售商逐渐意识到在店内满足顾客的购物体验亦十分必要，服装的商店设计以及橱窗展示对保障营销起着至关重要的作用。如今，众多有才华的设计师在商店以及橱窗上花费的时间与投入的精力不亚于其在设计作品上的投入。

一、服装商店的设计

服装商店的设计把视觉营销的所有方面都联系了起来：橱窗陈列与室内设计，还有固定设备和小配件以及照明等。视觉陈列师、建筑师和室内设计师共同协作来打造富于激情、不乏商业气息的服装零售环境，为服装陈列师提供展示服装商品的舞台，将服装商品最佳的一面展现出来。同时，人行通道、照明标识和货柜的设计也都是出彩的部位。有的服装零售商甚至还会邀请室内装饰师、照明设计师和艺术家来帮助创造店内销售氛围。

（一）服装商店设计的重要性

服装商店的设计，从一定程度上表现了其服装品牌的外部形象和销售定位。服装商店设计有助于维护服装的品牌形象和文化，同时，也可以强化成功的零售战略。服装零售商依靠商店设计把顾客招至店中，不同的服装品牌其商店设计各有其特点，有些品牌喜欢低调奢华的店铺氛围，而有些则偏爱激荡人心的设计。服装零售商具体采取什么风格的商店设计，要根据其品牌的发展路线、受众群体，努力形成符合本品牌的企业文化和品牌形象。有时，无论设计新店、改造旧店还是店铺内局部翻新，服装商店都需向建筑师或者室内设计师请教，因为服装商业店铺的设计不同于住宅设计，它需要从多方面考虑公众的需求。

（二）怎样进行服装商店设计

服装商店设计的主要目的，店面外部设计，能够直观展现其品牌主体形象以及定位，内部陈列设计，能够把服装商品最佳的一面展现出来。做到这一点需要综合考虑功能性、商店需求以及受众特点等，如奢侈品零售商考虑的应该是为顾客创造舒适的挑选空间和氛围。由于服装商店千差万别，服装商品也各不相同，这就要求服装商店在基于品牌形象以及功能性考虑的同时，也需要富于魅力的设计，以便能够在第一眼就将顾客吸引到店内。

自主经营的服装店主在商店设计上可以大胆采用更为冒险的方案。在日本，能发现很多富想象力的设计。如东京的街道隐藏了很多耐人寻味的服装零售门店，最精彩的并不是位于主要商业街的中心位置，而是隐藏在后街小巷里。远离西方几千公里外的四座异常拥挤的小岛堪称创造力的熔炉，小空间都变成了零售展示场所。

二、服装商店的陈列设计

（一）服装商品的关联

完善的营业空间布局是成功的店内视觉营销的关键。开始规划营业空间布局之前，需要把握商品的基本规律，建立服装相关商品的关联，然后再选择一系列的货柜和设备，能够较为有效地陈列商品。商铺、店内陈列、销售点和额外销售都有助于服装的推销，同时，标识与图示以及店内环境气氛的营造也对店内视觉营销大有裨益。

运用好服装商品的关联作用是一切活动的开始。它指的是哪些种类的商品可以摆放在一起展示给顾客，如外套可以与裤子、短裙一起搭配，长短袜可以与内衣一起摆放等。这样做的目的在于最大限度利用货架与通道组成的营业空间，引导顾客更加快捷而高效地浏览到商品。通过摆放有共通之处的商品，不至于让顾客眼花缭乱，还可能让顾客选中本来没想要买的商品。巧妙地运用服装的关联会强化销售区域的形象，使它具有信服力。把手袋货柜靠着领带丝巾、手套、帽子和钱包，就巧妙形成了一个服饰配件购买专区。

除了运用商品的关联属性引导顾客逛商店之外，还要考虑的范畴就是顾客的舒适程度。销售男装和女装的专卖店，两类商品会同时销售。而穿行女装之间寻找自己需要的商品的男士也许会感觉不舒服，明智的做法应该把商店分成两个区，一个区销售男装，另一个区销售女装。两个区在某一点上有会合，收银台就放在这个点上把两个区分开，或者可以考虑中性特点的商品，像T恤或配饰。相反，商品的关联不适也会赶跑顾客，给商店带来损失。

（二）服装商店的布局

服装商店的布局以及布局的风格取决于服装品牌的风格以及商店想要带给顾客什么样的购物体验。专卖昂贵时装的专卖店可定位为开阔的现代感觉，女装店能体现出一种柔美的感觉，男装店采用较坚挺的线条和较暗的色彩效果会更好。大型货柜最好沿着周边的墙摆放，除非设计的目的在于分隔空间，如图12-1所示。如果台面用得恰当，它们对于商店布置来说也十分有用。如果要用墙面布置品牌形象或标识，要照顾到相邻的商品属性，不能侵占重要的垂直销售空间，如图12-2所示。

图12-1　大型货柜

图12-2　墙面形象、标识

设计平面布局时，陈列区也要进行考虑，使店内陈列看起来好看，但它会侵占宝贵的零售空间。一组模特衣架带来的资金回报不会同季节性商品展台一样多，如果营业面积里有太多风格重复的服装商品，其效果必然会打折扣。货柜和陈列完美结合是让消费者保持好心情的关键。最后，还应考虑收银台和更衣室的安排，应考虑把收银台和更衣室放在商店后部最无利可图的区域。这不仅是商业性的解决方案，也可把它当作吸引消费者进入商店并穿行其中的手段。

（三）服装货架与衣杆

服装商店的整体布局设计好之后，就该选择用来摆放和陈列服装的货柜了。服装销售中选用恰当的展示货柜非常重要，一开始我们会感觉棘手，选择能放下较多的商品还要把他们最佳的一面展示出来。一般而言有两种通行的货柜形式，即中岛式货柜和沿边式货柜。

1. 中岛货柜　中岛货柜是独立放置的，它不仅用来摆放商品，也用来引导顾客穿行于店中，如图12-3所示。这种货柜可以从各个角度选购商品。理论上说，中岛货柜不能太高，否则会遮挡商店的其他区域，其比例也应该和摆放的商品相协调。中岛货柜有很多不同的类型，从定制的刚朵拉式到各式各样的"淘来货"，有些适合陈列时装，有些适合鞋品箱包，而有些用于两种商品都可以。

2. 台面　用做服装商品货柜的台面，是打破营业面饶有趣味的方式，也便于顾客浏览商品。把高矮不一的台面组合排放，高低层次丰富放置商品更显效果，适宜放置叠放的服装或者鞋、包，抑或放置展示服装的半身人体模型，使服装商店的视觉陈列更加生动，如图12-4所示。

图12-3　中岛货柜

图12-4　服装台面

3. 挂衣杆　挂衣杆是用来悬挂各种尺寸和样式的服装。可以从批发商处购买或者定制。有两种基本形式，大容量挂杆和单轨挂杆。

（1）大容量挂衣杆：正如它的叫法，是容量最大的挂衣杆，它用来展现多种服装，通常用金属制作，有几条可调节的支臂支撑衣架。两边都能用来选购商品的叫T形架，或者四边的叫四方架，也可以挂在墙上作为沿墙货柜的一部分。使用时需要考虑支臂的高度，顾客很难选购悬挂太高的商品。同时需注意，商品要面向顾客，小尺寸在前，大尺寸在后，如图12-5所示。这种挂杆最好只用来展示同一种样式服装的不同尺码，或者像夹克和裤子等组成的套装。这种挂衣杆使用广泛，一是方便补货，二是方便操作，可随意调节以适应不同服装商品的要求。

（2）单轨挂衣杆：出售昂贵服装的商店经常使用，它跟传统的挂衣杆差别不大。单轨直杆最适合于展示时装系列或一个流行趋势主题，如图12-6所示。色彩变化要从左至右从最浅颜色开始，尺寸变化也应该由左边的最小尺码到右边的最大尺码。挂的服装要全部同款、同型，衣服前襟敞开的位置侧向顾客，每两件之间要留一到两指宽的空隙，以方便顾客拿取服装。

图12-5　大容量挂衣杆

图12-6　单轨挂衣杆

（3）环形挂衣杆：安装在服装商店中央的环形单轨挂衣杆在20世纪70年代便已经流行，同直杆起着同样的作用，由于其笨重、不灵活的特性，如今这种挂衣杆不再受欢迎了。但是，可以用它陈列打折商品，比如T恤，一圈挂不同的颜色。

4.墙面货柜　能吸引消费者进入商店并在店内到处走走看看的另一个因素就是墙面，墙面空间对任何商铺来说都是重要的一部分。环绕着商店的墙面能容纳大量商品而不占宝贵的水平空间，如果把重点品牌或强势商品放置在线形货柜上，消费者就能看到，并穿过层层货架走到那里，如图12-7所示。设计具有良好促销能力的墙面不仅能赢得更大的销售，也可以作为某种商品区域的背景。出于对陈列灵活性的考虑，很多零售商喜欢提供尽可能多的选择性的布置，较小的专卖店通常把线形货柜整合到商店设计中。

5.板条墙和网格状挂衣架　大型连锁零售商经常使用板条墙或网格状挂衣架，它们具有良好的灵活性，同时补货方便，按照设计它们通常都用来展示周转量大的时装商品。板条墙是用油漆或贴膜的木板做成，直接固定在墙上，如图12-8所示。网格墙由结实的金属网格制成，也是直接固定在墙上。板条墙或网格体系一般应该和墙面刷成相同的颜色，和商品融合在一起，挂上服装就能把体系隐藏起来，以突显所展示的服装商品，如图12-9所示。

6.固定的挂衣杆　把时装挂在结实的固定挂衣杆上比挂在板条墙或网格状的挂衣杆上整洁，但缺乏一定的灵活性。结实的金属或木质挂衣杆通常是由两端固定在墙上的支架支撑的，如图12-10所示。挂衣杆和支架都要足够结实，且要禁得住衣服的重量。

图12-7　墙面货柜

图12-8　板条墙

图12-9　网格状挂衣架

图12-10　固定挂衣杆

7.固定隔板　同固定挂衣杆一样，牢固地固定在墙上的隔板也缺乏灵活性，但是能满足视觉上的效果，设计得好能形成生动的销售区域。给隔板照明是个难题，隔板越深，在下一层隔板上留下的阴影越多，如图12-11所示。天花板上的聚光灯可以对准安装隔板的墙面。但是，天花板越低，隔板得到的光线就越少，可以选择安装在木板或金属板底部的照明方法。

图12-11　固定隔板

（四）服装商品的摆放

服装商品的摆放，也要遵循一定的规则。

1.组成色块　利用服装商品的色彩形成视觉冲击是最简单也是最基本的方法，如图12-12所示。从T恤和裤装，每种商品类型都能形成有效而规模大气的陈列，这种摆放服装的方式维护简单，补货也容易。大型超级市场和服装连锁店常使用这个方法，适用于沿墙和中岛两种货柜。

2.**水平布置**　水平布置方式最适合于沿墙货柜，把服装挂起来或者在隔板上摆成水平的一排。货柜的每一层或每一排可以根据色彩或者根据服装的款式摆放，从理论上说，每排放一种款式比放几种要好，这种陈列方式更有效，也更容易补货，如图12-13所示。

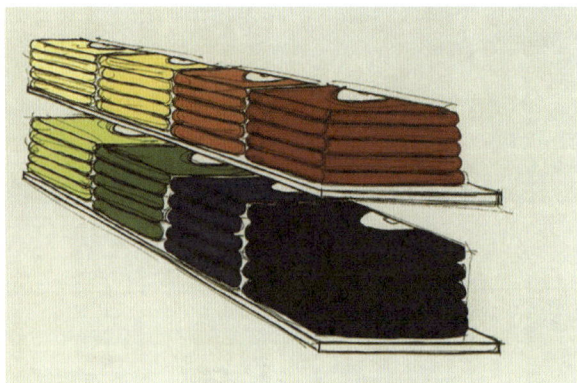

图12-12　服装组成的色块　　　　　　图12-13　服装的水平布置

3.**垂直布置**　垂直布置同水平布置一样，这种方式也是成排布置商品，不过是沿着墙面从上到下进行。它用于展现可供挑选不同款式的服装，也是以色块形式陈列，和水平方式一样，这种方式便于补货，也很有效。

4.**服装商品的模块化组合**　一般来说，一个货架或一面墙应该只用一种服装款式或一个系列服装来进行模块化组合，以显示其商品的权威性并形成视觉冲击力。这种类型的布置对顾客来说是合理的，它清楚地显示出色彩和款式。模块化商品的货柜不需太多维护且补货方便，如图12-14所示，这里商品的模块化组合用于男士T恤和短裤的布置，不仅展现了商品的正面形象，同时挂杆用于侧向吊挂商品，对于量大的服装商品很有效。

5.**对称布置**　对称布置是一种形成镜像效果的服装陈列形式，这种方法只适合沿墙货柜。两边商品都按照同样的方式布置，中间有一条假想的垂直线。同展示一个完整的商品系列所需要的必要空间相比，对称布置需要更多的墙面空间。如图12-15所示，用带有隔板、叉脚和挂衣杆组件的墙面固定货架进行商品的对称布置。这种类型的陈列方式很容易实现，看起来也很舒服，半身人体模型作为整体陈列吸引人的注意力，也可以用于突出某件服装。

6.**彩色方格式布置**　用于墙面货柜上的彩色方格式布置很有效，也很容易实现。它依靠色彩的运用形成视觉冲击力，服装商品沿着墙体的走向间隔布置就像跳棋棋盘那样，整体形成均衡对称的效果，如图12-16所示。

7.**结构式布置**　结构式布置方式只适用于时装，它按照穿衣方式，衣服相套而挂，如衬衫套在夹克里面。结构式布置完整、清晰，可用于不同服装类型的混合布置，如图12-17所示。

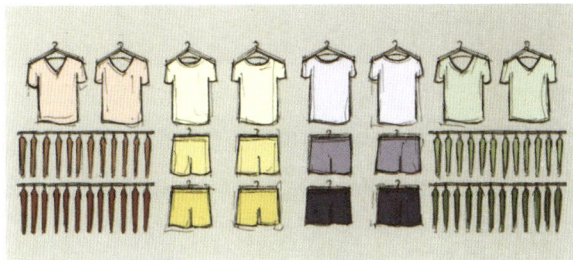

图12-14 服装的模块化组合

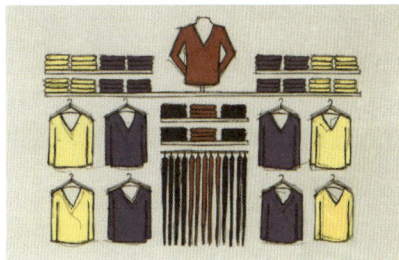

图12-15 服装的对称布置

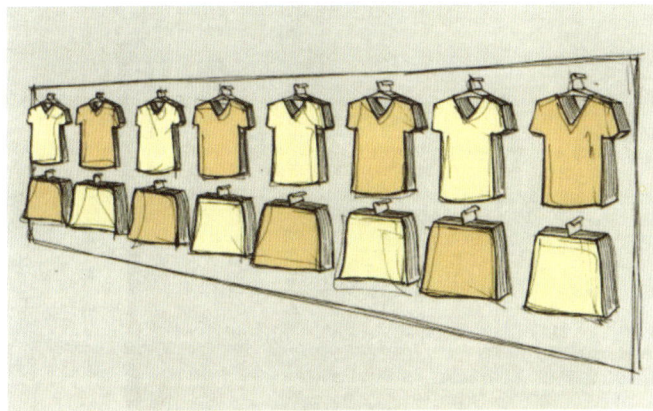

图12-16 服装彩色方格式布置

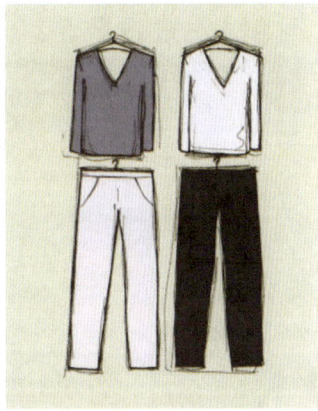

图12-17 服装结构式布置

8. 搭配布置 时装商品的群组受益于采用搭配布置的方法，系列商品或主题商品组织在一起形成有内在联系的组合，如夹克和与之相配的衬衫挂在一起，附带一条相配的领带，形成潜在的组合消费。这种搭配还可以把相关式样或风格的服装商品布置在一起，如传统的植物纹印刷可以用平纹编织和传统的条纹打破，形成法国普罗旺斯式的景象，柔和的灰色和自然色可以用鲜亮的色彩，如鲜艳的粉色、红色和蓝色提亮，形成时尚的风貌。这些设计能够启发顾客，指导他们如何把商品组织在一起。

9. 陈列商品系列 能代替搭配布置的是商品系列的展示，它能够代表一种权威或趋势。不同款式和风格的服装组合起来展示给顾客，并给出从色彩、尺寸、形式到价位的各种选择，让顾客清楚地了解可选购的服装种类，留待他们自己做出选择。

（五）服装商品的宣传展示

1. 印刷图形 通常在服装商品陈列的地方或者在一组模特衣架后方悬挂带有图片或图案的印刷图形作为背景，顾客不仅看到了图形，也获得了信息。用作印刷图像的图形可以是照片、绘画或图文混排的艺术作品。很多既在商店橱窗又在店内出现的图形常与品牌广告大战联系到一起，而且常常采用能够与品牌的商店设施配套的大幅图形的形式。它们随季节更新，图像可以是任意大小的全彩色、黑白色或深褐色的印刷品。如果使用得当，印刷的图形可以极大地改变商店或一个销售区域的形象。它们使用方便，图形上添加文字不仅传达了信息，也增强了可读性。服装零售商在店内和橱窗中大量依赖图形有很多原因，最根本的原因是削减成本。20世纪80年代，制作店内陈列的成本和品质也同橱窗不断升级一样在升高，有时还要超出预算。简单的方法就是使印刷背景达到陈列具有的戏剧效果，如今它们已经成为非常受人青睐的手段，常常同更传统的视觉营销技术相结合，如图12-18所示。

图12-18　服装印刷图形

2. 带背光照明的透明板　用带背光照明的透明板作为服装商品的展示工具，是现代宣传展示常用的一种手段。通常在展柜上放一个装透明板的盒子，里面是灯箱，底部安装一排荧光灯，前面的有机玻璃或玻璃片提供了透明度。固定有机玻璃或者玻璃的框架可以时常取下来，更换图片很容易，同时其成本很低，维护要求不高。一旦灯箱安装在墙上、展示设备上或货柜上就不需要太照料了，它是照亮商店阴暗角落的有力工具，同时还向顾客传递着重要信息。

（六）服装商店的照明

1. 泛光照明　无论是用来突出店内焦点还是为了让顾客方便地找到所需物品，简单地使用泛光照明给货柜以照明，如图12-19所示。在任何零售环境照明都是必不可少的内容。无论如何照明都不应该是陈列师预算中最节俭的项目，品质优良高效的照明灯具是第一大开销，遗憾的是，零售商并没有始终把照明设备的作用发挥到极致。很多沉寂的地方尽管倾尽全力布置陈列，因为没有良好的照明还是不能让它突显出来，商店中最令人兴奋的视觉区域常常埋没在阴暗中。

图12-19 服装商店照明

2.安装可调灯具的轨道系统　可调灯具的轨道系统能为店内陈列照明提供最大的灵活性，聚光灯能突出单件商品，泛光灯为整个场景提供环境照明。没有合适的灯，灯具再华丽也会流于形式，很多照明灯具可以安装各种灯，但并非所有的灯都能全面地发挥作用。你需要的光束宽度尺寸通常决定于所提亮突出的陈列群组的大小，运用得当会提供有力、有效的整体环境照明。

第三节　橱窗展示设计

毫无疑问，引人注目且充满新意的橱窗能起到促销的作用。除了最初的建设成本，橱窗是仅有的无需付费的主要促销手段，是商店建筑的一部分，应当充分利用。很多零售商投入大量营销预算去做一些艺术品，而有的零售商只是简单地把自己的服装产品呈现出来，却收到很好的效果。无论是百货商店那样的大橱窗，还是小商店的小尺寸橱窗，都需要认真规划，把橱窗的作用发挥到极致。精心布置的橱窗陈列不仅能把购物者引入店内，还强化了服装的品牌形象。它既是一种广告手段，也让顾客深入了解店内待售商品的情况。

一、陈列橱窗展示

不论橱窗陈列由怎样的动机驱使，设计橱窗时都有太多要考虑的内容，包括橱窗的类型，组织商品的最佳方式，是否需要主题或方案以及道具、照明、图形和标识的使用。在尝试设计并装点橱窗之前，需先了解所需布置橱窗的空间、深度以及橱窗的应用特点，它对于放进橱窗的服装商品和布置所展示的服装的方式都有影响。

橱窗的尺寸直接影响服装的最终展示效果。在商业街找不到标准的橱窗尺寸和形状，所有橱窗都不一样。大号橱窗需要摆进去更多的展示商品和相应道具，小的则相反。除了尺寸，橱窗还有各种形式，最常见的有封闭式、开放背景式和玻璃陈列柜式。

（一）橱窗陈列样式

1.封闭式橱窗　封闭式橱窗在百货商店很常见，正面是大块的玻璃，背后是实体的墙，还有两边实体的侧墙，这种橱窗很像房间，如图12-20所示。布置这样的橱窗最令人兴奋不已，因为从设计的角度来说，由于橱窗只从一个角度看，因此只需要满足正面效果。布置封闭式橱窗之前要精心设计，封闭式橱窗一般都有较大的空间，需要放置的商品、道具等数量、尺寸相对较大，成本较高。在展示一些昂贵的服饰商品时，须得确保橱窗的安全性和可靠性，以免顾客出于好奇破坏了展示。

2.开放背景式橱窗　这种橱窗没有背景墙，但可能有侧墙。很多服装零售商都喜欢用这种橱窗，因为在看到展示商品的同时也能够从外面看到商店的内部情况，如图12-21所示。不过，这也意味着店内的面貌需要时时有人维护，需要始终保持足够的吸引力，因此布置这样的橱窗难度更大。贵重商品不像在封闭式橱窗里那样安全，所以贵重商品不适合用这类橱窗。同时，还要考虑到让顾客能够有机会触摸到所展示的服装商品。

图12-20　封闭式橱窗

图12-21　开放背景式橱窗

3. 没有橱窗　购物街中的商店通常也有不设橱窗的，商店的整个正面都向公众敞开，各种服装商品琳琅满目，晚上只是用金属防护栏把商店和公共区分开。没有门或隔断限制顾客进入，如图 12-22 所示，这些服装商店促使大众走进来并浏览商品。这种方式似乎不再需要橱窗陈列了，但实际可以在入口内侧布置陈列展示台以吸引顾客。

4. 成角度的橱窗　橱窗背景墙与入口成角度，这样的橱窗，需要把群组的服装商品与玻璃窗平行布置，不与人行道平行，如图 12-23 所示，以便顾客前行时更愿意在玻璃窗前驻足。

图 12-22　没有橱窗的商店

图 12-23　成角度的橱窗

5. 转角橱窗　转角橱窗围绕着一个转角展开，这种橱窗中的服装商品群组应该呈弧形的中心布置，如图 12-24 所示。巧妙地组织橱窗内的服装展示，有助于从周围各个方向把顾客引向橱窗一侧，直至商店入口。

6. 连廊橱窗　连廊橱窗的门退到橱窗之后，陈列的一部分应该朝向人行道，以获取顾客的注意力，另一部分应向内回归，引导顾客向商店门口。

图 12-24　转角橱窗

7. 陈列柜式橱窗　经营服装鞋袜以及配饰的商店通常利用陈列柜式橱窗吸引顾客的注意力，这种微缩的橱窗要设计在视平线的高度，让人能近距离仔细观看商品。

（二）橱窗陈列设计

设计橱窗时，首先应明确要陈列的服装商品中蕴含的主题与精神，然后赋予其一种设计理念，只有独特的理念才能让设计中与众不同的东西呈现出来。其次需要考虑的是通过陈列想要达到的效果。最重要的还是设计师要确保橱窗主题能够反映或支持店内销售的商品。

橱窗陈列通常以情节叙述的形式展开，使用其他元素或道具，要么和服装商品有某些共通之处，要么完全不相关联，但在道具和服装之间仍然能够保持艺术性的平衡。创作橱窗陈列，能给顾客带来情感效果并引发他们的深层思考，这并非易事。塞尔弗里奇百货伦敦店的阿兰纳·韦斯顿相信，陈列的手法和语言至关重要。"精彩的手法是良好橱窗陈列的核心"，她说："不要太多的理念，设计橱窗陈列重要的是要有良好的整体组织并能把情节描述出来。这也涉及开发一种橱窗内使用的语言，这种语言可能是一系列的色彩形体或肌理。你没有太多的时间去捕捉公众的注意力，你必须在他们经过时直接抓住他们的注意力，但同时还要有细节，以便在他们愿意的时候可以停留一些时间，当然橱窗必须具有信息含量。不论是与时装设计师共同完成奢华型橱窗的设计，还是邀请无名或著名艺术家设计一套完整的橱窗方案。"商店都能因此而沾满灵气。

（三）橱窗主题与方案设计

主题与方案，服装陈列师都熟悉这两个词，指的是服务于商品的创意性元素。它们互相关联，成为橱窗形象整体感的线索。主题就是橱窗所表现的主题，包含实现全部创意的色彩、道具及相应的服装商品。方案适合有多个橱窗的商铺，比如伦敦的梅西百货店（Macy's）和塞尔弗里奇百货店（Selfridges）。方案呈现主题，但可以做些调整以便传递相同信息的橱窗各不相同。重要的是服装橱窗方案要具有内在的关联性和协调性。主题或方案需要精心计划，仔细考虑。服装陈列师运用它们创作"戏剧"倾诉"故事"，如图12-25所示，以激发人的购买欲。主题可以是季节性的，也可以是对节庆日或社会经济发展趋势的诠释。

在很多实例中，橱窗的主题和方案也应用到商店内部，用于店内陈列。如果运用得好，这样的陈列则会给消费者形成更强烈的信息。反映橱窗信息的印刷制品，比如图形图案是店内实现主题最有效、最经济的办法。主题和方案也可以是店内特定销售区域反映橱窗主题的陈列形象的复制。在什么位置布置店内陈设来获取最大的陈列效果总是值得考虑，多余的模特衣架或道具总会增加额外的成本。

服装连锁店通常都把时间和金钱花在装扮旗舰店上，让它更吸引眼球。很显然，因为旗舰店都比较大，橱窗会更引人注意，留给人更深刻的印象。采用颜色、图形或小道具等作为共同的线索能解决这个问题。即使

图12-25 服装主题与方案

是连锁店，橱窗大小基本也都不一样，所以橱窗陈列在一般情况下都需要进行设计和制作。对商品和店铺的整体形象做到心中有数是很有必要的。通常，店主寻求专业陈列师的帮助时，总希望在道具的衬托下，把商品更好地展现出来。

（四）橱窗陈列的影响因素

影响橱窗的陈列因素有以下几点。

1.预算 服装零售商都希望通过大量的促销宣传能让自家商铺比平时更吸引人。这些促销宣传的代价很大，很有必要为此做好计划与预算。任何季节性的橱窗运作都需要提早安排，道具制作商、自由职业的服装师和橱窗陈列师都很抢手。要想获得更多的帮助，就要事先做好资金准备。一个年度橱窗预算应该包括计划内橱窗方案的各项费用。多数零售商都会把一年中的大开销橱窗方案和中等花销的橱窗方案穿插使用。

2.道具 确定了主题和方案，选定商品之后，在考虑橱窗本身的布局之前，应该考虑的就是用什么样的道具了。道具，是促进商品销售的一种手段，能够反映商品的特征，衬托商品、创造气氛，提升橱窗或室内的陈列效果。道具可以买，也可以定做，一些商品也能用来制作道具，这样的道具既经济又具商业价值，因为道具自身也可以挂上标签出售。

（1）道具和产品之间一定要形成良性互动，人体模型脚边的花盆只会不适当地吸引注意力，毫无疑问它放的不是地方，与它要衬托的商品毫无关联。如果道具无益于橱窗主题的构建，则最好避免因个人喜好而牵强附会。一些小时装店喜欢将与商品毫无关联的几件旧家具、窗帘、假花一股脑地堆放在橱窗里，既呆板又不得体。

（2）最精彩的橱窗靠的并非大笔的资金，而是活跃的想象力。纽约的博格道夫·古德曼百货店（Bergdorf Goodman）以其奢侈的橱窗展示闻名，曾经有一次把烤煳的面包片用在超大橱窗里，烤得从轻到重渐次变化的面包片布满整个背景墙，前景陈列着身着漂亮时装的模特衣架。橱窗的成本不过是几条面包和一台烤箱，同它著名的圣诞橱窗的大笔开销大相径庭，但效果却毫不逊色。

（3）花和植物在橱窗陈列中很有表现力，但是它们持续的时间都不长，太阳和橱窗照明的热量令最新鲜的植物几个小时就枯萎了。这些年假花越来越逼真，而且它们能清洗、打包、存放，以便再拿出来用。

3.布局 服装陈列师布置橱窗时有一系列规则和标准需要考虑。然而，正如许多专业人士依赖于指导方针，有经验的视觉陈列师时常打破规则，有时是因为他们希望引起争议，有时是因为他们能够清楚地掌握如何以及何时抛开传统，他们对设计橱窗背后的规律有更深的理解，也就懂得了如何更好地捕捉公众的注意力。

4.焦点 无论大小，服装商品展示的橱窗都需要有焦点，使来自街道上的视线本能地落在上面。更大的橱窗可能需要不止一个焦点。最佳焦点位置应该稍低于视平线，稍偏离于中心，眼睛从焦点再转移到橱窗陈列中其他商品上。如果橱窗比人行道更高，焦点则应该更低。正确的做法是从外面观看橱窗来确定主焦点的位置。顾客流也会对观看橱窗的方式有影响。如果主要是从左边接近橱窗，在组织焦点时应放在左侧；如果花费宝贵的时间设计、布置起来的橱窗，多数顾客只能注意到人体模型、商品或道具的背面，那就比较遗憾了。

二、服装人体模型展示

如今，时尚不再只是服装的专利，还有相应的发型和化妆，人体模型的流行风头正劲。几十年来，人体模型已经成了橱窗陈列的商标。它们是所能用来展示最新时尚趋势的最有效的工具，顾客渴望自己穿出人体模型的感觉，服装陈列师的工作离不开这些人体模型，很多人还没有意识到这些陈列室中的假人实际上是现实中人们效仿的对象。

现在多数服装零售商常在店内多使用无头的人体模型，放在白墙的前面，人体模型成为设计和商店建筑的一部分。而设计师的专卖店或者高端服装商品，为了更佳地展现，他们可能更需要一种富有表现力的优雅姿态的人体模型，如图 12-26 所示。并非所有人都需要把人体模型装扮成具有冲击力的类型，如高街的零售商可能需要更加简洁的姿势，运动用品店会喜欢动态的人体模型，如图 12-27 所示，而一些造型简洁的人体模型系列往往更受零售商青睐，如图 12-28 所示。

图12-26　优雅姿态的人体模型

图12-27　运动姿态的人体模型

人体模型的群组。大多数人体模型在设计上都有相互组合的潜质，不同的人体模型可以按照赏心悦目或者具有视觉冲击力的方式呈群组展示或者系列使用，其展示效果更佳，如图 12-29 所示，更易吸引行人的视线。服装商店应多去展示人体模型之间的互动性，如若放置不得当或群组不好的人体模型，对

图12-28　造型简洁的人体模型群组

于任何展示的整体创意效果都有损害。十个人体模型排成一列并不能打动人，人体模型的群组可以使陈列师大大发挥创造力，从而呈现更佳的展示效果。一个设有六个人体模型的橱窗也应该分组，比如三个人体模型一组，两个人体模型一组，再加上一个人体模型，橱窗里最好只有几个人体模型是重点，其他的都是陪衬。

穿裤子的人体模型应该放在穿裙子的后面，这样它就不会挡住裙子，短大衣放在长大衣前面。同时，这样组织人体模型还有助于让消费者理解橱窗中或展示中所用的不同服装。套装和裙子、裤子一起出现，很容易形成三个一组的陈列方式，这样演示了各种服装的穿法，把重点色用到别的人体模型上还能增加群组的凝聚力，如图12-30所示。

图12-29 人体模型的群组　　　　图12-30 服装人体模型的摆放

■ **资料链接：**

服装商店视觉营销个案研究——乔治·阿玛尼（Giorgio Armani）

无论乔治·阿玛尼店在世界哪个地方开店，都会引起公众与媒体意料之中的高度关注。其时装店在各方面都十分出色，特别是在视觉营销方面，能够给人难以忘怀的购物体验，如图12-31所示。从以下几个方面探讨其营销策略。

图12-31 阿玛尼时装店

1.商店的设计理念 商店的设计理念是多里安娜·D.曼德雷利（Doriana D. Mandreli）和马西米拉诺·富克萨斯（Massimilano Fuksas）智慧的结晶，是由流动性原理发展而来的。从营业区开始，红色玻琼纤维的条带曲折地横穿整个营业区，成为帮助顾客穿过咖啡厅空间的导向工具，又变成实用性的吧台、餐桌和DJ台，如图12-32所示，这样妙趣横生又灵光闪现的设计是难以用语言表述的。

2.建筑 在主购物区内，蓝色合成树脂地面上摆放着弧形玻璃陈列、光亮的钢材家具和其他销售设施。每个细节都做了精心考虑，极为关注细节和表面效果。尽管在设计时根据货柜的类型考虑了商品陈列的特点，但对于视觉陈列师而言它仍然是令人深思的。如今很多商店的创建非常依赖现代设计运用动态货柜和开放空间来推动他们的品牌。视觉陈列师和建筑师的难题在于保证商品能够契合整体的设计主题而不会使之显得格格不入，在设计与销售之间取得良好的平衡才是关键。

3.货柜 每件货柜考虑的不仅是设计价值，更是它的实用性。对于阿玛尼店来说，同其他新的商店项目一样，货柜在商店设计阶段就针对相关商品区域做了设计，也正因为早期的设计，它们才成为商店完整建筑的一部分，而不像后加进去的那样显得突兀，如图12-33所示。设计货柜时没有考虑到这一细节，就会损害商店的整体形象，如果重新设计和生产，也会带来不必要的花费，最终在营业空间里放置了多少货柜当然由需要摆放的商品数量决定。在阿玛尼门店，设计布局时就仔细考虑了这一点，其结果是任何区域布置的货柜数量相当有限，以避免破坏品牌形象。

图12-32 阿玛尼店内设计 　　　　　　　图12-33 阿玛尼货柜

4.悬挂的商品 一连排的挂衣杆形成的单调感不具有足够的吸引力，把看上去能穿在一起的成衣挂在只有几米长的挂衣杆上，还要用别的主题加以分隔，顾客就能把精力集中在完整的搭配和流行趋上。使用黑色基本色，用灰色或一个单色与之相间，能让顾客在怎样穿着单件服装方面有一个清楚的概念。服装的长度也能协助商家把顾客的注意力集中到货柜上，出于这种考虑，阿玛尼精明地利用不同长度的服装给挂衣杆增加变化。

5.叠放的商品 把精心布置的商品放到隔板上销售也是一种十分生动的陈列方式，但放置折叠商品的玻璃隔板不能放得太满，商品堆叠的数量可以表现出商品的权威性——多数情况下是两件码成一摆，堆叠服装之间的空隙也能清楚地表明它们的价值。另外，还要使所有的商品都能整齐地在一起，这时折衣板就派上用处了，聪明的做法是把隔板上堆叠服装中的样品挂在隔板附近的挂衣杆上，堆叠的商品当作挂着的服装备货。这样一来，堆放的商品有各种尺寸，挂着的那件应该是最大众化的尺码。

6.**各种商品的混搭** 像阿玛尼这样主营时装的商店，一般主要用挂衣杆和隔板，但是卖场里也会布置些摆放其他商品的货柜，因为这有助于调节商店布局的节奏。现在，在以这家时装店为主导的地方销售图书的想法不仅有助于提高销售量，更重要的是形成独特的店中店，更能吸引消费者进到卖场里来，如图12-34所示。选择在靠近入口的区域陈列出对阿玛尼的顾客有意义的图书是能够吸引购物者的，这些顾客可能不一定非要成为阿玛尼的常客，但是愿意在阿玛尼的经营方式中购物。

图12-34 商品的混搭经营

7.**中岛货柜** 使用中岛货柜不仅可以多摆几件商品，也是划分空间和产品销售区域的一种手段，同时又增添了一项以商品来装饰的元素。中岛货柜要摆放几件周围环境中的商品，这些放在一起的商品成为可选购的服装和相应配套饰件的样板。

8.**店内陈列** 陈列阿玛尼服装的人体模型也是按预想中的商店现代主题设计的，透明的玻璃纤维头部和躯干与周围的玻璃货柜和墙面很协调，一点也没有令室内设计或服装显得逊色，它们若有若无的形态含蓄而有力。用周围挂着的或叠放的服装完美装扮起来的人体模型不仅是激发灵感的工具，通过它们可以把流行趋势的信息传达给顾客，也是富含信息的引导，它可以向顾客展示那些服装可以怎样穿着。人体模型并没有组群放置，而是摆放到一个基座上形成焦点展示，放在店内各处指定位置上形成焦点，使顾客驻足，选购店内商品并流连于店内。

9.图形与标识　阿玛尼这样的品牌主要依靠建筑和商店设计来提升品牌形象，所以，品牌不需要文字来推动，建筑和商品就有足够的说服力了。正因为如此，标识不需要做得很醒目，如图12-35所示。不过，有些场合可以以特别抢眼的方式使用图形。在化妆品区，大幅图形造就了品牌形象大胆、艳丽、醒目，占据着橱窗的主要空间并负责传播大量的信息。在大多灰色调的化妆品区，它们生动有力的色彩用来强化充满活力的化妆品陈列。

图12-35　阿玛尼商店的图形与标识

10.照明　用灯光点亮挂着的和叠放的衣服后面的墙面，让它成为很有表现力的背景，灯光不但提亮了商品，而且有助于把顾客引向那里。磨砂玻璃板使光线产生散射，形成均匀的照明，仅用作重点照明的聚光灯嵌入天花板并配有调光装置把光线直接对准商品。

同上海的阿玛尼店和米兰第一家阿玛尼商业中心一样，中国香港阿玛尼店称得上是激荡人心的购物者乐园。货柜的布局和布置与商店设计充满激情，完整的商店形象融合了意大利的别致与东方的优雅。

● 思考与练习

1.服装陈列师的职责有哪些？

2.橱窗陈列样式有哪些？

3.用具体案例分析影响服装视觉影响的因素有哪些。

第十三章

服装领域职业分析

课题名称：服装领域职业分析

课题内容：1.服装领域的职业

2.专业相关及周边领域的工作

课题时间：4课时

教学目的：让学生了解服装设计专业就业前景，以及未来可以从事哪些相关领域的职业，帮助学生拓展思维，找到自己感兴趣的就业方向，并为之努力。

教学方式：以理论讲授为主，启发、引导相结合。

教学要求：让学生了解各个职业方向的工作性质和工作内容，以及从事不同职业需要掌握的知识和专业技能。

如今，在服装行业工作的人们处在一个拥有广阔前景和多个层面的领域。在这个领域里，有着自由发展空间，有着改变工作和方向的自由，有着搬到不同城市或国家去，都不需要从头开始或从事完全不相关的工作自由。

服装职业的优势在于其广泛性。服装业是一个广阔的领域，对希望投身这一行业的人士来说，有着丰富的就业机会。从服装的生产、零售到相关部门，需要各种技能和感兴趣的人。这个行业不仅能发挥个人在技术和管理方面的才能，而且还能展现服装特有的艺术性或创造性。

第一节　服装领域的职业

一、服装材料领域的职业

服装材料领域需求数量最大、种类最多的职业是纤维和纺织品生产部门。皮革、毛皮、辅料等其他原料领域以及相应的专业协会也有类似的岗位，但相对来说数量较少，其涉及的职业有以下三种。

（一）服装面料设计师

生产服装面料需要技术和艺术相结合。为此纺织公司聘用的设计师不仅需要掌握纺织生产过程的专业技术知识，还要具备艺术创造能力和成功预测流行趋势的能力。服装材料设计工作要早于服装贸易几个月，这就要求设计师还要具备敏锐的时尚触角。

（二）织物风格师和配色师

许多公司聘用织物风格师或者一位配色师，有的公司两者都聘用。主要工作是针对市场上已有的产品稍加修改后推出自己的应季产品。他们往往将多种色彩组合应用到市场已有的设计上，或者将已有设计应用到某一特定市场。

（三）纺织技术工作

在服装材料领域接受过纺织生产技术训练的人也会有多种工作机会，因为他们了解从原料到服装成品织物的一系列加工过程。实验室技术员负责测试纤维、纱线、织物和服装以确定其耐久性、色牢度和缩水性。此外还有质量控制、针织物设计、织物分析和色彩研究等其他工作。

二、服装设计生产领域的职业

对于有创意的人来说，服装业中最令人向往的工作就是作服装设计师。然而攀登这一高峰常常是艰难而不确定的，即使站在顶峰也随时可能下滑。在这里设计新人辈出，即使非常成功的设计师也会困扰于每季的市场前景。

进入服装业第二层面工作的第一步最好是到零售部门。不管是希望将来在第二层面的公司从事设计、生产，还是销售工作，首先直接与消费者接触对服装专业人员来说是非常宝贵的经历。这个领域的职业有以下几种。

（一）服装设计工作

由于许多服装公司的成功都取决于产品系列的设计风格，因此设计的责任一般不会委托给一个新手，即使是很有天赋的人。服装设计师是一门应用艺术，无论设计师绘出的效果图有多美，首先要传递的信息是服装穿在人身上的效果。设计师们越来越多的依赖计算机来调整服装设计的线条、色彩和装饰细节以及模拟不同面料的立体效果。设计师可以将这些信息传递给面料供应商、生产部门及消费者。设计师必须具备有关成本和批量生产技术方面的知识，还要能够准确判断目标消费群在流行周期中所处的位置。

对于中等价位和大众市场的生产企业，设计师的工作不是进行原创而是一种模仿与改制。设计师要求具备广泛的技能，尽管可以大胆借用高级时装原创的构思，但需要经过修改才能设计出既新颖同时又能被大众市场或中等收入消费者接受的服装。

刚刚开始工作的新人除了以自由设计师的身份提供设计外，还可以找到一些设计师助手的工作，有望以后逐渐升职为设计师。这类工作包括设计师助理、初级设计师、样板师、绘图员和样衣制作员。

（二）服装生产工作

这部分岗位是与服装厂和办公室相关的工作。服装设计毕业生可以做的技术性工作是服装生产管理和样板制作。

1.服装生产管理工作 服装生产管理不是只需要一个组织人员和解决问题的人，而是需要全体员工的合作。他们必须能够从原材料供应到根据工人工作时间表及时跟单，以确保按时完成零售订购的任务。这方面入门工作岗位包括初级工程技术人员、成本计划员、工厂经理助理、生产助理、质量监控员。如有工商或工程方面的学习经历对获得这些工作是很好的背景，想要提升到更高的职位，通常基于工作表现及是否具备承担更多的责任和能力。

2.样板制作　样板制作需要在服装院校经过系统学习。样板师除了具备服装设计知识以外，还要有一定数学基础并擅长使用计算机进行样板制作。要能保证每片样板尺寸准确并且裁片之间可以很好地组合在一起。在这方面最初的职位包括样板师助理、裁剪助理、推板实习生以及排料实习生。

三、服装营销工作

营销领域最好的起点工作是售货员，售货员可以与顾客面对面地接触，可以了解顾客需要什么。以往营销方面的职业阶梯一直是从销售逐步提升到采购，近几年许多拥有众多分支机构的大公司提供了两种可选择的发展路径：一是通过传统的由销售到采购的路径，二是通过严格的经营管理的路径。

（一）采购路径

选择采购路径的人可以从库存管理员做起，到助理采购员，之后到采购员，再到商品部门经理，最后提升到商品总经理。

（二）管理路径

选择管理路径的人可以从部门助理销售经理做起，到部门销售经理，再到销售区域经理，最后提升到总店经理。

（三）销售推广工作

销售推广方面的工作机会包括以下几种：广告人员、宣传人员、公关人员以及视觉营销人员。销售推广部除了这些具有创造性的职位以外，也有一些行政管理方面的工作。负责促销活动与销售部及商店其他部门的行政主管之间的协调工作。其中管理预算及计划是一项主要的职责。这些行政人员同样也要决定何时以及如何利用广告公司等本公司以外的资源，而且他们必须常常从销售方面来评估自己的工作成效以及对所指定的短期和长期推广计划进行相应的修改。

第二节 专业相关及周边领域的工作

服装相关领域有各种各样的工作机会，如专业协会、服装教学、专业出版物、电视与互联网以及顾问公司等。对于适合这一领域的人来说，这类工作繁忙而充满乐趣。尽管每项工作都有其特定要求，但共同点也是最重要一点就是对时尚的理解。

一、专业协会的工作

专业协会的工作是服装行业中最有趣的工作之一。协会由制造商、零售商和各种类型的专家构成，并聘用专职员工从事研究、宣传及公共关系等工作。协会也处理有关立法事项、制订条约、出版杂志、策划展销会等。协会还常常根据会员的需求提供相应的服务，各种专业协会，从面向服装材料、服装设计、服装生产，再到服装销售，针对服装业的方方面面。

各种专业协会无论大小，都会向其成员提供各种服务，丰富多样是最高的需求。刚刚进入协会工作的新手会发现，有特定专业的背景将会非常有用，当然与人交流的能力也同样重要。

二、服装教学工作

服装教学方面的工作机会有许多种类，在设有服装营销和服装设计专业的专科院校任教，一般都要求在获得4年服装专业学士学位的同时，还要修过教学方法方面的大学课程，而在本科院校任教，则通常要求具备硕士学位。

教学和培训对于那些在服装业工作过的人是很自然的工作，因为信息交互、跟进最新时尚及流行趋势是他们工作的一部分。如果考虑到这一点，实际上服装业每项工作都包括教与学的因素，这里有无限的机会能够充分发挥你的才能和兴趣。

三、时尚编辑工作

几乎所有的大众刊物都会刊登一些时尚信息，有的还是专门的时尚刊物。这类报社、杂志社的工作机会是非常多的，包括从编辑工作到无数的幕后工作。当出版物刊登报道时尚信息时，其时尚判断必须具备权威性。无论是时尚刊物还是只部分报道时尚信息的刊物，时尚编辑的工作是要观察读者的反应，抓住市场中的流行动态，并在合适的时间里描述报道出来。这取决于不同规模的出版机构和不同类型出版物的具体要求，编辑需要了解整个服装市场或部分服装市场。

有的专业刊物报道的内容范围非常专业，比如《中国时装》，这些杂志一般是每月出版一期；有的商业刊物范围比较宽，比如《服装时报》，一般是周刊或半月刊。所有的专业刊物都可以为刚刚参加工作的服装爱好者提供就业机会。

四、电视及互联网工作

有些时尚专业人士在电视台找到了令人兴奋的工作。现在许多广告代理聘请兼职人员来为服装生产商或零售商制作服装商业广告，尽管高额的电视播放及广告制作费用限制了零售商对它的兴趣，但仍有不少商家充分利用电视的优势来展示他们的服装。像卡尔文·克莱恩（Calvin Klein）、西尔斯（Sears）这样的主要生产商及零售商经常做全国性的广告。随着地方频道的增加，有线电视得到了发展，可以提供一种比利用网络电视花费少的服装广告，而且其制作费用也比较低。电视购物带来了一种包括服装零售在内的全新零售方式，有线电视还可用过节内容发布时尚信息，吸引那些有时尚意识的年轻观众。

国际互联网也为人们提供了许多关于时尚及其技术方面的工作机会。许多引领时尚的设计师和制造商拥有自己的网站，而且时常更新和扩建。网上购物已在世界各地蓬勃发展，一旦解决网络安全问题，网络媒体可以提供更多的工作机会。

五、服装消费咨询工作

近年来消费咨询行业已经很热门了，咨询服务是一些有服装专业背景的人员利用业余时间从事的业务。渐渐地这些咨询行业发展成为全职而且盈利的行业，咨询业务开始投入的资金相对较少，但是要成功的话，则需要在服装领域有丰富的经验，而且要投入大量的精力。咨询工作目前有以下几种。

（一）形象及服装顾问工作

服装或形象咨询就是为那些希望自己更时尚或拥有独特形象的人做参谋，这类消费者对自己着装搭配能力缺乏自信，或者是没有足够的时间，或者缺少时尚方面的知识，不知如何让服装既能增强自身魅力，同时又能适合自身的生活方式。

（二）色彩顾问工作

色彩顾问或专家越来越受到人们的欢迎。色彩顾问提供的服务种类也非常多，这与他们的知识背景及所受的培训有关。许多色彩专家只提供一种服务，即为顾客画一个色彩表，指明顾客最合适的颜色。顾客购买服装时，可用此色彩表来选择类似色彩的服装，以免所买服装与其他衣服不能搭配，出现有代价的错误。有的色彩专家还提供其他的服务，如向客户提供特定风格服装款式建议，也许是优雅的，也许是清纯的，或者是田园风格的。

每季许多色彩顾问都会组织讲座，向顾客们提供商店的服装样式。讲座还面向那些希望提高企业雇员形象的公司。形象顾问协会正试图使服装/形象顾问和色彩顾问工作更加专业化。各地均有资格认证课程，协会也会举办一些讲座。

（三）化妆顾问工作

越来越多的艺术沙龙都聘请化妆顾问或装扮艺术家，以往装扮艺术家只出现在好莱坞、纽约或一些高级商店，而如今客户分布已越来越广泛。

● 思考与练习

1.服装设计生产领域都有哪些工作？

2.色彩顾问的主要工作内容是什么？

参考文献

［1］袁仄.中国服装史［M］.北京：中国纺织出版社，2005.

［2］华梅.服饰与中国文化［M］.北京：人民出版社，2001.

［3］李泽厚.美的历程［M］.北京：生活·读书·新知三联书店，2009.

［4］李当岐.西洋服装史［M］.2版.北京：高等教育出版社，2005.

［5］李当岐.服装学概论［M］.北京：高等教育出版社，1998.

［6］宁芳国.服装色彩搭配［M］.北京：中国纺织出版社，2018.

［7］王惠娟，李海涛.服装的造型设计［M］.北京：化学工业出版社，2010.

［8］陈学军.服装设计基础［M］.北京：北京理工大学出版社，2010.

［9］刘元凤，胡月.服装艺术设计［M］.北京：中国纺织出版社，2006.

［10］张文斌.服装结构设计：女装篇［M］.北京：中国纺织出版社，2017.

［11］万志琴，宋惠景.服装生产管理［M］.5版.北京：中国纺织出版社，2019.

［12］李文玲，蒋静怡，庄立新.服装缝制工艺［M］.北京：中国纺织出版社，2017.

［13］张庆强.竞技体育元素在服装设计中的应用［J］.化纤与纺织技术，2023，52（8）：147-149.

［14］徐元.主题演绎：服装表演如何营造特殊意境［J］.学习月刊，2009（22）：50.

［15］钱孟尧，蔡欣.和谐原则的服装系列设计审美形式［J］.丝绸，2014，51（12）：39-43.

［16］黄潇潇.浅析人体结构线与服装结构制图［J］.西部皮革，2023，45（15）：140-142.

［17］玛合甫扎·帕依肯.服装生产管理中存在的问题及应对措施［J］.轻纺工业与技术，2021，50（1）：58-59.

［18］陆君子.试论服装生产过程质量控制的提升策略［J］.经济师，2023（7）：293-295.

［19］谢伟利.服装生产企业成本管理控制问题及对策［J］.中国市场，2021（24）：53-54.

［20］徐荣荣.服装企业生产成本管理与控制对策探讨［J］.纳税，2019，13（33）：290.

［21］陈晓英.“成衣设计”课程融入少数民族非物质文化遗产的教学实践［J］.文化产业，2021（28）：78-80.

附 录

附录一　国际知名服装品牌简介

1.品牌名称：香奈儿（Chanel）

品牌档案：

（1）创始人：加布里埃·夏奈尔（Gabrielle Chanel）

（2）注册地：法国巴黎（1913年）

（3）设计师：1913～1971年，加布里埃·夏奈尔；1983年起，卡尔·拉格菲尔德（Karl Largerfeld）

（4）品牌线：香奈儿

（5）品类：1913年开设女帽及时装店制作服装；1921年起开发各式香水：如1921年的No.5香水和No.22香水，1924年的Cuirderussie香水，1970年的No.19香水，1974年的Cristalle香水，1984年的Coco香水，1990年的Egoiste男用香水，1996年的Allure香水；另外还有各类饰品、化妆品、皮件、手表、珠宝、太阳眼镜和鞋各类配件。

品牌识别：

（1）双C在Chanel服装的扣子或皮件的扣环上，可以很容易地就发现将Coco Chanel的双C交叠而设计出来的标志，这更是让Chanel迷们为之疯狂的"精神象征"。

（2）菱形格纹：从第一代Chanel皮件越来越受到喜爱之后，其立体的菱形格纹竟也逐渐成为Chanel的标志之一，不断被运用在Chanel新款的服装和皮件上。后来甚至被运用到手表的设计上，尤其是"Matelassee"系列，K金与不锈钢的金属表带，甚至都塑形成立体的"菱形格纹"。

（3）山茶花：Chanel对"山茶花"情有独钟，现在对于全世界而言"山茶花"已经等于是Chanel王国的"国花"。不论是春夏或是秋冬，它除了被设计成各种质材的山茶花饰品之外，更经常被运用在服装布料的图案上。

2.品牌名称：圣罗兰（Yves Saint Laurent）

品牌档案：

（1）类型：高级时装

（2）创始人：伊夫·圣·洛朗（Yves Saint Laurent）

（3）注册地：巴黎

（4）设计师：伊夫·圣·洛朗

（5）品类：高级时装、香水系列、首饰、鞋帽、化妆品、香烟等。

品牌综述：

创始人伊夫·圣·洛朗（Yves Saint Laurent）1936年生于阿尔及利亚，21岁时任全球最有声望的迪奥时装公司的首席设计师，但是好景不长，由于迪奥的老顾客认为伊夫·圣·洛朗过于激进，1960年他被炒了鱿鱼。1962年在巴黎建立自己的公司。伊夫·圣·洛朗的设计既前卫又古典，模特不戴胸罩展示薄透时装正是他开的先声。伊夫·圣·洛朗擅于调整人体体型的缺陷，常将艺术、文化等多元因素融于服装设计中，汲取敏锐而丰富的灵感，自始至终力求高级女装如艺术品般地完美。伊夫·圣·洛朗的旗舰产品是高级时装，服务是全球仅几千名的富豪，时装用料奢华，加工讲究，价格昂贵，是常人难以接受的。

3.品牌名称：范思哲（Versace）

品牌档案：

（1）类型：高级时装、高级成衣

（2）创始人：詹尼·范思哲（Gianni Versace）

（3）注册地：意大利米兰（1978年）

（4）地址：意大利米兰Via Ges 12 .Milano.Italia　邮编：20121

（5）设计师：贾尼·范思哲，当娜泰拉·范思哲

品牌综述：

（1）著名意大利服装品牌范思哲代表着一个品牌家族，一个时尚帝国。范思哲的设计风格鲜明，是独特的美感极强的先锋艺术象征。其中独具魅力的是那些展示充满文艺复兴时期特色、华丽的具有丰富想象力的款式。这些款式性感、漂亮，女人味十足，色彩鲜艳，既有歌剧式超现实的华丽，又能充分考虑穿着舒适性及恰当地显示体型。

（2）范思哲服装远没有看起来那么硬挺前卫。以金属物品及闪光物装饰的女裤、皮革女装创造了一种介于女斗士与女妖之间的女性形象。绣花金属网眼结构织造是一种迪考（Deco）艺术的再现。黑白条子的变化应用让人回想起19世纪20年代的风格。丰富多样的包缠造型使人联想起设计师维奥尼及北非风情。

（3）斜裁是范思哲设计最有力最宝贵的属性，宝石般的色彩，流畅的线条，通过斜裁产生的不对称领有着无穷的魅力。采用高贵豪华的面料，借助斜裁方式，在生硬的几何线条与柔和的身体曲线间巧妙过渡。在男装上，范思哲品牌服装也以皮革缠绕成衣，创造一种大胆、雄伟甚而有点放荡的廓型，而在尺寸上则略有宽松而感觉舒适，仍然使用斜裁及不对称技巧。宽肩膀，微妙的细部处理暗示着某种科学幻想，人们称其是未来派设计。线条对于是范思哲服装是非常重要的，套装、裙子、大衣等都以线条为标志，性感地表达女性的身体。

4.品牌名称：克里斯汀·迪奥（Christian Dior）

品牌档案：

（1）创始人：克里斯汀·迪奥（Christian Dior）

（2）注册地：法国巴黎（1946年）

（3）设计师：1946~1957年，克里斯汀·迪奥（Christian Dior）；1957~1960年，伊夫·圣·洛朗（Yves Saint Laurent）；1960~1989年，马克·博昂（Marc Bohan）；1989~1996年，詹弗兰科·费雷（Gian franco Ferré）；1996年以后，约翰·加利亚诺（John Galliano）

（4）品类：高级女装、高级成衣、针织服装、内衣、香水、化妆品、珠宝、配件等。

品牌综述：

（1）迪奥品牌一直是华丽女装的代名词。大V领的卡马莱晚礼裙，多层次兼可自由搭配的皮草等，均出自天才设计大师迪奥之手，其优雅的窄长裙，从来都能使穿着者步履自如，体现了幽雅与实用的完美结合。迪奥品牌的革命性还体现在致力于时尚的可理解性；选用高档的上乘面料如绸缎、传统大衣呢、精纺羊毛织物、塔夫绸、华丽的刺绣品等。而做工更以精细见长。

（2）1957年后，迪奥仍是华丽优雅的代名词。第二代设计师伊夫·圣·洛朗在1959年将迪奥推向了莫斯科，并推出迪奥的新系列——苗条系列。第三代继承人马克·博昂，首创迪奥小姐系列，延续了迪奥品牌的精神风格，并将其发扬光大。1989年迪奥品牌由意大利设计师詹弗兰科·费雷主持设计，他的到来为迪奥传统的夸张、浪漫的风格融入了新的严谨与典雅。如今的迪奥公司由LVTH集团管理，1997年，年轻的英国籍设计师约翰·加利亚诺被推上了迪奥的前台。进入20世纪90年代后的迪奥品牌，其品类范围除高级女装、高级成衣以外，还有香水、皮草、头巾、针织衫、内衣、化妆品、珠宝及鞋等。

（3）几十年来，迪奥品牌不断地为人们创造着"新的机会，新的爱情故事"。在战后巴黎重建世界时装中心过程中，迪奥作出了不可磨灭的贡献。

5.品牌名称：古驰（Gucci）

品牌档案：

（1）类型：高级成衣

（2）创始人：古奇欧·古驰（Guccio Gucci）

（3）注册地：意大利佛罗伦萨（1923年）

（4）地址：73Viatornabuoni，Florence，Italy

（5）设计师：1923~1989年，古奇欧·古驰；1989~1992年，理查德·兰伯森（Richard Lambertson），时装设计兼创意指导；1990~1991年，唐·梅洛（Dawn Mello），美国籍设计师；1994年以后，汤姆·福特（Tom Ford）

（6）品类：服装、皮包、皮鞋、手表、家饰品、宠物用品、丝巾与领带，1975年，成立古驰香水部，推出香水产品。

（7）目标消费群：上层社会妇女，影星

品牌综述：

自卡尔·拉格菲尔德（karl Lagerfeld）接管香奈儿（Chanel）以来，最吸引人、最令人震惊的要算是汤姆·福特（Tom Ford）接手古驰的故事了。在1994年汤姆·福特被任命为创意总监之前，古驰家族已经由于经营管理不善而陷入困境濒临破产……古驰时装牌子尽管令人眼花缭乱，但古驰的风格却一向被商界人士垂青，时尚之余不失高雅，这个意大利牌子的服饰一直以简单设计为主，尤其是男装，剪裁新颖，弥漫着18世纪威尼斯风情，再融入牛仔、太空和摇滚巨星的色彩，让豪迈中带点不羁，散发无穷魅力。古驰王国的当代传奇在古驰的时尚王国中，有最受全球媒体宠爱、年轻又才华横溢的设计师汤姆·福特，更有麦当娜、玛莉亚·凯莉、葛妮丝·派特罗、伊丽莎白·赫莉、布莱德·彼特，还有汤姆·汉克斯夫妇等最坚强的影星忠爱者。

6.品牌名称：瓦伦蒂诺（Valentino）

品牌档案：

（1）类型：高级成衣

（2）创始人：瓦伦蒂诺·加拉瓦尼（Valentino Garavani）

（3）注册地：罗马

（4）设计师：瓦伦蒂诺·加拉瓦尼（Valentino Garavani）

（5）品类：时装、高级成衣系列、男装系列、室内装饰用纺织品及礼品系列、香水系列。

品牌综述：

创始人瓦伦蒂诺·加拉瓦尼（Valentino Garavani）1932年出生于意大利，1960年在罗马成立了瓦伦蒂诺公司，1968～1973年瓦伦蒂诺公司被肯通（Kenton）公司接管，1973年瓦伦蒂诺重新购回了公司。瓦伦蒂诺曾获雷门·马可斯奖、意美基金会奖。富丽华贵、美艳灼人是瓦伦蒂诺品牌的特色。瓦伦蒂诺喜欢用最纯的颜色，其中鲜艳的红色可以说是他的标准色。瓦伦蒂诺做工十分考究，从整体到每一个细节都做得尽善尽美。瓦伦蒂诺是豪华、奢侈生活方式的象征，极受追求十全十美的名流所忠爱。

7.品牌名称：切瑞蒂（Cerruti）

品牌档案：

（1）创始人：尼诺·切瑞蒂（Nino Cerruti）

（2）注册地：法国巴黎（1967年）

（3）地址：法国巴黎75008，马得莱娜，普莱斯3号（3 Place De La Madeleine，75008 Paris，France）

（4）设计师：尼诺·切瑞蒂（Nino Cerruti）1930年出生于意大利，1950年出任家族产业兄弟纺织品公司总经理，1967年在巴黎开设时装店

（5）品牌线：切瑞蒂1881（Cerruti 1881）男装；切瑞蒂（Cerruti）时装、香水

（6）品类：高级男装成衣、高级女装成衣、系列香水、另有电影服装设计等。

品牌综述：

"当男人穿上西装时，他应该看起来像那些重要的头面人物"，有意大利时装之父称誉的尼诺·切瑞蒂对他的切瑞蒂1881品牌男装作的解释或许说明了切瑞蒂品牌能够名扬四海的原由。事实上，他早在1957年就推出了男装品牌"Hitman"，但1967年诞生于巴黎的切瑞蒂1881才是他设计理念的完美体现。对于传统因素的遵循和拓展，奠定了切瑞蒂品牌划时代的地位。切瑞蒂1881男装是以流线型的设计风格带给人们前所未有的惊喜，不但款式时刻紧随时尚，剪裁更是将意大利式的手工传统、英国式的色彩配置和法国式的样式风格完美糅合，融入了经典而又新鲜的品位。除了切瑞蒂1881男装之外，同一品牌线的切瑞蒂时装、香水同样蜚声业界，享誉已久。瑞士手表系列，可谓是这个大家族中极具潜质的名门新贵。瑞士手表系列继承了切瑞蒂一贯清逸典雅的设计，运用高度精确的瑞士制表技术精制而成，含蓄、高雅、矜贵，贯彻着切瑞蒂张扬品质的传统。此外，还因与水银灯下魅力四射的巨星频结不解之缘，切瑞蒂1881这个国际品牌洋溢着好莱坞独有的傲人风采，象征着声誉、财富与个人风格。

8. 品牌名称：乔治·阿玛尼（Giorgio Armani）

品牌档案：

创始人乔治·阿玛尼（Giorgio Armani）1934年出生于意大利后学习医药及摄影，曾在切瑞蒂任男装设计师，1975年创立乔治·阿玛尼品牌。曾获雷门·马可斯奖、全羊毛标志奖、生活成就奖、美国国际设计师协会奖、库蒂·沙克奖等奖项。乔治·阿玛尼现在已是在美国销量最大的欧洲设计师品牌，而乔治·阿玛尼本人以使用新型面料及优良制作而闻名。就设计风格而言，既不潮流亦非传统，而是二者之间很好的结合，其服装似乎很少与时髦两字有关。他的主打品牌乔治·阿玛尼（Giorgio Armani）针对富有阶层，玛尼（Mani）、安普里奥·阿马尼（Emporio Armani）、阿玛尼牛仔（Armani Jeans）针对普通消费者。

9. 品牌名称：盖尔斯（Guess）

品牌档案：

Guess品牌由来自法国南部的马西亚诺兄弟创立。他们将浪漫热情的法国设计与风格融进了他们对美国西部文化的理解与鉴赏之中。Guess诞生于1981年，成立时只是一家牛仔裤制造商，现在已发展成当今世界最受认可及最具影响的知名品牌之一，在五大洲均有代理商和分销商。有着专为男士、女士、儿童及家庭设计服装和配件的盖尔斯，将主人的精致生

活品质诠释得淋漓尽致。

10. 品牌名称：爱马仕（Hermès）

品牌综述：

让所有的产品至精至美、无可挑剔，是爱马仕的一贯宗旨。目前爱马仕拥有14个系列产品，包括皮具、箱包、丝巾、男女服装系列、香水、手表等，大多数产品都是手工精心制作的，无怪乎有人称爱马仕的产品为思想深邃、品位高尚、内涵丰富、工艺精湛的艺术品。这些爱马仕精品，通过其散布于世界20多个国家和地区的200多家专卖店，融进快节奏的现代生活中，让世人重返传统优雅的怀抱。历经了160多年的风雨沧桑，爱马仕家族经过几代人的共同努力使其品牌声名远扬。早在20世纪来临之时，爱马仕就已成为法国奢华消费品的典型代表。20世纪20年代，创立者蒂埃利·爱马仕之孙埃米尔曾这样评价爱马仕品牌："皮革制品造就运动和优雅之极的传统。"爱马仕只是巴黎城中的一家专门为马车制作各种配套的精致装饰的马具店，在1885年举行的巴黎展览会上，爱马仕获得了此类产品的一等奖。此后，爱马仕之子埃米尔·查尔斯再建专卖店，生产销售马鞍等物品，并开始零售业务。随着汽车等交通工具的出现和发展，爱马仕开始转产，将其精湛的制作工艺运用于其他产品的生产之中，如钱夹、旅行包、手提包、手表带，以及一些体育运动如高尔夫球、马球、打猎等所需的辅助用具，也设计制作高档的运动服装。爱马仕品牌所有的产品都选用最上乘的高级材料，注重工艺装饰，细节精巧，以其优良的质量赢得了良好的信誉。在爱马仕的历史上，又一起轰动一时的新闻事件，是在1920年为威尔士王子设计的拉链式高尔夫夹克衫，成为20世纪最早的皮革服装成功设计。爱马仕的第四代继承人让·盖朗和萝伯特·迪马，在其皮革制品的基础之上，又开发了香水、头贴等新品类，到了20世纪60年代，不断发展壮大的爱马仕公司又有了各类时装及香水等产品。1970年，爱马仕还只是一个纯手工业的家庭工厂，但15年后，它已发展成为制作高级精品的超级跨国公司，营业额扩大了5倍，如今，爱马仕公司的规模还在不断扩大。1992年的营业额达到25亿法郎（约值人民币37.2525亿元，纯利润为1.76亿法郎。

11. 品牌名称：卡尔文·克莱恩（Calvin Klein）

品牌档案：

（1）创始人：卡尔文·克莱恩（Calvin Klein）、巴里·施瓦茨（Barry Schwartz）

（2）注册地：美国纽约（1968年）

（3）设计师：卡尔文·克莱恩（Calvin Klein）1942年出生于美国纽约，1959～1962年就读于著名的美国纽约时装学院，1962～1964年担任丹·米尔斯坦（Dan Millstein）助理设计师，1964～1968年为自由设计师，1968年与人合作创办Calvin Klein公司，1991年公司进行重组。

（4）品牌线：卡尔文·克莱恩（Calvin Klein）高级时装；CK 卡尔文·克莱恩（CK Calvin Klein）高级成衣；卡尔文·克莱恩牛仔（Calvin Klein Jeans）二线品牌，较年青风格。

（5）品类：男女高级时装、成衣、男女休闲装、袜子、内衣、睡衣及泳衣、香水、眼镜、牛仔装、配件、香氛及家饰用品。

品牌综述：

卡尔文·克莱恩（Calvin Klein），这个以创始人姓名来命名的服装品牌早以高级时装享誉于世。作为全方位发展的时尚品牌，Calvin Klein 旗下一共有三个主要的服装路线：高级时装的 Calvin Klein；高级成衣的 CK Calvin Klein；牛仔系列的 Calvin Klein Jeans，而配件产品的种类涵括了香水、眼镜、袜子、内衣、睡衣、泳衣以及家饰用品的方方面面。一直以来，Calvin Klein 的事业都是扶摇直上，曾经连续四度获得知名的服装奖项，旗下的相关产品更是层出不穷，声势极为惊人。1997 年，Calvin Klein 又将它在服饰领域取得的辉煌写进了手表制造业。在与著名的斯沃琪（Swatch）集团合作后，CK Watch co ltd 宣告成立，年轻、时尚而极具个性魅力的 CK 表也由此得以问世。在市场上现有的两个手表系列中，CK 因其时尚的款式引导着广大年轻人的消费；Calvin Klein 则将为数不多但品位高雅且个性鲜明的顾客群划入了自己的领地。正如创始人所信仰的完美主义，每一件 Calvin Klein 的产品都显得是那样的完美无瑕。

附录二　国际知名服装设计师名录（附表1）

附表1　国际知名服装设计师名录

序号	姓名	影响的年代（20世纪）	服装特色风格
1	阿道夫（Adolfo）	60~80年代	灵感来自夏奈尔针织套装，设计了一系列套裙
2	吉尔伯特·阿德里安（Gilbert Adrian）	30~40年代	30~40年代表MGM著名电影服装设计师，影星琼·克劳馥、嘉宝、哈洛都穿过他的服装
3	乔治·阿玛尼(Giorgio Armani)	80~90年代	对男式及女式的时装有着深远的影响，其特点是流畅的裁剪，奢华闪亮面料的使用，以及充满自信的样式
4	苏拉·阿什里(Laura Ashley)	70~80年代	面料及款式透露着浪漫的维多利亚风格，在服装与家居方面建立了伦敦风格服饰王国
5	克里斯托巴尔·巴伦西亚加(Cristobal Balenciaga)	40~60年代	20世纪伟大的服装设计师之一，他的设计深刻地影响了后来的设计师纪梵希、温加罗以及安德烈·库雷热
6	皮尔·巴尔曼(Pierre Balmain)	40~50年代	出自他设计的款式有经典的日装及夸张的晚装，于1945年在巴黎开店
7	吉奥夫雷·比尼（Geoffrey Beene）	60~80年代	休闲优雅的风格、华丽的裁剪及选用漂亮的面料
8	比尔·布拉斯(Bill Blass)	70~90年代	高级而精致的男装，有高雅的品位和精致的剪裁，在面料的使用上也有创新
9	马克·博昂(Marc Bohan)	60~80年代	60年代初期在迪奥店工作，开始进入时装界，一直到1989年，是当时引领潮流的设计师
10	雨果·博斯(Hugo Boss)	80~90年代	男装的一流设计师
11	斯蒂芬·伯罗（Stephen Burrows）	70~80年代	极力追求针织衫的悬垂性效果，服装非常符合身体运动机能，而且善于使用充满活力的颜色
12	皮尔·卡丹(Pierre Cardin)	50~60年代	许可经营之王，也是第一个在中国展示其服装的设计师
13	哈蒂·卡内基(Hattie Carnegie)	30~40年代	在20世纪30~40年代十分有影响，其中诺瑞尔、波林·特里格尔及麦卡德都被他的设计所感化
14	波尼·卡欣(Bonnie Cashin)	40~50年代	美国休闲式服装的创始者，其中最具特色的是多层服装样式、弹性滑冰服、自行车比赛服等
15	奥列格·卡西尼(Oleg Cassini)	60~80年代	为肯尼迪设计正式服装，现在以其自由风格套装而著名

续表

序号	姓名	影响的年代（20世纪）	服装特色风格
16	可可·夏奈尔 (Coco Chanel)	20～40年代	她的改革成为永恒经典的服装，如毛线衫、水手样式、苏格兰粗呢套装
17	利兹·克莱本 (Liz Claiborne)	80～90年代	职业装的革新者，其样式有 "Executive Lady"
18	安德烈·库雷热 (Andrè Courregès)	60～70年代	首次把服装臀围线提到中部，此外，其代表作还有白色靴以及硬朗风格的服装
19	西比尔·康纳利 (Sybil Connolly)	60～70年代	爱尔兰最具声望的设计师，以其精细的羊毛服装及苏格兰粗呢服装而闻名
20	奥斯卡·德·拉伦塔 (Oscar De La Renta)	60～90年代	奢侈服装设计师，设计有华丽的晚礼服和精致复杂的日装
21	安·德默勒莱米斯特 (Ann Demeulemeester)	90年代	制作精良的女西服套装，选用针织面料，优秀裁剪以及使用单色调
22	克里斯汀·迪奥 (Christian Dior)	40～50年代	1947年的新样式 "New Look" 十分著名，其特点是细腰、丰胸、短上衣、突出臀部及长裙
23	佩里·埃利斯 (Perry Ellis)	70～80年代	把最新潮的元素加入到经典的服装样式中去，使用天然纺织材料，人工织制毛线衫，展现出年轻的活力
24	杰奎斯·菲斯 (Jacques Fath)	40～50年代	性感的服装，沙漏式外形，领口很深
25	詹弗兰科·费雷 (Gianfranco Ferré)	80～90年代	受过建筑学的教育，其服装也具有建筑风格，服装结构很时尚
26	艾琳·费希尔 (Eileen Fisher)	90年代	轻描淡写的女王风格，为那些并不完美的体型设计舒服合适的服装
27	安妮·福格蒂 (Anne Fogarty)	50～60年代	为体型小的人设计服装，引进时尚变革创新
28	汤姆·福特 (Tom Ford)	90年代	古驰（Gucci）的新设计
29	玛里亚诺·弗图尼 (Mariano Fortuny)	20～30年代	他的服装是褶裥的艺术品，现在为收藏家们所钟爱
30	詹姆斯·格拉诺司 (James Galanos)	40～50年代	第一个美国高级时装设计师，其设计的高级时装十分优雅
31	约翰·加利亚诺 (John Galliano)	90年代	舞台服装设计师，设计有针织花边的裙装
32	让-保罗·伐尔捷 (Jean-Paul Gauhier)	80～90年代	其服装时髦显眼，倡导破烂装，大胆而前卫
33	鲁地·简雷齐 (Rudi Gernreich)	60～70年代	上面是空的游泳衣，里面不着内衣，透明的衬衫
34	于贝尔·纪梵希 (Hubert Givenchy)	50～80年代	他的灵感来源于奥黛丽·赫本，引进了开司米面料及宽松的裙子

续表

序号	姓名	影响的年代 （20世纪）	服装特色风格
35	阿里克斯·格雷斯 (Alix Grès)	30～50年代	公爵夫人式的悬垂式服装，她的希腊式筒状裙悬垂得恰到好处
36	霍斯顿 (Halston)	70～80年代	非构造式单衣，讲究的开司米羊毛服装
37	诺曼·哈特耐尔 (Norman Hartnell)	30～40年代	20世纪30年代伦敦最大的高级时装店，为伊莎贝尔女王二世设计加冕时的礼袍
38	爱迪斯·海德 (Edith Head)	30～50年代	好莱坞最知名的戏服设计师之一，影星伊丽莎白·泰勒、拉娜·特纳都穿过他设计的服装
39	斯坦·荷尔曼 (Stan Herman)	60～90年代	美国服装设计师协会主席，引领全世界制服的设计，如麦当劳航空公司的制服就是他设计的
40	加罗林娜·赫雷热 (Carolina Herrera)	80～90年代	迎合上流社会顾客的品位，主要设计考究的晚礼服，使用的是奢华的面料
41	汤米·希尔菲格 (Tommy Hilfiger)	80～90年代	品牌形象设计师
42	马克·雅各布 (Marc Jacobs)	90年代	为派瑞·艾力斯设计商标，其设计的出色商标是皮毛类的产品
43	查尔斯·詹姆斯 (Charles James)	40～50年代	超现实主义设计
44	贝齐·约翰逊 (Betsey Johnson)	60～70年代	为 Paraphernalia 店设计服装
45	沃尔夫冈·约普 (Wolfgang Joop)	90年代	德国20世纪90年代著名的设计师
46	诺玛·卡玛利 (Norma Kamali)	80～90年代	毛线裙装曾在服装界轰动一时，年轻人非常喜欢他的设计
47	唐娜·卡伦 (Donna Karan)	80～90年代	设计非常时尚的优雅型运动装，其特点是简洁利索的外形，包括纱丽质地的裙子和舒适的裙装
48	雷·卡瓦布科 (Rei Kawabuko)	80～90年代	强硬气质的服装，对传统的女性样式具有挑战性
49	高田贤三 (Kenzo)	70～80年代	引人注意的是面料质量非常好，喜欢渲染显示傲慢的颜色，现在又进入到家居时尚设计领域
50	埃曼纽勒·康恩 (Emmanuelle Khanh)	60～70年代	巴黎主要的首批成衣设计师之一
51	安妮·克莱恩 (Anne Klein)	50～60年代	经典的美国运动装设计师，她的公司是"Junior Sophisticates"
52	卡尔文·克莱恩 (Calvin Klein)	70～90年代	极简派风格的代表，主要设计牛仔服，同时还做一些性感迷人的商业广告
53	麦克尔·科尔斯 (Michael Kors)	90年代	有很强的造型效果，极少用装饰
54	克里斯蒂安·拉克鲁瓦 (Christian Lacroix)	80～90年代	引进 pouf 外型，设计有梦幻型服装和精巧的婚纱礼服

续表

序号	姓名	影响的年代（20世纪）	服装特色风格
55	卡尔·拉格菲尔德（Karl Lageffeld）	80～90年代	一年能设计16个系列的服装，精湛的工艺、巧妙的设计，使夏奈尔风格得到复活
56	简奴·朗万（Jeanne Lanvin）	20～30年代	巴黎最早的高级时装设计师之一
57	拉尔夫·劳伦（Ralph Lauren）	80～90年代	设计西部风格的男、女服装，创造了一种如硬壳一般的生活装，另外还设计了许多经典样式
58	鲍勃·麦凯（Bob Mackie）	60～80年代	为电视电影明星设计服装，其服装充满了灵感
59	克莱尔·麦卡德尔（Claire Mccardell）	40～50年代	引进阿尔卑斯山农民少女装样式，成为当时一种时装热潮，他还是美国运动装样式的提议者
60	玛丽·麦克法登（Mary McFadden）	70～80年代	一个幸运的成功者，曾用褶皱来强调迷人的服装式样
61	亚历山大·麦昆（Alexander McQueen）	90年代	从伦敦的萨维尔街当裁缝开始进入时装界，现在为纪梵希设计高级时装
62	梅因布彻（Mainbocher）	30～40年代	巴黎的美国设计师，曾引进无背带晚礼服，为温莎（Winsor）公爵夫人华里丝·辛普森（Wallis Simpson）设计了婚纱礼服
63	妮科尔·米勒（Nicole Miller）	80～90年代	创新的印花面料，设计了90年代单色简洁的服装样式
64	罗西塔·米索尼和奥塔维奥（Rosita Missoni and Ottavio）	50～90年代	在针织服装上大胆地把多种彩色混合在一起，使服装既简洁又复杂
65	三宅一生（Miyake Issey）	80～90年代	开发新面料，设计新工艺，曾生产防水布等革新产品
66	伊萨克·米兹拉希（Isaac Mizrahi）	80～90年代	在夏奈尔的支持下成为时装界一颗灿烂的明星，为戏剧及电影设计了许多服装
67	克洛德·蒙塔纳（Claude Montana）	80～90年代	设计了楔形服装，服装结构性很好
68	弗朗哥·莫斯基诺（Franco Moschino）	90年代	时尚的闹剧使他出名
69	森·莫惠（Hanae Mori）	80年代	在中西方文化中寻求差异，夏奈尔的服装灵感来源
70	蒂埃里·米格勒（Thierry Mugler）	70～90年代	豪华与革新，其设计有很大的跨度，从多装饰到极简风格都有
71	琼·缪尔（Jean Muir）	60～70年代	优雅精巧的经典服装

续表

序号	姓名	影响的年代（20世纪）	服装特色风格
72	乔西·纳托里 (Josie Natori)	80～90年代	消除了内衣与外衣的界限，成功地设计出既舒适又实用并有个性的服装
73	诺曼·诺雷尔 (Norman Norell)	40～60年代	获得1943年第一次科蒂（Coty）奖的设计师，他的闪烁金属片装饰的服装将永远被珍藏
74	托德·欧德罕姆 (Todd Oldham)	90年代	在商业与非传统的古怪结合下，使精妙而有活力的服装充满了幽默感
75	让·帕图 (Jean Patou)	20～30年代	设计高雅、女性化的高级时装，他是一个成功的商人和设计师
76	罗伯特·皮盖特 (Robert Piquet)	30～40年代	纪梵希和迪奥都在他的时装店工作过，他对他们都很有影响
77	保罗·普瓦雷 (Paul Poiret)	20～30年代	20世纪第一个引导时装潮流的巴黎高级时装设计师，是他把妇女从紧身胸衣中解放出来
78	米西亚·普拉达 (Miuccia Prada)	90年代	第二品牌缪缪（Miu Miu）是年轻人的流行品，全球服装及饰品的潮流引导者
79	埃米利奥·普奇 (Emilio Pucci)	50～60年代	对当时的意大利服装进行改革，在毛纱衫上加上了多彩的印花图案
80	玛丽·奎恩特 (Mary Quant)	60～70年代	非常受欢迎的迷你裙、彩色紧身衣和足球针织衫，曾震撼了60年代的伦敦
81	帕可·拉本纳 (Paco Rabanne)	70～80年代	把塑料、金属链、金属材料及门把手用于服装，时装界的改革者，重金属风格的领袖
82	桑德拉·罗兹 (Zandra Rhodes)	70～80年代	从纺织面料设计开始的设计师，浪漫的印花设计，使用柔软的面料、手工丝网印花
83	纳西索·罗德里格斯 (Narciso Rodriguez)	90年代	为西班牙设计公司Loewe设计服装
84	索尼亚·里科 (Sonia Rykiel)	70～80年代	善于设计针织衫，具有时尚女性奇特的幽默感
85	伊夫·圣·洛朗 (Yves Saint Laurent)	60～90年代	60年代开始进入时装舞台，以女式裤套装、短夹克、考察服而闻名
86	吉尔·桑达 (Jil Sander)	90年代	以其材料的高质量和高超的技艺而著称，是设计套装和单件西服的专家
87	阿戴尔·辛普森 (Adele Simpson)	50～60年代	是十七大道的永恒，以其设计稳定的优良品位而闻名
88	伊尔莎·斯奇培尔莉 (Elsa Schiaparelli)	30～40年代	巴黎的强硬风格设计师，以其设计"妖艳的粉红"(shocking pink)而有名
89	安娜·苏 (Anna Sui)	90年代	自由风格设计，其作品是时尚与高级的结合

续表

序号	姓名	影响的年代 （20世纪）	服装特色风格
90	波利娜·特里该里 (Pauline Trigère)	40～80年代	美国前卫设计师，她的上衣外套十分有名，细节也很值得细察
91	里查德·泰勒 (Richard Tyler)	90年代	西服定做，高级裁剪，精良复杂的样式，很受90年代好莱坞人的喜欢
92	伊曼纽尔·温加罗 (Emanuel Ungaro)	70～80年代	有时空感，大胆的颜色，尖锐的楔形轮廓
93	瓦伦蒂诺·加拉瓦尼 (Valentino Garavani)	60～90年代	V型轮廓是他的服装特色，为其增添了荣誉，其设计简洁而微妙
94	詹尼·范思哲 (Gianni Versace)	80～90年代	运动时变化的印花，金属网眼服装，时装中的摇滚之王
95	维拉·王 (Vera Wang)	90年代	婚纱礼服中的珍品，并且也有晚礼服的设计
96	约翰·维兹 (John Weitz)	60～90年代	男式运动女装设计，还设计过许多其他领域的服装
97	维维安·维斯特伍德 (Vivienne Westwood)	80～90年代	朋克摇滚时装，写有奇特短语的T恤
98	查尔斯·弗里德里克·沃斯 (Charles Frederick Worth)	现代时装 之父	众所周知，他创造了设计师时代 "designer name"，确立了每季一次时装表演的固定模式
99	山本耀司 (Yamamoto Yohji)	80～90年代	极少掩饰的时装，使用深色、有力的设计，采用非对称裁剪法